实战前后端开发丛书

Vue全家桶

项目开发从入门到云部署

刘颖斌◎编著

北京理工大学出版社

BEIJING INSTITUTE OF TECHNOLOGY PRESS

图书在版编目(CIP)数据

Vue 全家桶：项目开发从入门到云部署 / 刘颖斌编
著. -- 北京 ： 北京理工大学出版社, 2023.10
（实战前后端开发丛书）
ISBN 978-7-5763-2971-1

Ⅰ. ①V… Ⅱ. ①刘… Ⅲ. ①网页制作工具—程序设
计 Ⅳ. ①TP393.092.2

中国国家版本馆 CIP 数据核字(2023)第 195361 号

责任编辑：江 立　　　　　文案编辑：江 立
责任校对：周瑞红　　　　　责任印制：施胜娟

出版发行 / 北京理工大学出版社有限责任公司
社　　址 / 北京市丰台区四合庄路 6 号
邮　　编 / 100070
电　　话 / （010）68944451（大众售后服务热线）
　　　　　 （010）68912824（大众售后服务热线）
网　　址 / http：//www.bitpress.com.cn

版 印 次 / 2023年10月第1版第1次印刷
印　　刷 / 三河市中晟雅豪印务有限公司
开　　本 / 787 mm × 1020 mm 1/16
印　　张 / 20
字　　数 / 438千字
定　　价 / 99.00 元

图书出现印装质量问题，请拨打售后服务热线，负责调换随着 Web 开发技术和移动设备的快速发展，前后端分离的开发模式逐渐成为主流趋势，手机等移动端设备上的 App 开发越来越流行，很多互联网公司对前端开发人员的需求量越来越大，越来越多的院校也开始开设相关课程，很多技术人员也开始转向移动 App 开发。

前端开发有一定的技术门槛。初学者要想进入移动 Web 的前端开发行业，除了需要有扎实的 JavaScript 语言基础外，至少还要掌握一种前端开发框架，如 Vue.js（简写为 Vue）、React 或 Angular 这三大框架中的一种，而且还要能够熟练应用这些框架进行项目开发，只有这样才能胜任前端项目开发，增强自己在互联网领域的行业竞争力。其中，Vue 框架是由知名前端专家尤雨溪开发，因其具有良好的中文文档和逐渐完善的开发生态，受到越来越多公司和开发者的青睐。

目前，图书市场上的 Vue 前端开发技术书籍不少，但是大多数只是停留在基础知识层面的讲解上，而能涵盖 Vue 的核心知识并进行项目实践的书却很少，于是笔者编写了本书。本书详细介绍 Vue 前端框架的核心技术并带领读者进行项目实践，涵盖的内容包括 Vue-Router 和 Vuex 等与 Vue 3 生态相关的知识点，帮助读者打下良好的基础，另外还包括 Koa 框架和数据库设计的相关原则等，为全栈项目开发实战做好知识储备。希望通过本书，能够帮助读者更好地掌握 Vue 和 Node.js（简写为 Node）框架的基础知识和应用，以及后端数据库的设计原则等，从而达到可以胜任前后端全栈项目开发的水平。

本书特色

1．内容新颖，技术前瞻

本书围绕当前流行的 Vue 3 前端框架展开讲解，重点介绍 Vue 3 的新特性，并对其与 Vue 2.x 的一些差异进行介绍，帮助读者快速地从 Vue 2.x 过渡到 Vue 3。

2．全面涵盖移动Web全栈开发的核心技术与框架

本书全面涵盖 Vue、Node、Koa、Vuex、Vue-Router、Vant UI、ES 6、ES 7、Axios 和 MongoDB 等热门技术与框架，并在全栈项目实战中整合使用这些技术。

3．案例驱动，实用性强

本书讲解基础知识的同时给出全栈项目案例，带领读者进行项目实践，这样不但可以

帮助读者夯实基础知识，而且可以灵活应用所学的知识和技能，并了解项目开发的一般流程，有很强的实用性。

4．详解核心源代码

为了便于读者深入理解相关内容，本书对涉及的核心源代码给出丰富的注释，并进行详细的讲解，帮助读者深入理解相关技术细节和项目开发的思路。

本书内容

第 1 章漫谈 Vue，主要介绍 Vue 重要且基础的知识点，如模板语法、条件渲染、列表渲染、事件处理和 Vue 3 的新特性等。

第 2 章使用组件，主要介绍组件的注册方式、组件之间的数据传递方法、插槽的用法、动态组件和异步组件等，涵盖 Vue 组件的大部分重要知识点。

第 3 章在项目中使用 Vue-Router 管理路由，主要介绍 Vue-Router 的动态路由匹配、懒加载、数据获取和导航守卫等知识，辅助开发者充分理解路由系统。

第 4 章 Vuex 状态管理，首先介绍 Vuex 的状态管理模式，然后介绍 Vuex 的核心概念，包括 State、Mutations 和 Modules 等，最后介绍 Vuex 插件的使用。

第 5 章 UI 组件库尝鲜，主要介绍 PC 端和 HTML 5 端常用的 UI 组件库的用法和应用场景，并介绍一些美化组件的方法。因为组件库提供良好的代码复用和样式辅助功能，是前端开发中不可或缺的工具，所以在本章中重点进行介绍。

第 6 章使用 Koa 2 搭建服务，首先介绍 Koa 2 的安装、基本概念和相关中间件等，然后介绍请求数据的获取方法，帮助读者理解后端开发的相关知识。

第 7 章数据库的使用，首先介绍数据库的配置方法，然后介绍常用数据库的使用，最后介绍如何设计符合业务的数据库，从而厘清项目数据表的设计原则，为搭建前后端应用打好基础。

第 8 章小试身手——搭建中台前端页面，介绍一个小型项目案例的开发过程，包括总体设计和代码编写两部分。通过该案例，可以让读者体会如何将前面章节中介绍的技术应用到实际开发中。

第 9 章移动端电商网站开发实战，主要介绍一个全栈 Web 项目的完整开发过程，包括系统设计、后端工程搭建和前端工程搭建三个部分，从而让读者进一步理解前面章节中介绍的相关技术的具体应用。

第 10 章工程部署，主要介绍全栈工程的部署方式，包括使用 LearnCloud 部署项目、搭建部署环境并部署工程的具体流程等，重点让读者了解云端部署的相关知识。

第 11 章 Vite 初体验，主要介绍前端专家尤雨溪开发的高效构建工具 Vite 的使用方法，从而帮助读者了解前端开发的新动向和发展方向。

读者对象

- Vue 前端开发入门人员；
- 需要学习前端开发的人员；
- 移动 App 开发人员；
- 想提高全栈项目开发水平的人员；
- 相关培训机构的学员；
- 高校相关专业的学生；
- 需要一本案头技术手册的人员。

配套资源获取方式

本书涉及的源代码等配套资源需要读者自行获取。请关注微信公众号"方大卓越"，然后回复数字"12"，即可获取下载地址。

售后支持

本书提供专门的技术支持邮箱（212164693@qq.com 和 bookservice2008@163.com）帮助读者答疑解惑。读者在阅读本书的过程中有任何疑问，都可以发邮件获得帮助。

由于笔者水平和写作时间所限，因此书中可能还存在一些疏漏和不足之处，敬请各位读者批评指正。

刘颖斌

|目录|

第 1 章　漫谈 Vue

当前的 Web 开发已经从使用原生的 HTML、CSS 和 JavaScript 工具转向使用渐进式的 Web 框架（如 Vue、React 和 Angular 等）。对于业务开发来说，使用渐进式框架的好处是可以极大地提高开发效率。这些框架引入了组件复用和数据驱动等很多新的开发方式，为当今的 Web 开发注入了一些新的软件工程思想和代码书写方式。因此，本书第 1 章不只讲 Vue 的用法，也会介绍其用法背后的原理。

本章的主要内容如下：
- 了解和掌握 Vue 的顶层概念。
- 熟悉 Vue 的模板语法。
- 在组件中使用条件渲染和列表渲染。
- 掌握 Vue 的事件监听机制。

1.1　Vue 简介

当我们从原生的 HTML、CSS 和 JavaScript 开发转向使用 Vue 进行开发的时候，首先需要熟悉 Vue 所带来的概念层面上的变化，因此本节主要讲解 Vue 一些简单但是非常重要的概念，并通过相关的代码来帮助读者熟悉这部分内容。希望读者可以跟随笔者的思路了解并掌握 Vue 的这些基础概念。

1.1.1　Vue 的安装与配置

Vue 是当今 Web 前端开发的三大框架之一，有极好的开发体验。在使用 Vue 之前需要先进行安装和配置。下面简单地说明 Vue 的安装和配置过程。

1. 使用<script>标签引入vue.js文件

在安装 Vue 的时候可以使用<script>标签直接引入，此时 Vue 作为全局变量来使用。

【示例 1-1】使用<script>标签引入 vue.js 文件。

```
01    <!DOCTYPE html>
02    <html lang="zh-cmn-Hans">
```

```
03  <head>
04     <meta charset="utf-8">
05     <meta http-equiv="X-UA-Compatible" content="IE=edge,chrome=1">
06     <title>Vue 使用</title>
07  </head>
08  <body>
09     <div>Vue 安装和配置</div>
10     <div>{{message}}</div>
11  </body>
12  <script type="text/javascript" src="./js/vue.js"></script>
13  <script>
14     var app = new Vue({
15       el: '#app',
16       data: {
17         message: 'Hello World!'
18       }
19     })
20  </script>
21  </html>
```

在当前文件的 js 目录下有一个 vue.js 文件，代码第 12 行直接引入了该文件。在浏览器中可以看到输出了 Hello World。

📖 提示：对于 vue.js 文件，读者可以去官方网站下载。

使用<script>标签直接引入 Vue 方式的缺点是，需要更新 Vue 版本时只能手动更新，很不方便，因此还有另一种方法——CDN。

2．使用<script>标签引入CDN

下面通过<script>标签直接引入 CDN 来保持最新的版本：

```
<script src="https://cdn.jsdelivr.net/npm/vue@2.6.14/dist/vue.js"></script>
```

📂 说明：本例使用 CDN 保持的版本是 Vue 2.x 下的最新版本。Vue 3 版本会在本章最后介绍。

上述方式只适用于工程量小或者只是嵌入使用 Vue 的工程中。如果在大型的 Web 工程中使用 Vue 的话，推荐使用 npm 进行项目工程的搭建。npm 是包管理器，允许开发者将自己开发的 Web 工具包上传到 npm 中进行统一的管理。npm 方便和 Webpack、Browserify 等打包器配合使用。

3．使用npm全局安装Vue

Vue 提供了完整的配套工具用于搭建单文件工程，为了体会 Vue 生态带来的便利，首先使用 npm 安装 Vue。

```
npm install vue -g
```

-g 表示全局安装 Vue。在 Vue 生态中使用 Vue CLI 脚手架可以创建以 Webpack 作为打包器的工程文件。由于 Vue 是托管在 npm 上的，这也说明 npm 是现代大型 Web 工程必备的工具。

使用 npm 安装好 Vue 之后，执行以下命令创建一个 Vue 工程：

```
vue init webpack demo-project
cd demo-prject
 npm run dev
```

成功执行 npm run dev 命令之后，一个 Vue 工程就在本地"跑"起来了。

看到这里读者已经发现，用 npm 创建工程的时候，使用命令行就能够搭建完整的初始化工程，这其实就是脚手架发挥的作用。将 Web 工程中通用的部分如基础 UI 组件、基础工具包、工程运行的基础环境和打包环境等集中到脚手架中进行处理，既可以方便业务开发又可以大大减轻了开发者的工作。

以上是安装 Vue 的几种方式，在"老"一点的 Web 项目中如果想使用 Vue 的功能，可以将<script>标签嵌入页面，应用 Vue 的部分功能，如数据双向绑定等。如果开发现代的 Web 工程，那么用 npm 下载 Vue 脚手架进行开发是不二选择。这里建议读者自己尝试用 npm 安装 Vue 并"跑"一个 Demo，初步体验一下 Web 的工程化。

📁说明：1.1.6 小节会简单介绍 Web 工程化的概念，如果读者对此概念不熟悉就先跳过。

本小节演示了安装 Vue 的几种方法，最简单的是可以在<script>标签中引入 CDN，也可以配合工程化的手段初始化 Vue 工程。后面笔者会介绍前端工程化，让读者对工程化有一个初步的认识。

1.1.2　声明式渲染与响应式

对于 HTML 标签的<innerHTML>更新问题，如果不使用 Vue 的话，通常是用 JavaScript（简称 JS）进行更改，基本方法是使用 AJAX 获取后端接口返回的数据，用这些数据更新 DOM 的 innerHTML 属性，下面举例说明。

【示例 1-2】使用 AJAX 修改 innerHTML.html。

```
01  <!DOCTYPE html>
02  <html lang="zh-cmn-Hans">
03  <head>
04      <meta charset="utf-8">
05      <meta http-equiv="X-UA-Compatible" content="IE=edge,chrome=1">
06      <title>AJAX 修改 innerHTML 内容</title>
07  </head>
08  <body>
09      <div>用户名<span id="name">小张</span></div>
10  </body>
11  <script type="text/javascript" src="./js/Vue.js"></script>
```

```
12  <script type="text/javascript" src="./js/jQuery.js"></script>
13  <script>
14      (function getUserInfo(){
15          $.ajax({url:"/userInfo",success:function(result){
16              $("#name").html(result);
17          }});
18      })()
19  </script>
20  </html>
```

可以看到，第 15 行和 16 行通过 AJAX GET 操作获取接口的返回内容，之后直接赋值给 ID 为 name 的 span 标签。

情况不同的时候需要在不同的 span 标签中展示内容，那么就要写很多的业务逻辑代码，目的只是处理某一个标签下面的展示文字。基于此原因 Vue 引入了声明式渲染的方式，以减少开发者的工作量。

1. 声明式渲染

其实，声明式渲染这个概念有点类似于字符串模板，handlebars.js 就是模板渲染工具。使用声明式渲染的好处是可以只关注数据的变化，不需要对 DOM 执行业务进行操作。说了这么多，Vue 声明式渲染就是使用类似于字符串模板的方式来展示数据，DOM 变更的部分交给框架来处理。下面看一下 Vue 声明式渲染的用法。

【示例 1-3】Vue 声明式渲染的用法。

```
01  <!DOCTYPE html>
02  <html>
03    <head>
04      <meta charset="utf-8">
05      <title>Vue 声明式渲染</title>
06    </head>
07    <body>
08      <div id="app">
09         {{ message }}
10      </div>
11    </body>
12  <script src="https://cdn.jsdelivr.net/npm/vue@2.6.14/dist/vue.js"></script>
13  <script>
14  var app = new Vue({
15      el: '#app',
16      data: {
17          message: 'Hello Vue!'
18      }
19  })
20  </script>
21  </html>
```

代码输出结果如下：

```
Hello Vue
```

看到这里，读者应该可以知道 Vue 是通过"变量+模板"的方式来展示数据的。

🔔注意：前面说过，数据的展示是实时的，因此声明式渲染是响应式的，Vue 底层采用的是双向绑定的形式来实现实时响应。

2．响应式

为了让读者了解 Vue 是响应式的，继续看下面这段代码。

【示例 1-4】Vue 动态响应。

```
01  <!--body 部分-->
02  <div id="app">
03    <span v-bind:title="message">
04      鼠标指针悬停几秒钟查看此处动态绑定的提示信息!
05    </span>
06  </div>
07  <!--Script 部分-->
08  var app = new Vue({
09    el: '#app',
10    data: {
11      message:'页面的加载时间' + new Date().toLocaleString()
12    }
13  })
```

鼠标指针悬浮在文字上面会显示页面的加载时间，如图 1-1 所示。

图 1-1　鼠标指针悬浮效果

打开浏览器的调试工具，设置 app.message ='新的 message 信息'，更新后的结果如图 1-2 所示。

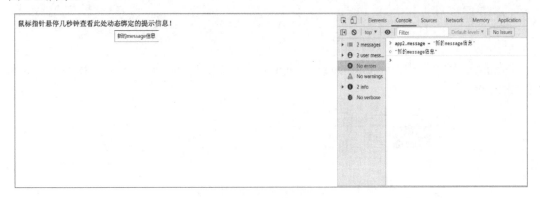

图 1-2　更新鼠标事件显示的文字

📖**补充**：使用浏览器控制台验证数据实时变化的方法是，在 Windows 环境下按 F12 键，会直接在谷歌浏览器中显示调试工具 DevTools，在 console 选项下设置 app2.message = '新的 message 信息'，因为 app2 此时是全局对象，所以可以直接获取 message 属性进行修改。

通过上面的代码可以看到，声明式渲染是响应式的，Vue 的 v-model 指令更能直观地显示 Vue 的实时响应和双向绑定机制。在日常开发中，比较常见的场景是对 input 输入框添加 v-model 指令，以便实时显示输入的文字。

3. v-model 指令

在业务开发中，v-model 指令是使用频率很高的一个 Vue 指令，下面通过示例来演示它的用法。

【示例 1-5】v-model 指令的使用。

```
01  <body>
02   <div id="app">
03    <input v-model="message" onChange='this.changeMessage' />
04   <span>
05    {{message}}
06   </span>
07  </div>
08  </body>
09
10  <script>
11    var app = new Vue({
12      el: '#app',
13      data: {
14        message:' '
15      },
16      Methods:{
17            changeMessage(e){
18                this.message = e.target.value
19            }
20        }
21    })
22  </script>
```

在 input 输入框中监听 onChange 事件并将实时变化的结果展示在 span 标签中，效果如图 1-3 所示。

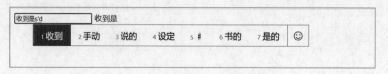

图 1-3　v-model 数据实时变化效果

看到这里，相信读者对于实时响应已经有了更直观的理解。

Vue 的声明式渲染在操作方式上来说是通过模板变量来展示数据的，并且这种渲染方式是实时的，这可以让开发者更专注于数据层面的变化，无须担心对 DOM 的处理。希望读者自己写一段代码，体会一下 Vue 声明式渲染的便利。

1.1.3 组件化应用

组件化应用的目的主要是实现代码复用。在使用 Vue 进行业务代码开发时，一般会将通用的业务模块抽象成组件，其他业务涉及相似功能的时候可以直接调用组件的功能，而不需要重新再实现一遍业务逻辑。看到这里，相信读者对于组件的应用场景有了一定的了解，那么该如何使用组件呢？

下面给出一个调用业务组件的页面，这是工程的一部分，因此使用了<template>模板。如果这里想尝试使用模板的话，可以用 Vue CLI 初始化工程，在工程中新建一个.vue 文件，然后编写如下代码就可以了。

【示例 1-6】Vue 业务组件应用。

```
01  <template>
02    <div>
03      <vNav></vNav>
04      <header class="a-header">
05        <nav class="main-nav">
06          <h1>{{headerName}}</h1>
07        </nav>
08      </header>
09      <div class="tag-list">
10        <ul>
11          <li v-for="(tag, index) in tags" :key="tag.objectId">
12            <a @click="update(index, tag.tagName, tag.objectId)" :class="{'tag-list-
13  active' : index === selected}">
14              {{tag.tagName}}
15            </a>
16          </li>
17        </ul>
18      </div>
19      <tag-content-list></tag-content-list>
20      <CopyRight />
21    </div>
22  </template>
23
24  <script>
25    export default {
26      components: {
27        'TagContentList': () => import('./components/TagContentList'),
28        'vHeader': () => import('./components/Header'),
29        'vNav': () => import('./components/Nav'),
```

```
30          'CopyRight': () => import('./components/CopyRight.vue')
31        },
32      data() {
33        return {
34          selected: 0,
35          headerName: "
36        }
37      },
38      created() {
39        this.$store.dispatch('getTags')
40      },
41      computed: Vuex.mapState({
42        tags: state => state.tags.tagList
43      }),
44      watch: {
45        'tags': function (val) {
46          if (val) {
47            this.headerName = val[0].tagName
48          }
49        }
50      },
51      methods: {
52        update(index, tagName, tagId) {
53          this.selected = index
54          this.headerName = tagName
55          this.$store.dispatch('getTagContentList', tagId)
56        }
57      }
58    }
59 </script>
60
61 <style lang="scss" scoped>
62 @import '../assets/scss/tags.scss';
63 </style>
```

  在单文件组件中的 components 部分就是注册使用子组件的部分，代码第 26～31 行引入了组件并应用于业务中。可以看到，在<template>模板中直接使用 vNav 和 CopyRight 组件，代码行数并不多，大大减少了开发者的工作量。另外，Vue 提供了完备的 API 和指令，支持父组件向子组件传递数据，同时也支持子组件向父组件传递数据。

  在上面的代码中使用了 import 命令来引入组件文件，并借助 export default 命令以对象的方式导出这个使用组件的父组件实例，这种调用可以做到按需引入组件，在模块系统中，局部组件的注册在业务中应用非常广泛。

  前面说了组件支持数据传递。准确地说，父组件向子组件传递数据是通过 prop 完成的。prop 是数据传递的实体，对于传递的数据，可以在 prop 中定义数据的属性。示例如下：

```
01 props: {
02   title: String,
```

```
03      likes: Number,
04      isPublished: Boolean,
05      commentIds: Array,
06      author: Object,
07      callback: Function,
08      contactsPromise: Promise                    // 或者其他类型
09    }
```

props 以对象的方式声明属性的类型，可以采用静态或者动态的方式进行赋值。

（1）静态赋值：

```
<blog-post title="My journey with Vue"></blog-post>
```

（2）通过 v-bind 指令可以进行动态赋值：

```
<blog-post v-bind:title="post.title"></blog-post>
```

v-bind 指令是 Vue 的动态计算指令，其接收变量或者函数来输出结果；上面说过，prop 是父组件向子组件进行数据传递的方法，prop 是单向数据流。设计成单向的原因是防止在子组件中改变数据而导致数据流的变化难以理解，因此不应该在子组件中改变 prop。如果修改 prop 的话，Vue 会在浏览器的控制台中发出警告。

在使用 prop 传递数据的过程中会进行类型检查。类型定义是源自 JS 的数据类型：

```
String
Number
Boolean
Array
Object
Date
Function
Symbol
```

类型检查方式是通过声明 type 和 default 的值实现的，下面举例说明。

【示例 1-7】使用 props 传值。

```
01  Vue.component('my-component', {
02    props: {
03      title: {
04        type: String,
05        required: true
06      },
07      // 带有默认值的数字
08      num: {
09        type: Number,
10        default: 100
11      },
12      // 带有默认值的对象
13      content: {
14        type: Object,
15        default: function () {
```

```
16        return { message: 'hello' }
17      }
18    },
19    // 自定义验证函数
20    checkStatus: {
21      validator: function (value) {
22        return ['success', 'warning', 'danger'].indexOf(value) !== -1
23      }
24    }
25  }
26 })
```

可以看到，上面是通过设置默认值和校验函数的方式对传递的数据进行限制的。

组件在以 Vue 技术栈为主的业务中经常使用，如定义常用的业务组件，规定组件之间数据传递的类型，通过模块导入和导出的方式引用组件和导出组件，在单页中应用组件等。希望读者在业务中可以灵活应用组件，提高开发效率。

1.1.4 指令简介

Vue 自定义了许多指令，如常用的 v-model、v-show 和 v-for 等指令。Vue 定义的指令可以实现双向绑定、DOM 条件渲染和列表渲染等功能。在平时业务开发中，一般用到上面所提的指令比较多。本小节介绍几个在业务中应用的关键指令。

1. v-for指令

在框架广泛应用之前，如果想要展示一个列表，通常会在 JS 中写一个函数来遍历数据并展示在 DOM 中，也就是 HTML 的一些指定标签，最后再将构造好的含有数据的标签拼接在指定的 DOM 节点上。可以看到，需要通过 JS 来创建指定结构的 DOM，这在业务开发中是一项极为麻烦的事情。对于该项需求，v-for 指令可以直接在 DOM 上添加遍历的数据，最终输出遍历后的 DOM 结构，而不需要使用 JS 拼接 DOM，看下面的一段代码。

【示例 1-8】v-for 指令的使用。

```
01 <!DOCTYPE html>
02 <html lang="zh-cmn-Hans">
03 <head>
04    <meta charset="utf-8">
05    <meta http-equiv="X-UA-Compatible" content="IE=edge,chrome=1">
06    <title>v-for 使用</title>
07 </head>
08 <body>
09    <div id="app-2">
10      <ul id="example">
11        <li v-for="item in items" :key="item.message">
12          {{ item.message }}
```

```
13          </li>
14        </ul>
15      </div>
16  </body>
17  <script src="https://cdn.jsdelivr.net/npm/vue@2.6.14/dist/vue.js">
    </script>
18  <script>
19      var app2 = new Vue({
20        el: '#app-2',
21        data: {
22          items: [
23              { message: '体育' },
24              { message: '娱乐' }
25          ]
26        }
27      })
28  </script>
29  </html>
```

本例的运行效果如图 1-4 所示。item.message 获取的是 data 的 items 数组数据。注意，使用 v-for 指令时需要设定:key，这是因为 DOM 更新的时候，设置 key 是 Vue 底层更新 DOM 的需要，这一点涉及 Vue DOM 更底层的原理。

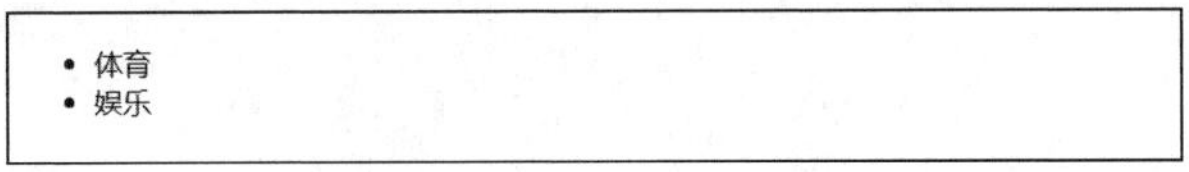

- 体育
- 娱乐

图 1-4　v-for 指令结果展示

2．v-model指令

v-model 指令主要用于实时监听输入框的值，这一点前面简单介绍过。v-model 指令配合 watch 监听属性，可以在输入框中对输入的字符进行规则验证。例如，对于 input 输入框，提示输入长度最大为 5。

【示例 1-9】v-model 指令的使用。

```
01  <!DOCTYPE html>
02  <html lang="zh-cmn-Hans">
03  <head>
04      <meta charset="utf-8">
05      <meta http-equiv="X-UA-Compatible" content="IE=edge,chrome=1">
06      <title>v-model 用法用例</title>
07  </head>
08  <body>
09    <div id="app">
10      <input type='text' v-model='textValue' />
11      <span>{{showStatus}}</span>
```

```
12    </div>
13    </body>
14    <script src="https://cdn.jsdelivr.net/npm/vue@2.6.14/dist/vue.js">
      </script>
15    <script>
16       var app = new Vue({
17        el: '#app',
18        data: {
19          textValue:",
20          showStatus:"
21        },
22        watch:{
23          textValue:{
24                   handler(newName, oldName) {
25                     if(newName.length > 5){
26                        this.showStatus = '字符长度不能超过 5'
27                     }else {
28                        this.showStatus = "
29                     }
30                  },
31                  immediate: true
32              }
33          }
34       })
35    </script>
36    </html>
```

在 watch 中监听 textValue 的变化，对输入的字符长度进行监听。v-model 指令通常用来展示 value 的变化，这里可以添加条件对 value 进行规则校验，v-model 指令可以显示校验的结果。

3．v-show和v-if指令

在某些业务场景中，单击不同的 Tab 页会显示或隐藏对应的内容。例如，在企业后台页面中单击不同的 Tab 页会显示不同数据源的表格，此时如果使用 jQuery 的 toggle 函数就可以达到这个效果，但这是老方法。在使用 Vue 的场景下，可以直接用 v-show/v-if 指令实现同样的效果，不过这两种方法是有区别的。

区别在于，v-show 指令调用的其实是 CSS 的 display 属性，v-if 指令才是真正的条件渲染。也就是说，遇到状态经常变化的情况，使用 v-show 指令的开销要比使用 v-if 指令的少。这两个指令的使用场景一般需要变量作为数据的展示条件。来看下面的这段代码，在其中进行了精简处理。

【示例 1-10】v-show/v-if 指令的使用。

```
01    <div v-show="showFlag">
02       测试区域
```

```
03    <div>
04    <div v-if="showStatus">
05       测试区域
06    <div>
```

也就是说，整个页面区域会根据 showFlag 和 showStatus 这两个变量的状态来决定 div 显示或隐藏。这两个指令结合 v-for 使用的时候，可以根据状态来决定是否要显示 list 的某个部分。

上面介绍了 4 个指令的使用方法和场景，这 4 个指令在业务开发中经常使用。Vue 其实还有很多自定义的指令，开发者也可以自定义指令，鉴于篇幅原因，这里不再展开介绍。

1.1.5　生命周期

生命周期对于 Vue 来说是一个非常重要的概念，涉及 Vue 的运行顺序和方式，让方法和变量变得可控，同时也约束和规范开发者对 Vue API 的使用。这里所说的生命周期和我们通常说的"生命周期"其实是一个意思，只不过在软件中表示的是执行过程。图 1-5 表示 Vue 的完整生命周期。

图 1-5 来源于 Vue 的官方文档。下面简单介绍 Vue 生命周期涉及的钩子函数。

- 在 Vue 实例化的时候，依次会调用 beforeCreated 和 created 生命周期的钩子函数。在 beforeCreated 这个钩子函数中一般不做任何业务处理；在 created 钩子函数中一般会调用接口来获取数据，因为这个钩子函数是在 DOM 渲染之前执行的。也就是说，DOM 渲染之后可以直接获取需要展示的数据。
- 在执行 mounted 钩子函数之前会对是否存在 template 和 el 进行判断。如果二者都存在的话，则会执行 beforeMounted 和 mounted 钩子函数；如果没有 template，则会使用 el 的 outerHTML 作为 template 进行渲染。

💬 注意：在执行 beforeMounted 钩子函数的时候会触发 vm.$el 代替 el。

- mounted 钩子函数执行的过程就是页面渲染的过程。在渲染期间，如果数据发生变化，则会触发 updated 钩子函数执行 re-render 过程。
- 当切换不同页面时，会执行 beforeDestroy 和 destroy 两个钩子函数，执行 beforeDestroy 钩子函数的时候会卸载 Watcher、子组件和事件监听器，最后执行 destroy 钩子函数完成组件的销毁。

在业务开发中，实现某个页面时并不会应用全部的生命周期钩子函数，但熟记 Vue 的生命周期钩子函数的用法，对平时的业务开发有极大的帮助。

例如，在开发博客系统的 article.vue 组件时，可以将页面分为 header、wrapper 和 copyright 这三个部分，然后分别按照这三个部分实现或者调用对应的组件来展示数据。

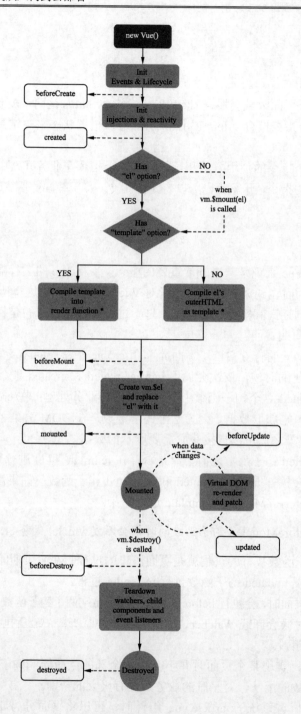

* template compilation is performed ahead-of-time if using
a build step, e.g. single-file components

图 1-5　Vue 的生命周期

【示例 1-11】Vue 组件化应用。

```
01  <template lang="html">
02    <div class=""
03         v-loading.fullscreen.lock="loading">
04      <header class="a-header"
05             :style="{background: 'url('+article.cover+')' + 'center
center / cover', 06 backgroundSize: 'cover'}">
07        <vNav></vNav>
08      </header>
09      <div class="article-wrapper">
10        <div class="title" v-text="article.title"></div>
11        <div class="create">{{article.createdAt | handleDateFormat}}
</div>
12        <div class="content markdown-body" v-html="content"></div>
13        <Comment></Comment>
14      </div>
15      <CopyRight />
16    </div>
17  </template>
```

header 是顶部的导航栏，使用 vNav 组件来展示，中间的文章部分使用 wrapper 容器来填充文章的内容，末尾部分使用 copyRight 组件来展示版权信息，这种方式按照页面结构进行拆分并调用对应组件合并整个页面，对于当前页面的生命周期部分，请看下面的代码。

【示例 1-12】组件生命周期。

```
01  <script>
02  import marked from 'marked'
03  import Prism from 'prismjs'
04  import 'prismjs/themes/prism.css'
05  marked.setOptions({
06    highlight: (code) => Prism.highlight(code, Prism.languages.
javascript)
07  })
08
09  export default {
10    components: {
11      'Comment': () => import('./components/Comment.vue'),
12      'CopyRight': () => import('./components/CopyRight.vue'),
13      'vNav': () => import('./components/Nav.vue')
14    },
15    computed: Vuex.mapState({
16      article: state => state.article,
17      loading: state => state.article.loading,
18      content(){
19        let _content = this.article.content
20        marked(_content, (err, content) => {
21          if (!err) {
22            _content = content
23          }
24        })
25        return _content
```

```
26          }
27        }),
28      created() {
29        this.$store.dispatch('getArticle', this.$route.params.id)
30      },
31      beforeDestroy() {
32        this.$store.dispatch('clearArticle')
33      },
34    }
35  </script>
```

import 指令用来引入组件，这里用到了 created 和 beforeDestroy 两个生命周期和 computed 计算属性来实现 article 页面的业务逻辑功能。相信读者能体会得到，只有熟悉生命周期钩子函数的用法才能知道在哪一个钩子函数里写业务逻辑更合适。另外，在高度组件化之后，开发一个页面并不需要写很多的 HTML 和 JS 代码，在封装好组件并解决数据流向问题之后，基本就可以搭建出一个界面了。

这里总结一下，图 1-5 是 Vue 生命周期钩子函数的执行过程，刚开始的时候读者可能对 Vue 生命周期钩子函数的用法不太理解，相信随着学习的深入，读者会对 Vue 的生命周期钩子函数的理解更加深刻。

1.1.6　前端工程化

很多开发人员对前端的认知还停留在前端就是简单写写页面的阶段，前端开发岗位刚出现的时候，前端开发人员确实是在做这样的事情，当业务发展到一定阶段时，就不得不面对以下问题：

- 如何进行高效的多人协作？
- 如何保证项目的可维护性？
- 如何提高项目的开发质量？
- 如何降低项目生产的风险？

简单地写一些 HTML 代码，再用 jQuery 写一些复杂的逻辑，这种开发方式已经无法解决以上问题，用工程化的思维加持前端开发是必然的趋势。那么前端的工程化具体表现在哪些地方呢？接下来笔者给出自己的看法。

前端工程化主要包括模块化、组件化、规范化和自动化，如图 1-6 所示。下面分别介绍这几点的含义。

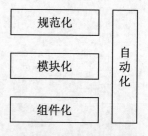

图 1-6　前端工程化结构

1. 模块化

模块化简单来说就是将一个大的文件拆分为几个相互依赖的小文件，最后再将它们进行统一的封装和加载。在 ECMAScript 6.0（简称 ES 6）语法中有专门的模块化语句，即 import 和 export 语句，但是在 ES 6 之前，因为没有规范的模块系统，导致前端工程模块化非常困难，因为 ES 6 引入了 ES Module 规范，所以开发者在前端工程化基础上进行优化就变得非常方便了。在模块化层面的实践上，Webpack 就是一个典型的例子。Webpack 将文件打包成 chunk（chunk 是一些模块的封装单元，在 Webpack 打包的阶段生成），然后在浏览器执行环境中异步加载这些 chunk，其中的插件机制和 loader 机制正是应用了模块化方案。除此之外，浏览器可以完美地支持原生 ES Module，可以直接使用：

```
<script type="module">
```

上面的代码用来进行模块加载。除了 JS 模块化之外，人们也对 CSS 模块化进行了很多实践。为了避免全局 CSS 污染问题，人们制定了一些规则，如 BEM 和 Bootstrap。

但是规则并不能完全地约束开发者，只有在工具层面才可以达到这个目的。在工具层面，社区又创造出了 Shadow DOM、CSS in JS 和 CSS Modules 这 3 种解决方案。

- Shadow DOM 是 Web Components 的标准，它能解决全局污染的问题，但是目前很多浏览器不兼容。
- CSS in JS 彻底抛弃了 CSS，使用 JS 或 JSON 来写样式。这种方法很激进，不能利用现有的 CSS 技术，而且处理伪类等问题也比较困难。
- CSS Modules 仍然使用 CSS，只是让 JS 来管理依赖，它能够最大化地结合 CSS 生态和 JS 模块化能力，目前来看是最好的解决方案。Vue 的 scoped style 也是这种方案中的一种。

最后还有资源的模块化。资源主要指图片资源和字体等。工程化里常使用 loader 进行资源模块化的处理。

2．组件化

组件可以简单地理解为 HTML + JS + CSS 的组合，可以展示一个页面的一小部分，其实组件化的实质是对 UI 的拆分。有一定前端开发经验的读者都知道，在页面的开发工作中，组件开发占了很大的比例，因为抽离出组件可以大大减轻页面开发的负担，组件复用的好处就体现出来了。

3．规范化

规范化其实是指规范的制定，包括目录结构的规定、命名规范、前后端接口规范、文档规范和组件规范等。笔者建议借鉴大公司的开发规范，因为大公司的规范是多次实践总结的结果，必然对工程化有很大的帮助。

4．自动化

自动化包括自动化测试、持续集成、自动化构建和自动化部署等。自动化这项工作基本上处于工程的末端，主要用来统一执行工程的打包、发布和部署。

1.2 模 板 语 法

Vue 使用了基于 HTML 的模板语法，允许开发者声明式地将 DOM 绑定至底层 Vue 实例中，所有的 Vue.js 模板都是合法的 HTML，可以被遵守规范的浏览器和 HTML 解析器解析。在 Vue 底层，Vue 会将模板编译成虚拟 DOM 渲染函数，结合响应式系统，Vue 可以智能地计算出最少渲染的组件。也就是说，将 DOM 操作的次数减少到最少。另外，Vue 也可以满足偏爱原生 JS 的开发者，提供使用 JSX 语法的渲染函数。本节将从动态响应、插槽、v-bind 指令、计算属性和侦听属性这几个方面展开介绍。

1.2.1 动态响应

Vue 最强大的功能是非侵入的动态响应功能。也就是说，当开发者修改数据模型时，对应的视图部分也会进行更新，因此状态管理就变得非常简单。本小节主要讲解动态响应的原理及其在业务中的应用，同时还会讲解一些需要规避的问题。

在写 Vue 代码的 data 部分时，会将数据变量定义在里面，这时 Vue 将遍历此对象的所有属性，并使用 object.defineProperty 把这些属性全部转换为 getter 和 setter 方式。getter 和 setter 方式对开发者是不可见的，其作用是方便 Vue 追踪依赖，当属性被修改或变更的时候通知对应的数据模板进行更新。

在 Vue 中，每个组件都对应一个 watcher 实例，watcher 会把数据对象的 property 转换为依赖，setter 触发依赖变化的时候，会通知 watcher 使对应的组件重新渲染。

上面对动态响应的介绍有些抽象，下面给出示意图来解释动态响应的过程，如图 1-7 所示。

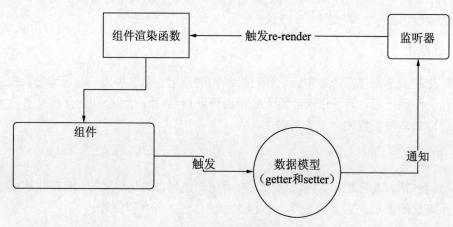

图 1-7　动态响应图解

可以看到，watcher 起到了桥梁的作用，它监听数据的变化并通知渲染函数进行视图的更新。在写业务代码的时候，开发者通常会利用监听器的这个功能，编写与之有关的函数来更新对应的数据。

【示例 1-13】watcher 监听的用法。

```
01  <template>
02    <div>
03      <header class="a-header">
04        <nav class="main-nav">
05          <h1>{{headerName}}</h1>
06        </nav>
07      </header>
08      <div class="tag-list">
09        <ul>
10          <li v-for="(tag, index) in tags" :key="tag.objectId">
11            <a @click="update(index, tag.tagName,
12  tag.objectId)" :class="{'tag-list-active' : index === selected}">
13              {{tag.tagName}}
14            </a>
15          </li>
16        </ul>
17      </div>
18      <tag-content-list></tag-content-list>
19    </div>
20  </template>
21  <script>
22    export default {
23      components: {
24        'TagContentList': () => import('./components/TagContentList'),
25        'vHeader': () => import('./components/Header')
26      },
27      data() {
28        return {
29          selected: 0,
30          headerName: "
31        }
32      },
33      watch: {
34        'tags': function (val) {
35          if (val) {
36            this.headerName = val[0].tagName
37          }
38        }
39      },
40      methods: {
41        update(index, tagName, tagId) {
42          this.selected = index
43          this.headerName = tagName
44          this.$store.dispatch('getTagContentList', tagId)
45        }
```

```
46          }
47       }
48   </script>
```

在上面的代码中，watch 部分的代码就是自定义监听函数，在 watch 中监听 tags 的变化，在'tags'函数中取值并对 headerName 赋值，当模板数据中的值需要时时变化时，可以在代码的 watch 部分编写函数来监听数据变化并更新对应的 DOM。

> **注意：** 对于数组和对象这两种数据类型来说，由于 JS 的限制，Vue 不能检测到它们的变化。这两种数据类型在平时的开发中经常会遇到，怎么解决呢？在 Vue 中通过 set API 来解决无法监听数组和对象变化的问题。

在数据变量的声明上，数据是定义在 data 中的，Vue 可以将其转为响应式，对于已经创建好的实例，Vue 不允许动态添加根级别的响应式 property，但是可以用 set 函数添加响应式 property。看下面的代码：

```
01   data() {
02       return {
03           selected: 0,
04           headerName: "
05       }
06   },
```

可以看到，selected 和 headerName 对象被定义在 data 中，如果采用下面的方式定义：

```
vm.selected = 0                      // vm 是全局 Vue 实例
```

是不会触发 Vue 响应式变化的，因此使用 set 函数可以实现响应式。

```
Vue.set(vm.someObject, 'b', 2)
```

前面说到，数组的变化也不会引起 Vue 响应式变化。例如，当使用下标索引对数组进行修改或者修改数组长度时，都不会触发响应式。

【示例 1-14】 改变数组长度。

```
01   <!DOCTYPE html>
02   <html lang="zh-cmn-Hans">
03   <head>
04       <meta charset="utf-8">
05       <meta http-equiv="X-UA-Compatible" content="IE=edge,chrome=1">
06       <title>set 函数的使用</title>
07   </head>
08   <body>
09     <div id="app">
10       <ul>
11           <li v-for="item in items"> {{item}} </li>
12       </ul>
13   </div>
14   </body>
15   <script src="https://cdn.jsdelivr.net/npm/vue@2.6.14/dist/vue.js">
     </script>
```

```
16   <script>
17      var app = new Vue({
18        el: '#app',
19        data: {
20          textValue:",
21          showStatus:",
22          items: ['vue', 'react', 'angular']
23        },
24      })
25      app.items[1] = 'x'              // 不是响应性的
26      app.items.length = 2            // 不是响应性的
27   </script>
28   </html>
```

在代码中直接修改 items 的第 2 项和 items 的长度是无效的。要解决这个问题，需要使用 set 函数，代码如下：

```
// Vue.set 的用法
Vue.set(vm.items, indexOfItem, newValue)
```

参数分别是 vm 的数据源、数组的索引和新的值。对于数组更新问题，可以使用 splice 函数来解决。splice 函数会改变原始的数组，因此可以触发数组更新。

【示例 1-15】使用 splice 函数修改数组。

```
<script>
var app = new Vue({
  el: '#app',
  data: {
    textValue:'',
    showStatus:'',
    items: ['vue', 'react', 'angular']
  },
})
// app.items[1] = 'x'              // 不是响应性的
// app.items.length = 2            // 不是响应性的
Vm.data.splice(0 , 0 , 'daruk')
</script>
```

将 items 数组的第 1 项变为 daruk，修改结果如图 1-8 所示。

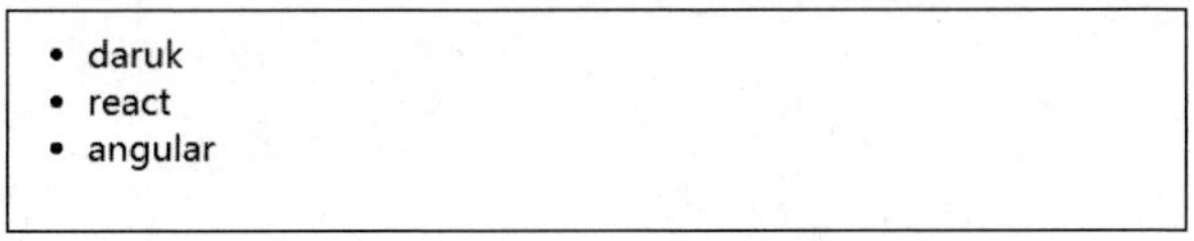

```
• daruk
• react
• angular
```

图 1-8   使用 splice 函数修改数组

可以看到，数组的第 1 项从 Vue 变成了 daruk，说明 splice 函数已生效。

本小节主要讲解了 Vue 动态响应的特性，组件数据的变化会通知监听器，监听器会触发 re-render 函数进行组件的更新，Vue 利用 getter 和 setter 属性来实现动态响应。对于数组和对象，由于 JS 的限制，会出现不实时响应的情况，通常的解决办法是使用 set 函数进行数据更新，set API 的设计解决了对象和数组更新的困难之处，可以方便地应用于业务中。

1.2.2　插槽

简单地理解，插槽就是一个空位，它用来接收不同的组件并进行展示。开发者在编写业务组件代码的时候，经常会遇到某一个位置根据业务要求需要接收不同的组件的情况，这个时候可以通过插槽来接收组件，而不必通过 v-if 指令或 v-else 指令来添加冗余的业务逻辑判断。说过了插槽的好处，那么插槽是怎么用的呢？下面通过实际的例子来讲解插槽的用法。

在页面代码中有一个导航定向的组件，组件化的代码见示例 1-16。

【示例 1-16】插槽的用法。

```
01  <!DOCTYPE html>
02  <html lang="zh-cmn-Hans">
03  <head>
04      <meta charset="utf-8">
05      <meta http-equiv="X-UA-Compatible" content="IE=edge,chrome=1">
06      <title>set 函数使用</title>
07  </head>
08  <body>
09      <div id="app">
10          <navigation-link url="/profile">
11              Your Profile
12          </navigation-link>
13      </div>
14  </body>
15  <script src="https://cdn.jsdelivr.net/npm/vue@2.6.14/dist/vue.js">
    </script>
16  <script>
17      var app = new Vue({
18        el: '#app',
19        data: {
20          textValue:",
21          showStatus:",
22          items: ['vue', 'react', 'angular']
23        },
24      })
25  </script>
26  </html>
```

navigation -link 是封装好的组件，在组件的 your profile 位置，使用 slot 函数就可以作为插槽来接入内容了。例如，在 profile 位置编写 HTML 代码：

```
01  <navigation-link url="/profile">
02    <span class="icon">icon 图标</span>
03    Your Profile
04  </navigation-link>
```

当然也可以插入一个组件：

```
01  <navigation-link url="/profile">
02    <!--添加一个图标的组件-->
03    <font-awesome-icon name="user">用户信息图标</font-awesome-icon>
04    Your Profile
05  </navigation-link>
```

从上述两个简单的例子中可以看到，插槽可以放置原生的 HTML 代码，也可以放置子组件。可以说，插槽的应用范围还是挺广泛的。通常来说，在 Vue 中定义一个数据变量时，需要给定一个初始值，即默认值。插槽的定义也可以类比为数据变量的定义，那么初始值的设定可以对应到插槽的后备内容。

本小节只介绍了插槽的简单用法，后面会有专门的章节介绍插槽的使用。

1.2.3　v-bind 和 v-on 指令的使用

其实在前面的章节中简单提到过 Vue 的指令，为了方便实现数据的双向绑定，Vue 引入了指令。本质上说，指令其实是 JS 原生用法在 Vue 上的封装实现。本小节着重介绍 v-bind 和 v-on 这两个指令在业务开发中的常见用法。

1．v-bind指令

开发一个显示博客文章的列表页面，通常会将显示文章封装成组件，将文章的标题和封面图片等部分作为参数传递到这个组件中，由组件进行展示。下面给出一个展示文章列表的代码示例。

【示例 1-17】文章列表布局。

```
01  <template>
02    <div class="header">
03      <p class="header-img"><img :src="imgPath" alt=""></p>
04      <p class="header-con"> {{content}} </p>
05    </div>
06  </template>
07  <script>
08    export default{
09      props:{
10        imgPath:{
11          type:String,
12          default:"
13        },
14        content:{
15          type:String,
16          default:"
17        }
18      }
19    }
```

```
20
21  </script>
22  <style lang="less">
23      .header {
24          width:100%;
25          height:30rem;
26          .header-img {
27              display:inline-block;
28          }
29          .header-con {
30              display:inline-block;
31          }
32      }
33  </style>
```

上述代码通过"传递图片"和"博客介绍内容"两个数据变量来展示文章的主图和内容。不同的文章通常标题图片也不同，因此需要动态响应来适配不同的博客，代码使用了:src，即 v-bind:src，因为 src 在原生的 HTML 中，并不具有动态变化的特性，v-bind 指令在这里发挥了动态计算属性的能力，可以赋予 src 变量动态变化的特性。看到这里，读者对 v-bind 指令有了基本的了解，可以在子组件中使用 v-bind 指令赋予变量动态变化的特性。这是 v-bind 指令最基础但也是最重要的用法，v-bind 指令的其他用法是这种用法的衍生处理。

对于样式的切换，v-bind:class 指令也是能满足的，通过 v-bind 指令切换不同的 class，可以展示不同的样式来满足不同的开发需求。例如最简单的 Tab 组件单击，当前的 Tab 页的展示是突出的，未选中的 Tab 页的展示是灰色的，在这种场景下可以使用 v-bind:class 指令来实现。

完整的 Tab 组件的实现需要较大的工作量，这里笔者给出使用 v-bind:class 指令控制样式变化的部分代码。

【示例 1-18】通过 v-bind:class 指令控制样式变化。

```
01  <template>
02      <div class="header">
03          <p class="tab" v-bind:class="{'isClick':isClick}">
04              {{content}}
05          </p>
06      </div>
07  </template>
08  <script>
09      export default {
10          props:{
11              isClick:{
12                  type:Boolean,
13                  default:"
14              },
15              content:{
16                  type:String,
17                  default:"
18              }
```

```
19          }
20        }
21
22    </script>
23    <style lang="less">
24        .header {
25            width:100%;
26            height:30rem;
27            .tab {
28                color:black;
29            }
30            .isClick {
31                color:red;
32            }
33        }
34    </style>
```

默认的文字颜色是黑色的，单击后的文字颜色是红色的。通过 v-bind 指令对 class 进行切换，从而展示不同的样式。v-bind 指令除了绑定属性，还可以绑定 prop，但 prop 必须在组件中声明。上面举的例子都保留了 v-bind 指令，在业务开发中其实可以使用简写的方式，如 v-bind:class 可以简写成:class，v-bind:src 可以简写成:src，Vue 能够自动识别并添加动态属性。

2. v-on指令

v-on 指令经常使用的场景是自定义事件，如修饰单击事件。

【示例 1-19】使用 v-on 指令修饰单击事件。

```
01    <body>
02        <div id="app">
03            <button v-on:click="save">保存</button>
04        </div>
05    </body>
06    <script src="https://cdn.jsdelivr.net/npm/vue@2.6.14/dist/vue.js">
      </script>
07    <script>
08        var app = new Vue({
09          el: '#app',
10          data: {
11
12          },
13          methods:{
14            save(){
15                // 调用接口请求
16                alert('保存成功')
17            }
18          }
19        })
20    </script>
```

单击"保存"按钮后弹出保存成功的对话框，如图 1-9 所示。

图 1-9　使用 v-on 修饰单击事件

v-on 指令支持缩写形式，v-on:click 可缩写为@click。v-on 指令用于修饰原生的 DOM 事件，在写事件函数时会遇到需要阻止事件冒泡或默认的情况，可以直接使用修饰符来实现，如阻止默认行为：

```
<!-- 阻止默认行为 -->
<button @click.prevent="save"></button>
```

例如阻止冒泡：

```
<!-- 阻止冒泡 -->
<button @click.stop="save"></button>
```

除了阻止冒泡和默认行为，v-on 指令同样支持键盘事件，v-on 指令给开发者提供了丰富的事件修饰符。

Vue 的创建指令非常多，本小节对 v-bind 和 v-on 两个指令着重进行介绍的原因是它们在开发中应用非常广泛，业务逻辑的实现通常离不开这两个指令。希望读者在看完本小节的内容之后动手实践，写一个单击按钮更换文字段落样式的简单例子，熟悉这两个指令的使用。

1.2.4　计算属性和侦听属性

本小节主要讲解 Vue 的计算属性和侦听属性。计算属性简单说就是在 computed 中监听数据的变化情况，数据变化的逻辑不写在数据模板中，以减少代码的维护量。侦听属性类似于计算属性，但侧重于监听数据的变化情况，数据计算层面的变化多使用 computed。

下面详细介绍这两种属性的用法。这两种属性经常会涉及 input 等组件的数据变化相关业务。

1．计算属性

【示例 1-20】倒叙输出数据变量。

```
01  <body>
02      <div id="app">
03          <p>信息展示:{{ message }}</p>
04          <p>倒叙信息展示: {{ reversedMessage }}</p>
```

```
05        </div>
06   </body>
07   <script src="https://cdn.jsdelivr.net/npm/vue@2.6.14/dist/vue.js">
     </script>
08   <script>
09     var app = new Vue({
10       el: '#app',
11       data: {
12         message:'最长的电影'
13       },
14       computed:{
15         reversedMessage: function () {
16           return this.message.split('').reverse().join('')
17         }
18       }
19     })
20   </script>
```

运行代码，结果如图 1-10 所示。

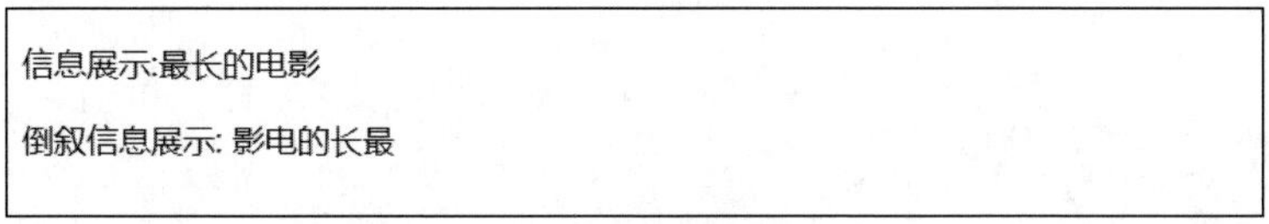

```
信息展示:最长的电影

倒叙信息展示: 影电的长最
```

图 1-10　computed 的使用结果

在 computed 计算属性中，对 reversedMessage 函数进行监听，message 变量的变化触发 computed，进而 reversedMessage 函数也会展示对应的变化结果。reversedMessage 函数的响应是通过 getter 属性实现的，getter 属性是没有副作用的，可以保证数据响应的唯一性。

说到实现 reversedMessage 函数的效果，读者可能也会想到使用方法来实现。在 methods 中定义方法如下：

```
01   methods: {
02     reversedMessage: function () {
03       return this.message.split('').reverse().join('')
04     }
05   }
```

上面代码中的 reversedMessage 函数也可以返回 message 变量的倒序值，计算属性和方法的区别是，计算属性是依赖于响应式缓存的。简单地说，如果 message 变量没有变化，那么 reversedMessage 函数就使用缓存，不必再次执行 reversedMessage 函数；相比之下，在使用定义方法的情况下，每次触发都会调用这个方法，如果在一个很大的计算数据上使用这个方法的话，则会消耗很长的时间。

2. 侦听属性

除了计算属性之外，Vue 提供了一种更通用的方式侦听属性来观察和响应 Vue 实例上的数据变动情况。computed 计算属性可以满足大多数的情况，但是在面对数据变化执行异步或者开销较大的情况下，使用 watch 侦听属性是一种更好的选择。

【示例 1-21】使用 watch 侦听属性监听数据变化情况。

```
01  <template>
02      <div class="pagination">
03          <span class="page-number">
04              Page {{curPage}} of {{allPage}}
05          </span>
06      </div>
07  </template>
08
09  <script>
10  export default {
11      data() {
12          return {
13              isFirst: true,
14              page: 1,
15              isEnd: true
16          }
17      },
18      computed: {
19          curPage() {
20              return this.$store.state.contentList.curPage
21          },
22      },
23      watch: {
24          curPage(value) {
25              if (value > 1 && value < this.allPage) {
26                  this.isFirst = false
27              } else if (value === this.allPage) {
28                  this.isEnd = false
29                  this.isFirst = false
30              } else {
31                  this.isFirst = true
32                  this.isEnd = true
33              }
34          },
35      },
36      methods: {
37          …
38      }
39  }
40  </script>
```

在上面的组件中同时使用了 computed 计算属性和 watch 侦听属性，在 watch 侦听属性中监听 curPage 的值来更新 isFirst 和 isEnd 两个状态变量的变化情况，在 computed 计算属性中更新 curPage 数据，因此在 watch 属性中通常会设置与数据变量变化相关的函数，在 computed 计算属性中主要实现的是与数据变量计算相关的函数。

⊙注意：不要滥用 watch 属性，特别是熟悉 Angular 开发的开发者，大多数情况下还是使用 computed 属性。

读者在了解了计算属性和侦听属性之后，可以仔细地体会二者在使用上的区别，在开发中二者不要混淆使用。

1.3　条件渲染和列表渲染

在业务开发中，经常需要根据不同的状态或者条件来展示不同的内容，这其实属于条件渲染的范畴，根据条件来渲染不同的内容。有时，在开发列表项或者动态列表时，常常会遇到进行同样的样式渲染的情况，此时可以使用 Vue 的列表渲染来展示动态列表。本节主要讲解在业务中如何使用列表渲染和条件渲染，学习完本节内容之后读者可以独立承担类似于动态列表的开发任务。

1.3.1　v-if、v-show 和 v-for 指令的使用

前面的章节简单介绍了 v-if 和 v-show 指令的使用方法。v-if 指令是真正的条件渲染，v-show 指令是控制样式的隐藏显示。v-if 指令的切换开销更大，因此在需要频繁切换样式的情况下使用 v-show 指令更合适，因为它的切换开销较小。v-for 指令通常用来进行列表展示，v-if 和 v-show 指令常常和 v-for 指令结合使用，以有条件地展示列表内容。

v-if、v-else-if 和 v-else 指令常常同时使用，在前面的内容中并没有具体介绍三者的完整使用方法，下面再补充一下。

【示例 1-22】v-if 指令的使用。

```
01  <!DOCTYPE html>
02  <html lang="zh-cmn-Hans">
03  <head>
04      <meta charset="utf-8">
05      <meta http-equiv="X-UA-Compatible" content="IE=edge,chrome=1">
06      <title>v-bind 用法</title>
07  </head>
08  <body>
09      <div id="app">
10        <p v-if="this.message.length > 1 && this.message.length < 10">
11  信息展示 v-if 部分:{{ message }}</p>
12        <p v-else-if="this.message.length > 10 && this.message.length < 30">
13  信息展示 v-else-if 部分: {{ message }}</p>
14        <p v-else>展示 v-else 部分{{message}}</p>
15        <button @click="this.show">切换函数</button>
16      </div>
17  </body>
```

```
18  <script src="https://cdn.jsdelivr.net/npm/vue@2.6.14/dist/vue.js">
    </script>
19  <script>
20     var app = new Vue({
21       el: '#app',
22       data: {
23         message:'最长的电影'
24       },
25       computed:{
26         reversedMessage: function () {
27           return this.message.split('').reverse().join('')
28         }
29       },
30       methods:{
31         show(){
32             this.message = this.message + 'length'
33         }
34       }
35     })
36  </script>
37  </html>
```

上述代码的运行结果如图 1-11 至图 1-13 所示。

图 1-11　使用 v-if 指令的结果

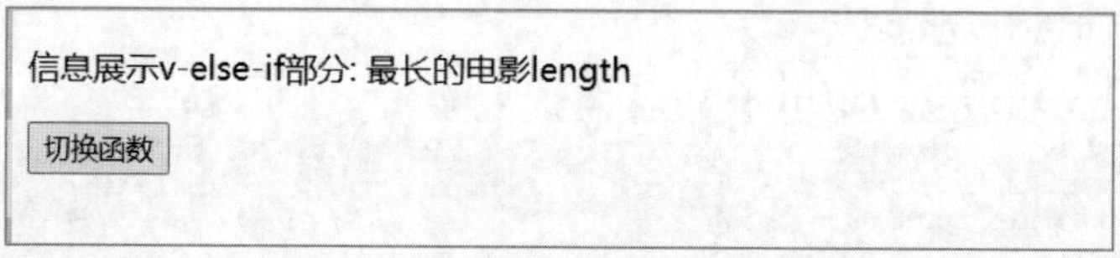

图 1-12　使用 v-else-if 指令的结果

图 1-13　使用 v-else 指令的结果

可以看到，根据数据变量长度的变化，对应显示 v-if 指令、v-else-if 指令和 v-else 指令三部分的内容。在上面的代码中，指令只是简单地应用到原生的 HTML 标签中，拓展一下，可以将 v-if 指令和 v-show 指令应用到引入的组件上，以控制组件的显示和隐藏。

上面的例子使用的是 v-for 指令基本的用法——遍历展示列表，实际上，v-for 指令在开发中需要结合 v-if 和 v-show 指令进行条件渲染展示。

【示例 1-23】v-for 和 v-if 指令的使用。

```
01  <template>
02    <div>
03      <div class="tag-list">
04        <ul>
05          <li v-for="(tag, index) in tags" :key="tag.objectId"
    v-if="index > 0 &&
06  index < 5">
07            <a @click="update(index, tag.tagName,
08  tag.objectId)" :class="{'tag-list-active' : index === selected}">
09              {{tag.tagName}}
10            </a>
11          </li>
12        </ul>
13      </div>
14    </div>
15  </template>
16  <script>
17    export default {
18      components: {
19        'TagContentList': () => import('./components/TagContentList'),
20      },
21      data() {
22        return {
23          selected: 0,
24          headerName: ''
25        }
26      },
27      computed: Vuex.mapState({
28        tags: state => state.tags.tagList
29      }),
30      watch: {
31        'tags': function (val) {
32          if (val) {
33            this.headerName = val[0].tagName
34          }
35        }
36      },
37      methods: {
38        update(index, tagName, tagId) {
39          this.selected = index
40          this.headerName = tagName
41          this.$store.dispatch('getTagContentList', tagId)
42        }
43      }
44    }
```

```
45    </script>
46    <style lang="scss" scoped>
47    @import '../assets/scss/tags.scss';
48    </style>
```

在使用 v-for 指令遍历数据的过程中，Vue 是支持获取遍历索引的，因此在 v-if 指令中的条件可以使用在 v-for 指令中的索引，用来控制列表展示的隐藏与否。上面的代码是在 v-if 指令中添加对 index 的判断，结果是展示索引大于 0 且小于 5 的列表。

v-for、v-if 和 v-show 这 3 个指令其实很简单，v-if 和 v-show 指令的使用逻辑其实和 if 语句是一样的，v-for 指令的使用逻辑和 for 语句是一样的，v-for 结合 v-if 指令的语句就是在 v-for 指令中使用 v-if 指令，这 3 个指令的使用逻辑还是沿用 for 和 if 语句的使用逻辑。

读者可以写一个简单的例子，练习 v-for、v-if 和 v-show 这 3 个指令的用法。

1.3.2 数组更新检测

在 Vue 中，如果数据变量采用数组的形式，那么在对其进行变更的时候，按照数组索引变更数据或者修改数组的长度时在 Vue 中是无法动态响应的。Vue 为了解决这个问题，使用$set 的方式将数组的变化进行动态响应。关于$set 的用法，前面已经做了介绍，本小节主要介绍数组更新的检测方式。

Vue 为了监听数组的变更情况，包含下面的数组方法：

- push 函数：在数组末尾添加元素。
- pop 函数：在数组末尾弹出元素。
- shift 函数：在数组头部弹出元素。
- unshift 函数：在数组头部添加元素。
- splice 函数：进行数组切分。
- sort 函数：进行数组排序。
- reverse 函数：进行数组倒序排序。

简单地说，当使用上述方法时会触发 Vue 动态响应数组发生变化。像上面的 push 和 pop 等函数，是在数组内部进行处理。JS 还有一些返回新数组对象的 API，如 filter、concat 和 slice 函数，这些函数会使数据发生变化，进而使 DOM 层面发生变化。Vue 并不是丢弃原有的 DOM 结构重新渲染整个列表，而是用一个包含有相同元素的数组去替换原来的数组，它可以复用原来的 DOM 结构，减少 DOM 渲染开销。

有时还要求显示数组过滤后的结果，可以使用 filter 函数在原数组中进行过滤并输出新的数组，这里建议最好在 computed 属性中添加处理函数。

【示例 1-24】过滤 ID 大于 2 的元素。

```
01    <!DOCTYPE html>
02    <html lang="zh-cmn-Hans">
03    <head>
04        <meta charset="utf-8">
```

```
05      <meta http-equiv="X-UA-Compatible" content="IE=edge,chrome=1">
06      <title>v-bind用法</title>
07  </head>
08  <body>
09      <div id="app">
10          <li v-for="item in newContent">{{ item.content }}</li>
11      </div>
12  </body>
13  <script src="https://cdn.jsdelivr.net/npm/vue@2.6.14/dist/vue.js">
    </script>
14  <script>
15      var app = new Vue({
16        el: '#app',
17        data: {
18          contents: [ {
19              id:0,
20              content:'小鬼'
21          } ,
22          {
23              id:1,
24              content:'姜云升'
25          },
26          {
27              id:2,
28              content:'周伦'
29          },
30          {
31              id:3,
32              content:'梁波'
33          },
34          {
35              id:4,
36              content:'周华'
37          }]
38        },
39       computed: {
40        newContent: function () {
41          return this.contents.filter(function (item) {
42            return item.id > 2
43          })
44        }
45      }
46  })
47  </script>
```

展示结果如图 1-14 所示。

- 梁波
- 周华

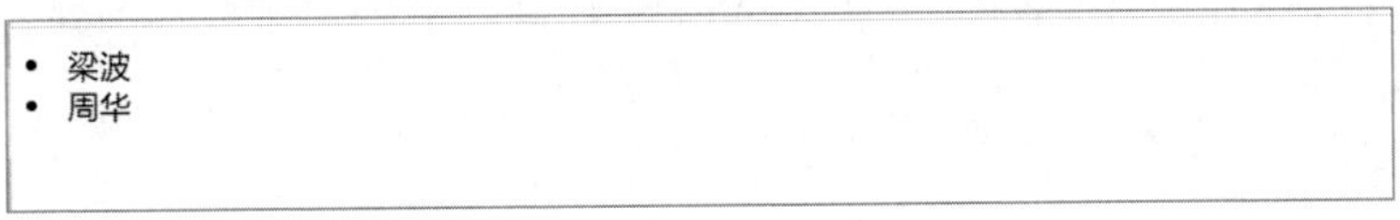

图 1-14　filter 函数和 computed 属性的使用效果

可以看到，在 Vue 中可以方便地在 computed 属性中添加对数组的计算，达到实时动态监测数组的目的。另外，也可以在 v-for 指令中使用函数作为遍历的数组结果，即将 computed 属性的计算函数在 v-for 指令中直接使用。

在 Vue 2.x 版本的实现中，Vue 采用的是对数组对象的原型链方法进行重写，对数组变化进行拦截，实现对数组对象变化的监听。Vue 3 采用 proxy 改写了实现的方式，proxy 可以更方便地监听数组所有属性的变化情况。

到这里，读者是否可以体会到 Vue 设计的巧妙，深入了解 Vue 原理之后，这一种体会将会更加深刻。读者平时在使用框架进行业务开发的时候，需要多关注框架关键点的实现，如在 Vue 中数组动态检测、v-bind 指令的原理等特性，理解其设计思想和实现代码将会对软件开发有很大的帮助。

1.3.3 小结

简单讲，列表渲染在 Vue 中就是使用 v-for 指令，而条件渲染对应的就是使用 v-if 和 v-show 指令。在开发中，遇到需要渲染列表的情况，可以使用 v-for 指令；遇到根据条件展示内容的情况，就使用 v-if 和 v-show 指令来实现。

☎提醒：在需要展示条件渲染列表的时候，一般是 v-for 和 v-if 两个指令一起使用，因为优先级的缘故，最好在外层使用 v-if 指令，以避免 v-if 应用于每个 v-for 指令中。

在列表渲染时经常会遇到由于数组变动而引起数组更新，注意需要按照数组索引修改数组及数组的长度，Vue 是不会自动更新的，此时需要使用 set() 函数来实现数组的更新。这一点需要着重注意，因为新手在开发中会碰到数组已修改但视图没有对应更新的问题。v-if 指令是真正的条件渲染，v-show 指令只是修改元素的 display 属性，因此 v-if 指令的渲染开销更大，遇到这种情况的时候，使用 v-show 指令是一种更优的选择。

以上就是对条件渲染和列表渲染的总结，希望读者多多实践，领会它们的用法。

1.4 事件处理

在平时的开发中，最多就是事件处理，如各种元素的单击、下拉等事件。在 Vue 中，事件处理方式是在 JS 原生的事件处理操作中添加 v-on 指令来监听 DOM 事件。本节主要介绍在 Vue 中基本的事件处理方法，并对 Vue 事件处理的细节进行详细介绍。

1.4.1 事件监听

在 Vue 中监听事件函数使用 v-on 指令修饰。v-on 指令修饰于事件的前面，下面给出一个使用 v-on 指令修饰 click 事件的示例。

【示例 1-25】使用 v-on 指令进行事件监听。

```
01  <!DOCTYPE html>
02  <html lang="zh-cmn-Hans">
03  <head>
04      <meta charset="utf-8">
05      <meta http-equiv="X-UA-Compatible" content="IE=edge,chrome=1">
06      <title>v-on 用法</title>
07  </head>
08  <body>
09      <div id="app">
10          <span>加 1 操作：{{counter}}</span>
11          <button v-on:click="getCounter">加一吧</button>
12      </div>
13  </body>
14  <script src="https://cdn.jsdelivr.net/npm/vue@2.6.14/dist/vue.js">
    </script>
15  <script>
16      var app = new Vue({
17        el: '#app',
18        data: {
19          counter:0
20        },
21        methods:{
22          getCounter(){
23              this.counter++;
24          }
25        }
26  })
27  </script>
28  </html>
```

单击多次之后的结果如图 1-15 所示。

图 1-15 使用 v-on 指令修饰 click 事件的结果

从代码中可以看到，v-on 指令直接修饰 click 事件，click 事件是绑定在 DOM 上的，印证了 v-on 指令是对 DOM 事件进行监听。示例 1-25 中定义的 getCounter 函数响应 click 事件，在 getCounter 函数内部执行 counter++语句，在 DOM 中可以看到数据的实时变化情况。

上面是在原生的 DOM 对象上添加事件监听，当然也可以在组件上添加 v-on 指令修饰事件，用法和在原生 DOM 上使用 v-on 指令是一样的。另外，笔者在这里说明一下，在 v-on 指令中使用内联语句也是可以的，例如，上面的例子修改为内联的方式如下：

```
01    <div id="app">
02        <span>加 1 操作: {{counter}}</span>
03        <button v-on:click="getCounter()">加一吧</button>
04    </div>
```

因为 getCounter 函数没有接收参数，看起来内联方式和直接调用的方式区别不大，所以再举一个例子：

```
01    <div id=" app ">
02        <button v-on:click="say('hi')">Say hi</button>
03    </div>
```

这里，内联是直接给函数传参。内联方式适用于在函数内部再调用函数的情况。如果在内联中访问原始的 DOM 事件，可以使用$event 对象将原始的 DOM 事件传给方法。

【示例 1-26】传$event 参数。

```
01    <!DOCTYPE html>
02    <html lang="zh-cmn-Hans">
03    <head>
04        <meta charset="utf-8">
05        <meta http-equiv="X-UA-Compatible" content="IE=edge,chrome=1">
06        <title>v-on 用法</title>
07    </head>
08    <body>
09        <div id="app">
10            <button v-on:click="warn('不能提交.', $event)">
11              提交
12            </button>
13        </div>
14    </body>
15    <script src="https://cdn.jsdelivr.net/npm/vue@2.6.14/dist/vue.js"></script>
16    <script>
17        var app = new Vue({
18          el: '#app',
19          data: {
20            counter:0
21          },
22          methods:{
23              warn: function (message, event) {
24                if (event) {
25                  event.preventDefault()
26                }
27                console.log(message)
28              }
29          }
30    })
31    </script>
32    </html>
```

$event 对象可以访问原生的 DOM 事件对象。这是在内联中的用法。上述代码的运行效果如图 1-16 所示。

图 1-16　内联对象

学习完本小节的内容，读者了解了 v-on 指令主要用于监听 DOM 事件对象，并可以对应地改变数据变量。通常的写法是在 v-on 指令后面直接跟方法，另一种是使用内联，在开发中使用前一种方式比较多，另外，使用内联方法时可以将 Vue 的\$event 变量传入函数中使用，这在处理 event 对象时非常方便。

1.4.2　事件修饰

在事件处理函数中经常会遇到阻止事件冒泡的情况，这个时候一般使用 event. preventDefault 或者 event.stopPropagation 函数来实现。但是更好的方法是在事件函数中只处理业务逻辑，无须关心 DOM 事件的细节。为了解决这个问题，v-on 提供了事件修饰符，修饰符是点开头的指令后缀。

常用的指令后缀如下：

- .stop：阻止事件冒泡。
- .prevent：阻止默认事件。
- .capture：事件捕获。
- .self：单击事件绑定的元素与当前被单击元素一致时才触发单击事件。
- .once：只执行一次。
- .passive：阻止事件监听器的执行。

以上指令的常见使用方式举例如下：

【示例 1-27】事件修饰符的使用。

```
01  <!DOCTYPE html>
02  <html lang="zh-cmn-Hans">
03  <head>
04      <meta charset="utf-8">
05      <meta http-equiv="X-UA-Compatible" content="IE=edge,chrome=1">
06      <title>事件修饰符</title>
07  </head>
08  <body>
09      <div id="app">
10          <!-- 阻止单击事件继续传播 -->
11          <a v-on:click.stop="doThis"></a>
```

```
12
13          <!-- 提交事件不再重载页面 -->
14          <form v-on:submit.prevent="onSubmit"></form>
15
16          <!-- 修饰符可以串联 -->
17          <a v-on:click.stop.prevent="doThat"></a>
18
19          <!-- 只有修饰符 -->
20          <form v-on:submit.prevent></form>
21
22          <!-- 添加事件监听器时使用事件捕获模式 -->
23          <!-- 内部元素触发的事件先处理，然后再交由内部元素进行处理 -->
24          <div v-on:click.capture="doThis">doThis</div>
25
26          <!-- 只有当前元素是 event.target 时才触发处理函数 -->
27          <!-- 事件不是从内部元素触发的 -->
28          <div v-on:click.self="doThat">doThat</div>
29      </div>
30  </body>
31  <script src="https://cdn.jsdelivr.net/npm/vue@2.6.14/dist/vue.js">
    </script>
32  <script>
33      var app = new Vue({
34        el: '#app',
35        data: {
36          counter:0
37        },
38      methods:{
39          doThat(){
40              console.log('doThat 事件')
41          },
42          doThis(){
43              console.log('doThis 事件')
44          },
45          onSubmit(){
46              console.log('submit 事件')
47          }
48      }
49  })
50  </script>
51  </html>
```

　　可以看到，.stop 修饰符用于阻止事件继续传播，.prevent 修饰符允许不再重载界面，.capture 修饰符是事件捕获模式。笔者最常使用的是.stop 修饰符，因为在开发中遇到较多的情况是阻止事件的冒泡。

　　修饰符的用法建议读者多查阅文档并在实践中多多使用，以便熟练掌握。

1.4.3　表单数据监听

表单组件在开发中经常使用，本小节主要介绍监听表单数据的方式，用户输入业务如登录注册、调查问卷等基本都会涉及表单处理，熟练掌握表单数据监听的处理，会大大地提升开发效率。

监听数据常用的指令是 v-model。使用 v-model 指令的时候，需要在 data 中初始化数据对象，因为 v-model 指令会忽略 form 组件的 value、checked 和 selected 数据。在 form 组件中，一般会用到 input、select 和 textarea 等输入型的 DOM 元素，但是这些 DOM 元素的属性对于 v-model 指令的处理情况是不一样的，下面说一下不同情况下的处理方式。

对于 text 文本组件和 textarea 文本框组件，使用组件的 value 和 input 事件来动态监听它们的变化；对于 checked 选择框组件和 radio 单选组件，使用 checked 属性和 change 事件来动态监听它们的变化；selected 属性是将 value 作为 prop 属性并在 onchange 事件中获取最新的值进行更新。

有经验的开发者可能会在原生的 DOM 元素上添加 change 和 input 属性对输入的数据进行校验。同理，在 Vue 中也是一样的思路，只不过多了 v-model 指令来实现数据的双向绑定。下面举个例子。

【示例 1-28】监听 form 表单数据。

```
01  <!DOCTYPE html>
02  <html lang="zh-cmn-Hans">
03  <head>
04      <meta charset="utf-8">
05      <meta http-equiv="X-UA-Compatible" content="IE=edge,chrome=1">
06      <title>表单数据监听</title>
07  </head>
08  <body>
09      <div id="app">
10          <input v-model="message" placeholder="编辑">
11          <p>输入的信息: {{ message }}</p>
12          <div>单选框的用法:</div>
13          <input type="checkbox" id="checkbox" v-model="checked">
14          <label for="checkbox">{{ checked }}</label>
15      </div>
16  </body>
17  <script src="https://cdn.jsdelivr.net/npm/vue@2.6.14/dist/vue.js">
    </script>
18  <script>
19      var app = new Vue({
20        el: '#app',
21        data: {
22          counter:0,
23          message:'',
24          checked:false
```

```
25        },
26        methods:{
27            doThat(){
28                console.log('doThat 事件')
29            },
30            doThis(){
31                console.log('doThis 事件')
32            },
33            onSubmit(){
34                console.log('submit 事件')
35            }
36        }
37    })
38    </script>
39    </html>
```

上述代码的执行结果如图 1-17 所示。

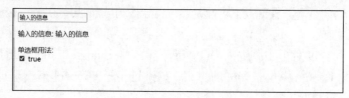

图 1-17　输入框和单选框数据监听结果

可以使用 v-model 指令来监听在输入框中输入的 value 值，这里的用法是前面章节已介绍过的双向绑定，message 变量用于显示时时的变化结果。在 checkbox 类型输入框中，v-model 指令绑定的是 checkbox 选中或未选中的值，即 boolean 的值，在原生的 DOM 开发中，在 Script 脚本中获取 checkbox 类型输入框选中或未选中的值也是一样的。

【示例 1-29】监听多选情况。

```
01    <!DOCTYPE html>
02    <html lang="zh-cmn-Hans">
03    <head>
04        <meta charset="utf-8">
05        <meta http-equiv="X-UA-Compatible" content="IE=edge,chrome=1">
06        <title>表单数据监听</title>
07    </head>
08    <body>
09        <div id="app">
10            <input type="checkbox" id="jack" value="Jack" v-model=
      "checkedNames">
11            <label for="jack">Jack</label>
12            <input type="checkbox" id="john" value="John" v-model=
      "checkedNames">
13            <label for="john">John</label>
14            <input type="checkbox" id="mike" value="Mike" v-model=
      "checkedNames">
```

```
15              <label for="mike">Mike</label>
16              <br>
17              <span>选中的名字：{{ checkedNames }}</span>
18          </div>
19      </body>
20      <script src="https://cdn.jsdelivr.net/npm/vue@2.6.14/dist/vue.js">
        </script>
21      <script>
22          var app = new Vue({
23              el: '#app',
24              data: {
25                  checkedNames:[]
26              }
27          })
28      </script>
29      </html>
```

选中的结果展示如图 1-18 所示。

☑ Jack ☑ John ☐ Mike
选中的名字: ["John", "Jack"]

图 1-18　多选实现

可以看到，选中的数据会添加到数组 checkedNames 中。结合上面单个 input checkbox 的实例来理解，多选的情况对应的实时变化就是在数组中添加选中的对象。在 form 表单中，除了单选框、多选框和输入框之外，还有 select 下拉框等，同样，v-model 指令也可以用于实时获取数据的变化。

说到这里，笔者想再谈谈 v-model 指令。通俗地说，v-model 指令监听 DOM 对象的 value 的变化情况，开发者通过变量记录这种变化情况，从而对数据做一些校验操作自然也是件简单的事情。v-model 指令的使用不难掌握，读者只要熟练 form 表单的校验就能掌握 v-model 指令的用法。

1.4.4　在组件中使用 v-model 指令

前面介绍的是 v-model 指令在原生 DOM 元素上的使用，同理，v-model 指令也可以用到组件元素中，和在原生元素上的用法一致。

【示例 1-30】博客评论留言。

```
01  <!DOCTYPE html>
02  <html lang="zh-cmn-Hans">
03  <head>
04      <meta charset="utf-8">
```

```
05        <meta http-equiv="X-UA-Compatible" content="IE=edge,chrome=1">
06        <title>文章评论</title>
07    </head>
08    <body>
09        <div id="app">
10            <div class="comment-form">
11                <el-input class="form-name" v-model="formName"
12    placeholder="你的昵称？ "></el-input>
13                <el-input class="form-content" type="textarea" :rows="8"
    :cols="30"
14    placeholder="欢迎发表你的评论 --" v-model="formContent"></el-input>
15                <div class="comment-reply">
16                    <a @click="submit()" class="reply reply-submit">提交</a>
17                </div>
18            </div>
19        </div>
20    </body>
21    <script src="https://cdn.jsdelivr.net/npm/vue@2.6.14/dist/vue.js">
    </script>
22    <script>
23        var app = new Vue({
24            el: '#app',
25            data: {
26                formName: '',
27            },
28            methods:{
29                submit() {
30                    if (!this.formName.trim() || !this.formContent.trim()) {
31                        this.alertWarn('昵称和内容不可为空!');
32                        return
33                    }
34                    const replyData = {
35                        "name": this.formName,
36                    }
37                    this.$store.dispatch('submitComment', replyData)
38                    this.formName = ''
39                    this.$store.dispatch('getCommentsList', this.articleId)
40                    this.$message({
41                        message: '感谢您的宝贵评论!',
42                        type: 'success'
43                    });
44                },
45            }
46        })
47    </script>
48    </html>
```

　　从代码中可以看到，v-model 指令应用在 el-input 组件中，v-model 指令直接监听 formName 变量，在 submit 函数中直接使用 formName 变量，使用方式和在原生 DOM 元素中一致。掌握了在原生 DOM 元素中使用 v-model 指令的方法，对于在组件中使用 v-model

指令就是一件非常简单的事情了。

　　本小节主要介绍了在组件上使用 v-model 指令的例子，掌握在原生 DOM 元素上使用 v-model 指令的方法之后，在组件上使用 v-model 指令自然就会很简单。读者可以写一个组件并在其中应用 v-model 指令，练习 v-model 指令的用法。

1.5　Vue 3 的新特性

　　相比于 Vue 2，Vue 3 增加了什么功能呢？首先笔者展示一下 Vue 官网的更新内容，如图 1-19 所示。

　　官方文档列出了 Vue 3 的新特性，增加了组合式 API、Teleport 和自定义渲染器等，最后还有一个实验特性——Suspense，新版本的 React 已经添加了这个特性，可以轻松定义延迟加载组件。下面我们具体介绍 Vue 3 的新功能。

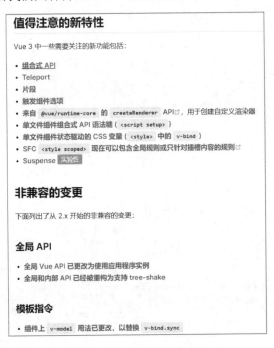

值得注意的新特性

Vue 3 中一些需要关注的新功能包括：

- 组合式 API
- Teleport
- 片段
- 触发组件选项
- 来自 `@vue/runtime-core` 的 `createRenderer` API，用于创建自定义渲染器
- 单文件组件组合式 API 语法糖（`<script setup>`）
- 单文件组件状态驱动的 CSS 变量（`<style>` 中的 `v-bind`）
- SFC `<style scoped>` 现在可以包含全局规则或只针对插槽内容的规则
- Suspense 实验性

非兼容的变更

下面列出了从 2.x 开始的非兼容的变更：

全局 API

- 全局 Vue API 已更改为使用应用程序实例
- 全局和内部 API 已经被重构为支持 tree-shake

模板指令

- 组件上 `v-model` 用法已更改，以替换 `v-bind.sync`

图 1-19　Vue 3 的新特性

1.5.1　组合式 API

　　在用 Vue 2 写代码时，如果要搭建多页面的应用，那么必然要做的工作是将页面抽离出可复用的组件，这种方式对代码的复用和开发效率提升有很大的帮助。但是在大的工程

中，业务组件可能有上百个，组件的使用和维护并没有那么简单。为了解决这个问题，Vue 3 添加了组合式 API 这个新功能，下面笔者给出使用组合 API 的代码来介绍该功能。

在电商系统中，需要显示商家的仓库列表，同时需要支持搜索和筛选功能，如何实现这个功能呢？看下面的例子。

【示例 1-31】组合式 API 的使用。

```
01  export default {
02    components:{ RepositoriesFilters, RepositoriesSortBy, RepositoriesList },
03    props: {
04      user: {
05        type: String,
06        required: true
07      }
08    },
09    data () {
10      return {
11        repositories: [],              // 仓库列表
12        filters: {},                   // 过滤条件
13        searchQuery: ''                // 搜索条件
14      }
15    },
16    computed: {
17      filteredRepositories () {  },        // 过滤条件属性
18      repositoriesMatchingSearchQuery () {  },   // 搜索条件
19    },
20    watch: {
21      user: 'getUserRepositories'          // 监听用户变量
22    },
23    methods: {
24      getUserRepositories () {
25        // 使用 `this.user` 获取用户仓库
26      },
27      updateFilters () {
28      },                                 // 更新搜索条件
29    },
30    mounted () {
31      this.getUserRepositories()          // 进入页面获取仓库数据
32    }
33  }
```

首先展示仓库列表，然后拆分出 RepositoriesFilters 筛选组件、RepositoriesSortBy 排序组件和 RepositoriesList 列表组件并将它们一一引入，这些组件的功能如下：

- 通过外部的 API 获取数据，并在用户更改的时候进行数据更新。
- 使用 searchQuery 作为搜索条件。
- 使用 filters 筛选仓库。

接下来需要继续定义 data 的变量、methods 的业务函数，以及在生命周期中的各种事件。如果组件的业务逻辑非常复杂，那么对应的业务逻辑代码就非常多，初学者阅读代码

的时候会很困难，因为需要跳跃地去阅读代码。

除此之外，Vue 2 这些选项式的代码片段也会使组件维护起来很困难，并且会掩盖很多问题，不易被发现。如果能够将逻辑处理的核心代码整合到一起，那么困难就迎刃而解了，这其实就是组合式 API 设计的最初目的。

下面来看一段使用组合式 API 的代码示例。

【示例 1-32】在组合式 API 中使用 setup 函数。

```
01  export default {
02    components: { RepositoriesFilters, RepositoriesSortBy, RepositoriesList },
03    props: {
04      user: {
05        type: String,            //用户类型
06        required: true           //用户属性
07      }
08    },
09    setup(props) {
10      console.log(props)         // { user: '' } ，父组件传进去的参数信息
11      return {}                  // 这里返回的任何数据都可供组件函数使用
12    }
13    // 组件的 "其余部分"，如方法等
14  }
```

细心的读者会发现，在组合式 API 中使用了 setup 函数。setup 函数其实就是组合式 API 的位置，要写的代码都在这个区域实现。接下来在 setup 函数中添加业务代码。

【示例 1-33】在 setup 函数中返回参数。

```
01  import { ref } from 'vue'
02
03  setup (props) {
04    const repositories = ref([])
05    const getUserRepositories = async () => {
06      repositories.value = await fetchUserRepositories(props.user)
07    }
08
09    return {
10      repositories,
11      getUserRepositories
12    }
13  }
```

在 setup 函数中首先调用 fetchUserRepositories 接口获取数据，然后通过 return 方式暴露给用户去使用。另外还用到了 ref 函数。ref 是 Vue 3 的新函数，该函数的作用是接收一个含有 value 属性的参数并返回响应对象。在 Vue 2 中，针对数组和对象一般要使用$set 才可以实现响应式并触发页面重新渲染操作，在 Vue 3 中，不管是基本类型还是引用类型，都是通过 ref 函数来实现响应式。

在 JS 中，基本类型如 Number 或者 String 都是通过值传递的，使用 ref 函数之后可以

变成引用传递，引用在 Vue 3 中经常使用。在 Vue 2 的代码中有很多关于生命周期的代码片段，占用了很多的篇幅，那么这部分代码在 Vue 3 的 setup 中该怎么使用呢？

其实非常简单，就是在 setup 函数中注册生命周期钩子函数。需要注意的是，在 setup 函数中，生命周期钩子函数需要加 on 来修饰，mounted 就变成了 onMounted。例如，前面定义的 getUserRepositories 函数在 setup 函数中需要这样使用：

```
onMounted(getUserRepositories) // 在 `mounted` 时调用 getUserRepositories()
```

以上是生命周期的用法，接下来是 watch 监听器函数响应式用法的更改。在 Vue 2 中，通常是在组件中使用 watch 监听器函数来监听变量的变化情况，在 Vue 3 中的作用其实一样，都是在对象属性中进行监听，但 watch 监听器函数接收 3 个参数：

• 想要侦听的响应式引用或者 getter 函数。
• 一个回调方法。
• 可选的配置项。

下面给出一个监听仓库数量的例子。

【示例 1-34】watcher 监听器函数的用法。

```
01  import { ref, watch } from 'vue'
02
03  const counter = ref(0)
04  watch(counter, (newValue, oldValue) => {
05    console.log('仓库的数量：' + counter.value)
06  })
```

因为是对 counter 对象进行监听，所以当修改 counter 对象的时候，如 counter.value = 5，侦听就会触发，从而执行回调函数，将信息在控制台中输出。现在将 onMounted 钩子函数和 watch 监听器函数的代码合并到一起，见下面的例子。

【示例 1-35】onMounted 钩子函数和 watcher 监听器函数的使用。

```
01  import { fetchUserRepositories } from '@/api/repositories'
02  import { ref, onMounted, watch, toRefs } from 'vue'

03  setup (props) {
04    // 在组件中使用 `toRefs` 创建对 prop 的 `user` property 的响应式引用
05    const { user } = toRefs(props)
06    const repositories = ref([])
07    const getUserRepositories = async () => {
08      // 更新 `prop.user` 到 `user.value` 访问引用值
09      repositories.value = await fetchUserRepositories(user.value)
10    }
11  // dom 加载完成执行 getUserRepositories 函数获取用户数据
12    onMounted(getUserRepositories)
13
14    // 在 user prop 的响应式引用上设置一个侦听器，回调函数获取最新的用户信息
15  // 当 user 对象变化的时候，执行 getUserRepositories 函数更新 user 对象
16    watch(user, getUserRepositories)
17    return {
```

```
18      repositories,
19      getUserRepositories
20    }
21  }
```

toRefs 函数确保侦听器能够根据 user prop 的变化进行反应。这里使用了 watch 侦听属性，读者可能会联想到计算属性，因为二者的用法非常相似。当然，计算属性的使用方式和 watch 侦听属性类似，对于仓库数量这个变量，computed 计算属性的用法可参考下面的例子。

【示例 1-36】computed 计算属性的用法。

```
01  import { ref, computed } from 'vue'
02
03  const counter = ref(0)
04  const twiceTheCounter = computed(() => counter.value * 2)
05
06  counter.value++
07  console.log(counter.value) // 1
08  console.log(twiceTheCounter.value) // 2
```

computed 接收的参数是一个回调函数，类似于 getter 函数，其输出的是一个只读的响应式引用。可以看到，为了获取响应式属性，还使用了 ref 函数。接下来把 computed 属性应用到 setup 中，使用计算属性来实时响应用户搜索的内容。

【示例 1-37】在 setup 钩子函数中使用 computed 计算属性。

```
01  setup (props) {
02    // 使用 `toRefs` 创建对 props 中的 `user` property 的响应式引用
03    const { user } = toRefs(props)
04    const repositories = ref([])
05    const getUserRepositories = async () => {
06      // 更新 `props.user ` 到 `user.value` 访问引用值
07      repositories.value = await fetchUserRepositories(user.value)
08    }
09
10    onMounted(getUserRepositories)
11    // 在 user prop 的响应式引用上设置一个侦听器
12    watch(user, getUserRepositories)
13    const searchQuery = ref('')
14    const repositoriesMatchingSearchQuery = computed(() => {
15      return repositories.value.filter(
16        repository => repository.name.includes(searchQuery.value)
17      )
18    })
19
20    return {
21      repositories,
22      getUserRepositories,
23      searchQuery,
24      repositoriesMatchingSearchQuery
```

```
25    }
26  }
```

在上面的代码中使用了计算属性筛选出名字中包含搜索信息的仓库，可以看出，在
Vue 3 中，computed 的用法和在 Vue 2 中一致，只不过传参需要替换为回调函数。最后我
们看到，在 Vue 2 中的所有功能区块全部移到了 setup 中，这样逻辑就集中起来了，除此
以外，组合式 API 的一个重要功能是使业务逻辑 API 抽离出来，我们不需要关注细节，只
需要在 setup 中使用即可，因此 setup 代码大大减少，而且可以让开发者更加专注于业务层
面的实现，大大提升了开发者的开发体验。

【示例 1-38】电商仓库管理的最终的代码。

```
01  import { toRefs } from 'vue'
02  import useUserRepositories from '@/composables/useUserRepositories'
03  import useRepositoryNameSearch from '@/composables/useRepositoryNameSearch'
04  import useRepositoryFilters from '@/composables/useRepositoryFilters'
05
06  export default {
07    components: { RepositoriesFilters, RepositoriesSortBy, RepositoriesList },
08    props: {
09      user: {
10        type: String,
11        required: true
12      }
13    },
14    setup(props) {
15    // 为 user 对象添加响应式属性
16     const { user } = toRefs(props)
17     const { repositories, getUserRepositories } = useUserRepositories(user)
18     const {
19       searchQuery,
20       repositoriesMatchingSearchQuery
21     } = useRepositoryNameSearch(repositories)
22
23     const {
24       filters,
25       updateFilters,
26       filteredRepositories
27     } = useRepositoryFilters(repositoriesMatchingSearchQuery)
28      // 业务逻辑操作都是封装在组件中，开发者不需要关注实现的细节
29     return {
30       // 我们无须关心未经过滤的仓库
31       // 在 `repositories` 名称下暴露过滤后的结果
32       repositories: filteredRepositories,
33       getUserRepositories,
34       searchQuery,
35       filters,
36       updateFilters
37     }
```

```
38    }
39  }
```

上面的代码非常精简，如果使用 Vue 2 的话，虽然可以在组件中封装方法，但是父组件的 methods 会有很多的函数定义，computed 和 mounted 等属性也是在各处分布，远没有使用 Vue 3 的便利。

1.5.2　自定义渲染器

开发过 Vue 项目的读者都会注意到在入口文件 index.js 中，使用 Vue 提供的 render 函数来执行渲染操作，然后将 template 渲染的结果挂载到真实的 DOM 对象中。在 Vue 3 中提供了支持自定义渲染的操作 createRenderer 函数。或许有读者会问，自定义的渲染器有什么作用呢？既然已经有了 render 函数，为什么还需要再自定义一个渲染器呢？

其实，在 render 函数中调用的也是浏览器对象，如 document、id、class 及 getElementBy 操作，如果脱离了浏览器环境，则 render 函数就失效了，因此 Vue 3 提供了 createRenderer 函数来自定义渲染器，并且支持跨平台的渲染操作。

了解了 createRenderer 函数的原理，应该怎么使用自定义渲染器呢？接下来笔者介绍自定义渲染器的使用。createRenderer 函数接收一个 options 对象，在 options 对象中需要提供自定义创建 DOM 元素的函数。

【示例 1-39】自定义渲染器。

```
01  const { render } = createRenderer({
02    nodeOps: {
03      createElement(tag, isSVG) {
04        return isSVG
05          ? document.createElementNS('http://www.w3.org/2000/svg', tag)
06          : document.createElement(tag)
07      }
08    }
09  })
```

其中，nodeOps.createElement 函数会返回一个真实的 DOM 对象，在其内部调用的是浏览器提供的 document.createElementNS 函数。实际上，nodeOps.createElement 函数的主要目的是创建一个元素，然而并没有规定这个元素应该由谁来创建，或这个元素应该具有什么样的特征，这就是自定义的核心所在。因此开发者完全可以使用 nodeOps.createElement 函数返回一个普通对象来代指一个元素，后续所有的操作都是基于这个元素进行的。

【示例 1-40】createElement 函数的用法。

```
01  const { render } = createRenderer({
02    nodeOps: {
03      createElement(tag) {
04        const customElement = {
05          type: 'ELEMENT',
06          tag
```

```
07          }
08       return customElement
09     }
10   }
11 })
```

在这段代码中，我们自定义了 createElement 函数的返回格式——customElement 对象，它包含两个属性，一个是 type 属性，另一个是 tag 属性。这样做的价值在于开发者自己定义了 tag 属性和 type 属性，无须再依赖浏览器对节点的控制，同样也不再依靠其他平台对节点的控制，因此创建的渲染器就和平台无关了。除了 type 属性和 tag 属性之外，下面补充一些其他属性。

【示例 1-41】丰富 customElement 对象。

```
01       const customElement = {
02       type: 'ELEMENT',
03       tag,
04       parentNode: null,
05       children: [],
06       props: {},
07       eventListeners: {},
08       text: null
09     }
```

创建的自定义节点包含 type、tag、parentNode、children、props 和 text 对象。在 eventListeners 对象中方便继承 DOM 事件。浏览器自带的操作 DOM 对象的函数通常有 createElement、createText 和 appendChild 函数等，下面继续完善我们自定义的节点对象。

【示例 1-42】完善后的 createRenderer 函数。

```
01 const { render } = createRenderer({
02   nodeOps: {
03     createElement(tag) {/* 省略... */},
04     createText(text) {/* 省略... */},
05     appendChild(parent, child) {
06       // 建立父子关系
07       child.parentNode = parent
08       parent.children.push(child)
09     },
10     removeChild(parent, child) {
11       // 找到将要移除的元素 child 在父元素 children 中的位置
12       const i = parent.children.indexOf(child)
13       if (i > -1) {
14         // 如果找到了则将其删除
15         parent.children.splice(i, 1)
16       } else {
17         // 如果没有找到，则说明渲染器出现了问题，例如，没有在 nodeOps.appendChild
   函数中维护正确的父子关系等
18         // 打印错误信息，提示开发者
19         console.error('target: ', child)
20         console.error('parent: ', parent)
```

```
21        throw Error('target 不是 parent 的子节点')
22      }
23      // 清空父子链
24      child.parentNode = null
25    }
26  }
27 })
```

移除节点是通过索引移除的，如果找到了该节点的索引，那么就从数组中移除，如果没有找到，则抛出错误。最后还需要清空父子链。我们所做的这些操作都是模拟浏览器对 DOM 的操作，完成之后才可以实现跨平台的功能，不依赖于浏览器 API。对 DOM 元素操作的一些函数实现之后，我们还可以让自定义节点发挥更多的作用。因为它是跨平台的，我们可以使用它渲染到 PDF，就是将 Vue 渲染成 PDF 文件。除此之外还可以实现一个 vue-canvas-renderer 渲染器，在渲染器层面渲染 canvas，而不是在组件层面。

综合来看，自定义渲染器是为了辅助开发者实现跨平台渲染，Vue 3 在跨端实践层面做出了非常多的努力。

1.5.3　Suspense 属性

Suspense 属性是 Vue 3 新增的属性，用于实验判断，不能用于生产环境中。相信大多数读者对这个属性还不熟悉。在开发中，很多时候需要在组件加载之前异步请求数据，开发者通常会在组件内部通过接口调用异步请求来获取数据。除此之外，还可以用 Suspense 属性来实现这个过程。

Suspense 属性提供了另外一种解决方案，允许将等待过程提升到组件树中执行，而不是单个组件中。一个比较常见的使用异步组件的场景是页面加载的时候异步获取某个仓库中的物品信息，见下面的例子。

【示例 1-43】Suspense 属性的用法。

```
01 <template>
02  <suspense>
03   <template #default>
04    <goods-list />
05   </template>
06   <template #fallback>
07    <div>
08     Loading...
09    </div>
10   </template>
11  </suspense>
12 </template>
13
14 <script>
15 export default {
16   components: {
```

```
17        GoodsList: defineAsyncComponent(() => import('./GoodsList.vue'))
18    }
19  }
20  </script>
```

　　<suspense>组件有两个插槽，它们只接收一个直接子节点。default 插槽里的节点会尽可能展示出来，如果不能，则展示 fallback 插槽里的节点。重要的是，异步组件不需要作为<suspense>组件的直接子节点，它可以出现在组件树任意深度的位置，并且不需要出现在和<suspense>组件自身相同的模板中。只有所有的后代组件都准备就绪，Suspense 属性才会被认为解析完毕。另一个触发 fallback 的方式是让后代组件从 setup 函数中返回一个 Promise 对象，一般通过 async 实现，不是显式地返回一个 Promise 对象，而是在 setup 中添加一个 async 修饰，函数使用 await 函数。

　　因为<suspense>标签是包裹在组件外面的，如果子组件更新，根节点发生变化，则会触发 pending 事件，然而在默认的情况下不会更新 DOM 的展示，依然展示旧的 DOM 内容，直到新组件准备就绪，这可以通过 timeout prop 命令进行控制。Suspense 属性经常和其他组件结合使用，如将 Suspense 和<transition>、<keep-alive>结合，这些组件的嵌套顺序是非常重要的。如果将<suspense>与 router-view 相结合的话，组件布局见下面的例子。

　　【示例 1-44】组件布局。

```
01  <router-view v-slot="{ Component }">
02    <template v-if="Component">
03      <transition mode="out-in">
04        <keep-alive>
05          <suspense>
06            <component :is="Component"></component>
07            <template #fallback>
08              <div>
09                Loading...
10              </div>
11            </template>
12          </suspense>
13        </keep-alive>
14      </transition>
15    </template>
16  </router-view>
```

　　最外层是 router-view，中间部分是 template，最里层是 Suspense 包裹组件，因为 router-view 里面是异步组件，所以 Suspense 属性会被触发。

　　总结一下，Suspense 组件是解决组件渲染之前异步加载数据的另一套解决方案，目前还是实验性的属性，读者了解一下即可。

1.5.4　Teleport 属性

　　Teleport 属性是 Vue 3 新增的非常"亮眼"的属性。为什么这么说呢？这里笔者来解释一下。前端的开发者经常会进行组件封装，组件在渲染的时候通常是在组件内部写样式或者直接拆分成两个组件来实现定位布局，从实现层面来说这并不友好。而 Teleport 属性可以帮助开发者自定义渲染的位置，节省了组件在渲染层面上的工作量。

那 Teleport 属性应该怎么使用呢？笔者首先给出一个弹窗组件的实现，因为弹窗组件是经常需要改变位置的，所以用这个例子非常适合讲解 Teleport 属性。

【示例 1-45】Teleport 属性的用法。

```
01  <!-- Modal.vue -->
02  <style lang="scss">
03  .modal {
04    &__mask {
05      position: fixed;
06      top: 0;
07      left: 0;
08      width: 100vw;
09      height: 100vh;
10      background: rgba(0, 0, 0, 0.5);
11    }
12    &__main {
13      margin: 0 auto;
14      margin-bottom: 5%;
15      margin-top: 20%;
16      width: 500px;
17      background: #fff;
18      border-radius: 8px;
19    }
20    /* 省略部分样式 */
21  }
22  </style>
23  <template>
24    <div class="modal__mask">
25      <div class="modal__main">
26        <div class="modal__header">
27          <h3 class="modal__title">XXX 仓库</h3>
28          <span class="modal__close">x</span>
29        </div>
30        /**弹窗文本**/
31        <div class="modal__content">
32          您选择的是 XXX 仓库
33        </div>
34        <div class="modal__footer">
35          <button>取消</button>
36          <button>确认</button>
37        </div>
38      </div>
39    </div>
40  </template>
41  <script>
42  export default {
```

```
43    setup() {
44      return {};
45    },
46  };
47  </script>
```

我们在页面中使用弹窗组件的场景见下面的例子。

【示例 1-46】弹窗组件结构。

```
01  <!-- page.vue -->
02  <style lang="scss">
03  .container {
04    height: 80vh;
05    margin: 50px;
06    overflow: hidden;
07  }
08  </style>
09  <template>
10    <div class="container">
11      <Modal />
12    </div>
13  </template>
14
15  <script>
16  export default {
17    components: {
18      Modal,
19    },
20    setup() {
21      return {};
22    }
23  };
24  </script>
```

最终的效果如图 1-20 所示。

图 1-20　弹窗组件

因为弹窗设置了 fixed 布局，一般情况是相对于屏幕进行布局，如果容器 container 的位置发生变化，如在容器 container 上添加 transform:translateZ 属性，那么弹窗的位置就会发生偏移。

这个时候 Teleport 属性就可以解决这个问题。Vue 的官方文档中提到 Teleport 属性提供了一种"干净"的方法，允许我们控制在 DOM 中的哪个父节点下呈现 HTML，而不必求助于全局状态或将其拆分为两个组件。推荐的做法是将弹窗组件放到 Teleport 属性中并设置 to 属性为 body，表示弹窗组件每次渲染都会作为 body 的子级。这样弹窗组件如果出现偏移的话就可以解决了。

【示例 1-47】Teleport 属性的使用。

```
01  <template>
02    <teleport to="body">
03      <div class="modal__mask">
04        <div class="modal__main">
05          <!--省略的代码--/>
06        </div>
07      </div>
08    </teleport>
09  </template>
```

弹窗组件就在 Teleport 属性内部。还有一些情况是可重用的弹窗组件会出现在多处，最后渲染的结果是将弹窗都渲染到页面的 body 层级上，后面挂载的组件会追加到前面组件的后面。

Teleport 属性介绍到这里本来是可以结束的，但是笔者想再讲一下 Teleport 属性底层实现的原理，主要是分析 Teleport 属性实现的思路。

为了方便看到经过模板编译之后 Teleport 代码的呈现方式，下面给出一个使用 Teleport 属性的简单例子。

【示例 1-48】调用 createApp 函数使用 Teleport 内置组件。

```
01  Vue.createApp({
02    template: `
03      <Teleport to="body">
04        <div> teleport to body </div>
05      </Teleport>
06    `
07  })
```

编译之后，有很多可读性不太好的代码，因此将代码简化一下，见下面的例子。

【示例 1-49】编译后的代码。

```
01  function render(_ctx, _cache) {
02    with (_ctx) {
03      const { createVNode, openBlock, createBlock, Teleport } = Vue
04      return (openBlock(), createBlock(Teleport, { to: "body" }, [
```

```
05        createVNode("div", null, " teleport to body ", -1 /* HOISTED */)
06    ]))
07  }
08 }
```

也就是说，Teleport 最后是通过 createBlock 函数创建输出的。createBlock 函数接收的第一个参数是 Teleport，最后得到的 vnode 中有一个 shapeflag 属性，该属性用来表示 vnode 类型。render 函数在渲染的时候会根据 shapeflag 属性和 type 属性执行不同的逻辑，其实原理非常简单，就是将 Teleport 的子节点挂载到 to 位置下，具体的实现细节可以参考在 Vue 仓库中的 packages/runtime-core/src/renderer.ts 的代码，这里不再赘述。

1.5.5　异步组件使用的变化

为什么使用异步组件?因为使用 Vue CLI 构建项目的时候会将所有的 JS 文件打包成一个整体。因为 Vue 是单页应用，所以会出现同步加载代码白屏的情况，对于前端大型工程，就需要使用异步组件加载来提升加载的速度。

关于异步组件的使用，Vue 2 的用法是使用函数，在函数中使用 import 异步加载组件，例如，在工程的 router.js 文件中异步加载组件：

```
01 {
02    name:'Layout',
03    component: () => { import('./layout.vue') }
04 }
```

在 import 语句中引用组件，外面包一层函数。在 Vue 3 中，defineAsyncComponent 函数应该怎么使用呢？首先看一个简单的例子。

【示例 1-50】导入异步组件。

```
01 const {createApp , defineAsyncComponent} = Vue
02 const app = createApp({})
03
04 const AsyncComp = defineAsyncComponent (() => new Promise((resolve , reject) => {
05    resolve({
06        template: '<div>async component</div>'
07    })
08 }))
```

defineAsyncComponent 函数接收一个加载器函数，该函数返回一个组件，就像上面的代码那样，通过 resolve 回调函数抛出模板对象 templte。如果使用 import 语句导入组件，则可以直接在函数最外层包围 defineAsyncComponent 函数，代码如下：

```
01 {
02    name:'Layout',
03    component: defineComponent(() => { import('./layout.vue') })
04 }
```

看起来变化不是很大，对于异步组件，Vue 3 相比 Vue 2 的变化主要集中在以下 3 点：

- 异步组件声明方法的改变：Vue 3.x 新增了一个辅助函数 defineAsyncComponent，用来显式声明异步组件。
- 异步组件高级声明方法的 component 选项更名为 loader。
- loader 绑定的组件加载函数不再接收 resolve 和 reject 参数，而且必须返回一个 Promise 对象。

为了帮助开发者检查错误，可以在 defineAsyncComponent 函数中添加一些参数。

【示例 1-51】使用 defineAsyncComponent 函数定义组件。

```
// with options
01  const AsyncFooWithOptions = defineAsyncComponent({
02    loader: () => import("./demo.vue"),
03    loadingComponent: LoadingComponent,
04    errorComponent: ErrorComponent,
05    delay: 200,
06    timeout: 3000
07  })
```

加载状态可以使用 loadingComponent 参数定义，可以使用 errorComponent 组件展示错误状态并通过 delay 和 timeout 参数设置延迟和间隔时间。

异步组件 defineAsyncComponent 函数的使用方式和场景如上面所示，简单的使用方法就是直接用 defineAsyncComponent 函数，复杂一点的使用是在 defineAsyncComponent 函数中传参，以适应多种状态。

Vue 3 除了前面介绍的组合式 API、Suspense 属性、Teleport 属性及异步组件之外，还有一些非兼容性的变更，如组件内部支持 tree-shaking、模板指令有一些变化及废弃、渲染函数的 API 发生了变化，其他一些小改变包括生命周期名称的修改等。这些变化读者可以看文档去了解，也可以自己编写一个单文件组件体验一下。

1.6　体验 Vue 3 工程

前面笔者介绍了很多 Vue 3 的新特性，包括 composition API、Teleport、自定义渲染器和 Suspense 实验属性，本节将从零开始搭建一个 Vue 3 工程，带领读者熟悉前面介绍的 Vue 3 的新特点。

1.6.1　使用脚手架初始化 Vue 3 工程

前面提到过 Vue CLI 脚手架，Vue 3 对脚手架进行了更新，内置了 Vue 3 模板。下面使用 Vue CLI 创建一个 Vue 3 工程，执行命令如下：

```
vue create usingvue3
```

出现创建选项，如图 1-21 所示。

图 1-21　Vue CLI 创建选项

选择 Vue 3 选项，之后就进入创建环节，等待工程创建好。在默认的 Vue 3 选项中，工程内置了 Babel 和 ESLint，也就是说在初始化项目的时候，Vue 3 已经内置了默认的配置，而且是最佳的配置。

首先看一下默认创建的 Vue 3 工程。还是和之前 Vue 2 一样，在 src 中 main.js 作为入口文件，将 App.vue 挂载到 DOM 上并引入 components 属性的 HelloWorld 组件然后将页面渲染出来。我们重点看一下 package.json 文件，如图 1-22 所示。

package.json 文件的 devDependencies 依赖于 cli-service 包，执行 npm run dev 命令通过依赖包 cli-service 在本地创建服务环境。此外，工程同时内置了 Plugin 插件，有 cli-plugin-babel 和 cli-plugin-eslint。注意这里还有一个重要的包@vue/compiler-sfc，该包主要用来编译单文件组件，即 sfc。compiler-sfc 编译的主要思路是分开编译 script 部分、template 部分和 style 部分，最后再将编译结果导出。下面的 eslintConfig 是 ESLint 的配置，这是 Vue 提供给开发者的体验最好的 ESLint 配置。

接下来再看一下初始化 Vue 3 工程之后的首页，如图 1-23 所示。

整体的风格没有变，在首页中给出了 Vue 生态相关的库及工具，这些内容都写在 Vue 工程的 HelloWorld 组件中，读者在阅读初始化的工程源码时会看到这部分内容。

使用官方脚手架工具搭建 Vue 3 工程的介绍就到这里了，需要注意的是，在初始化的 Vue 3 工程中并没有给出组合式 API 的示例，因此接下来我们在该工程中使用组合式 API 来创建一个页面。

```
"dependencies": {
  "core-js": "^3.6.5",
  "vue": "^3.0.0"
},
"devDependencies": {
  "@vue/cli-plugin-babel": "~4.5.0",
  "@vue/cli-plugin-eslint": "~4.5.0",
  "@vue/cli-service": "~4.5.0",
  "@vue/compiler-sfc": "^3.0.0",
  "babel-eslint": "^10.1.0",
  "eslint": "^6.7.2",
  "eslint-plugin-vue": "^7.0.0"
},
"eslintConfig": {
  "root": true,
  "env": {
    "node": true
  },
  "extends": [
    "plugin:vue/vue3-essential",
    "eslint:recommended"
  ],
  "parserOptions": {
    "parser": "babel-eslint"
  },
  "rules": {}
},
```

图 1-22　package.json 文件　　　　图 1-23　Vue 3 工程首页

1.6.2　在页面中使用 Composition API

Composition API 就是将主要的逻辑集中到 setup 函数中，包括生命周期、监听属性和计算属性等，将它们集中起来进行逻辑处理。Vue 3 的 Composition API 和 Vue 2 Options API 在使用上有一些不一样的地方，因此有 Vue 基础的读者在学习 Vue 3 的时候关键是掌握 Vue 3 和 Vue 2 不同的地方。

就创建页面的 data 域而言，Vue 2 是在 data 中通过函数方式创建数据变量，这样可以保证数据的响应。在 Vue 3 中就不一样了，需要开发者自己使用 toRef 函数来创建对象，toRef 函数可以赋予这个数据对象引用属性，使对象具有响应式特性。可能有的读者会问，如果在 setup 函数中创建 number 对象，是不是也具有响应式属性呢？因为 number 是基础类型，显然也是可以的，Vue 3 内部已经解决了这个差异。

接下来在 App.vue 文件中使用 Composition API 来创建动态变化的页面。首先展示页面效果，如图 1-24 所示。页面中支持单击  按钮来增加年龄，年龄发生变化时，支持动态显示出生信息的变化情况。

出生年份这里通过两种方式来实现：一种是插值计算；另一种是计算属性。

第一种插值计算是直接在 DOM 中编写计算年龄的表达式，因为数据是动态变化的，当用户单击  按钮增加小王的年龄时，因为是响应式属性，会重新渲染出生年份，所以出

生年份也会发生改变。

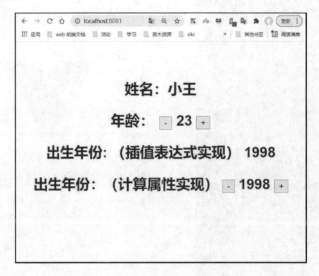

图 1-24　动态显示用户年龄

第二种方式是使用计算属性，在 computed 属性中监听年龄变化情况，设置 getter 和 setter 属性，最终得到小王年龄的实时变化情况。通过代码实现比较简单，见下面的例子。

首先是 template 模板部分。

【示例 1-52】Vue 3 工程的 template 模板部分。

```
01  <template>
02  <div id="app">
03        <h2>姓名：{{name}}</h2>
04        <h2>年龄：
05            <button type="button" @click="changeAge(-1)">+</button>
06            {{age}}
07            <button type="button" @click="changeAge(1)">+</button>
08        </h2>
09        <h2>出生年份：（插值表达式实现）{{2021 - age}}</h2>
10        <h2>出生年份：（计算属性实现）
11            <button type="button" @click="changeYear(-1)">-</button>
12            {{year}}
13            <button type="button" @click="changeYear(1)">+</button>
14        </h2>
15  </div>
16  </template>
```

template 模板的用法没变，@click 是在 DOM 上绑定监听事件，{{name}}展示用户名，age 表示用户的年龄，因此在使用插值表达式的时候直接可以显示用户的出生年份。

接下来是 script 部分，这一部分是变化最多的，因为主要是通过 JS 实现的。

【示例 1-53】Vue 3 工程的 script 部分。

```
01  import { reactive , computed, toRefs} from 'vue'
02
03  export default {
04      name: 'App',
05      setup () {
06          const data = reactive({
07              name: '小王',
08              age: 23,
09              year: computed({
10                  // 设置 getter 和 setter
11                  get: () => {
12                      return 2021 - data.age
13                  },
14                  set: val => {
15                      data.age = 2021 - val
16                  }
17              })
18          })
19          function changeAge(val) {
20              data.age+=val
21          }
22          // 计算属性
23          function changeYear(val) {
24              data.year = data.year + val
25          }
26          // 直接返回的 data 是一个响应式的数据, 对于 data 对象, 需要使用 data.xxx
    方法, 如果需要直接使用该对象
27          // 可以使用 ..toRefs 方法将一个整体的响应式对象变成普通对象, 然后再展开
    (解包) 得到单独的响应式数据
28          return {...toRefs(data), changeAge, changeYear}
29      }
30  }
31  </script>
```

在 setup 函数中使用 reactive 函数创建响应式属性, 类似于在 data 中声明数据变量。可以看到, 对于 year 变量, 声明了计算属性, 依靠 setter 和 getter 控制 data 对象的 age 属性, 最后通过 return 将响应式变量抛出来, 在 template 中使用这些变量。

上面是使用 reactive 函数创建整个对象变量, 还可以通过 ref 函数创建单一变量:

```
const name = toRef('小王')
```

访问 name 的时候可以使用.value, 即使用 name.value 命令获取赋值。整个数据对象建议使用 reactive 函数直接创建。

其实, Vue 3 组合式 API 上手还是比较容易的, 而且代码更少, 从整个编码过程来看, 体验很好。

1.6.3　使用 TSX 编写页面

在学习 Vue 2 的时候，相信大部分开发者都是通过写 Vue 单文件来实现需求，一个原因是 Vue 2 对 TSX 的支持并不友好，社区有开发者贡献了开源工具 vue-support-tsx 来实现在 Vue 2 中写 TSX，然后渲染成静态 DOM 节点来展示。在 Vue 3 中，因为 Vue 作者尤雨溪用 TypeScript 重写了 Vue 3，所以对于 TSX 的支持是非常友好的。下面我们使用 TSX 来体验一下用 Vue 3 开发业务的过程。

这里考虑到有的读者可能没有使用过 TSX，因此简单介绍一下什么是 TSX。学过 React 的读者一定了解 JSX，JSX 的本质是通过 JS 函数来创建 DOM 节点，在运行时将节点通过浏览器渲染出来。因此 JSX 本质是 JS 的一个语法糖，TSX 也类似，也是通过动态创建 DOM 节点的方式执行运行时渲染任务。

🔔注意：如果要在 Vue CLI 初始化的工程中编写 TSX 代码，那么需要对这个初始化工程进行一些小的配置。因为 TS（TypeScript，简称 TS）是强类型判断的，所以在写 TSX 的时候要安装@vue/cli-plugin-typescript 来添加 TypeScript 的类型判断。

因为写 TypeScript 项目的时候需要有一个 ts.config.json 文件，所以初始化后的工程可以这样配置，见下面的例子。

【示例 1-54】package.json 文件。

```
01  {
02    "compilerOptions": {
03      "target": "esnext",
04      "module": "esnext",
05      "strict": true,
06      "jsx": "preserve",
07      "importHelpers": true,
08      "moduleResolution": "node",
09      "skipLibCheck": true,
10      "esModuleInterop": true,
11      "allowSyntheticDefaultImports": true,
12      "sourceMap": true,
13      "baseUrl": ".",
14      "types": [
15        "webpack-env"
16      ],
17      "paths": {
18        "@/*": [
19          "src/*"
20        ]
21      },
22      "lib": [
```

```
23        "esnext",
24        "dom",
25        "dom.iterable",
26        "scripthost"
27      ]
28    },
29    "include": [
30      "src/**/*.ts",
31      "src/**/*.tsx",
32      "src/**/*.vue",
33      "tests/**/*.ts",
34      "tests/**/*.tsx"
35    ],
36    "exclude": [
37      "node_modules"
38    ]
39 }
```

以上是配置 compilerOptions 及打包的路径等。工程的入口文件之前是 index.js，这里需要配置成 main.ts，内部还是通过初始化 Vue 实例然后挂载到 DOM 节点上。为了使 TS 原生支持 Vue，还需要手动创建一个 shims.d.ts 文件，在文件中导出 Vue 3 的 API:defineComponent 函数，代码如下：

```
/* eslint-disable */
01 declare module '*.vue' {
02   import type { DefineComponent } from 'vue'
03   const component: DefineComponent<{}, {}, any>
04   export default component
05 }
```

此时，就可以在 components 文件夹中用 TSX 写一个组件了。编写一个累加器组件 Plus，首先新建一个 plus.tsx 文件，文件代码见下面的例子。

【示例 1-55】使用 TSX 实现累加器组件。

```
01 import { ref, defineComponent } from 'vue'
02
03 const Plus = defineComponent({
04   name: 'plus',
05   setup() {
06     const a = ref(0)
07
08     return () => (
09       <div>
10         <button onClick={() => a.value += 1}>{a.value}</button>
11       </div>
12     )
13   }
```

```
14  })
15
16  export default Plus
17  }
```

第一步要导入 defineComponent 函数，该函数用于创建组件，在组件内部使用 setup 语法，通过 return 函数将要渲染的部分展示出来。TSX 区别于.vue 文件的地方在于，给 DOM 节点添加事件时，在.vue 文件中是直接使用 v-on 加事件名称，但是在 TSX 中没有 v-on 指令，TSX 是用"on+事件名称"来注册事件的，如 click 事件，在 TSX 中使用 onClick 来表示。这是 TSX 和.vue 对于事件定义的一个区别。

为什么笔者用一小节来讲解用 TSX 语法开发 Vue 3 呢？因为一些优秀的组件源码库如最新版的饿了么组件库，是使用 JSX 或 TSX 实现的，在编译成本层面，TS 已经进行了优化，无须担心 TSX 运行时还需要耗费时间进行编译。

反过来想，Vue 的 template 语法也需要经过编译才可以最终渲染称为 DOM 节点，前端开发者想要抓住前沿潮流的话，就要使用 TSX，Vue 3 已经提供了很好的机会。

1.6.4　在业务代码中使用 Vue 3 的组件库

虽然 Vue 3 发布的时间没有多久，但是已经有一些支持 Vue 3 的组件库了，Vue 3 的生态在逐步完善，前端的开发者可以放心使用 Vue 3 开发新项目。Vue 3 社区有很多开源的组件库，开箱即用，特别是针对企业中后台系统，基本上都配置了开箱即用的模板，直接使用即可。

接下来介绍一些优秀的开源组件库。

1. Ant Design of Vue组件库

Ant Design of Vue 是 Ant Design 开源的 Vue 组件库，其内置了超过 60 个的基本组件，使用过的开发者可以体会饿了么组件库带来的开发便捷性，因为笔者所在公司的中后台模板使用的组件库就是 Ant Design of Vue，使用体验是非常不错的。Ant Design of Vue 的 API 设计规范且丰富，除此之外还提供了很多优质的资源，如开箱即用的 admin template 模板，对中小企业开发效率的提升有非常大的帮助。

Ant Design of Vue 的官网如图 1-25 所示。

可以看到，Ant Design of Vue 首页有浓浓的 Vue 风格元素，而且 Ant Design of Vue 共享和蚂蚁金服团队的 Ant Design of React 一样的工具体系，由此可以看出 Ant Design of Vue 是高质量的组件库。

除了组件库之外，Ant Design of Vue 还提供了开箱即用的中后台管理模板，来看一下模板首页的风格，如图 1-26 所示。

侧边栏默认的颜色是黑色和红色，这是深色模式。在首页中还展示了很多常用组件，如信息展示的 card、导航的面包屑，以及数据可视化的六边图形等，因此对于大多数的中后台系统开发，Ant Design of Vue 完全可以胜任。

图 1-25　Ant Design of Vue 首页

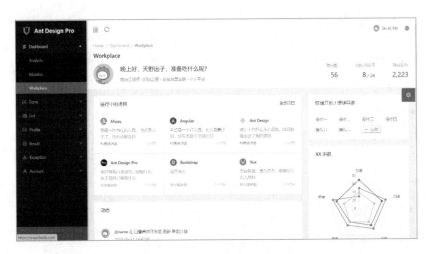

图 1-26　后台管理模板首页

2. Element Plus组件库

在一个线上前端活动中，尤雨溪在组件库这一部分除了推荐 Ant Design of Vue 之外，还推荐了 Element Plus 组件库，这是饿了么团队研发的 Vue 3 组件库。Element Plus 官网的首页偏严肃风格，如图 1-27 所示。

整体颜色以浅色调为主，显得比较低调，Element Plus 提供的组件数量也比较多，其提交到 GitHub 的源码的核心代码是用 Vue 3 代码写的，一些包装的部分是用 TypeScript

编写的。这里笔者还想强调一下，前端开发者想要提升自己的实力，需要学习 Vue 3 和 TypeScript 等框架，在学习的过程中可以接触最新的前端工作流及社区的热度趋势，从而提升自己的实力。

图 1-27　Element Plus 官网首页

3．移动端的Vant UI组件库

Ant Design of Vue 和 Element Plus 是 PC 端的组件库，移动端其实也是有 UI 库的，有赞开源的 Vant UI 就是优秀的移动端组件库，其介绍如图 1-28 所示。

图 1-28　Vant UI 介绍

可以看到，Vant UI 是支持 Vue 2 和 Vue 3 的，其官方团队也一直在更新这个组件库。

Vue 3 的生态目前已经完备了，前面介绍的 Vuex 和 Vue-Router 其官网团队也进行了更新，因此准备学习 Vue 3 的读者可以将其提上日程了。

第2章 使 用 组 件

在 Vue 开发中，开发者写页面的时候经常做的就是进行组件化处理，因为页面之间可以复用的部分是非常多的，抽出组件可以大大提升页面开发的效率。此外，公司的前端团队可以从多个项目中抽离出一个通用的业务组件库，以配置私有 npm 包的方式在公司内部使用，这对统一产品 UI 也很有帮助。这些操作都会涉及组件的使用，因此希望读者认真学习本章内容，在之后的业务开发中除了贡献自己的能力之外，还可以为公司的前端基建做出贡献。

本章的主要内容如下：
- 组件注册的方式。
- 如何在组件中进行数据传递。
- 具名插槽和作用域插槽的使用方式。
- 动态组件和异步组件的使用方法。

2.1 注 册 组 件

本节主要介绍组件注册的相关内容，包括全局注册、局部注册、component 目录的使用，以及在模块系统中如何进行组件自动化注册等。

2.1.1 全局注册

在项目中，一些基本组件在多个页面中的样式是一样的，因此可以通过全局组件注册的方式让多个页面同时引用基本组件。全局组件注册使用 Vue.component 命令。下面举一个简单的例子。

【示例2-1】在单文件中，使用 Vue.component 命令创建一个全局 button 组件。

```
01    import App from './App'
02    import router from './router'
03    import store from './vuex/store'
04    import * as filters from './utils/filter'
05
06    import ElementUI from 'Element UI'                    // 完整引入
```

```
07   import 'Element UI/lib/theme-default/index.css'
08   Vue.use(ElementUI)
09   // 实例化 Vue 的 filter (过滤器)
10   Object.keys(filters).forEach(k => Vue.filter(k, filters[k]))
11
12   Vue.config.productionTip = false
13
14   Vue.component('passage-button', {
15     props:{
16       buttonName:{
17         type:String,
18         default:''
19       }
20     },
21     data : function(){
22       return {
23         count :0
24       }
25     },
26     template:'<button style="color:#ff1f50;
27   width:1.2rem;height:0.7rem">{{buttonName}}</button>'
28   })
29
30   /* eslint-disable no-new */
31   new Vue({
32     el: '#app',
33     router,
34     store,
35     template: '<App/>',
36     components: { App }
37   })
```

可以看到，以上代码中使用了 Vue.component 命令创建 page-button 组件并将其挂载到 Vue 实例上，这样在该项目中其他的页面就可以直接使用这个组件了。在注册组件的时候，可以在 component 函数传参中编写对该组件的封装，包括实现的函数和要展示的样式。

上面的代码只是对组件最简单的封装，其实，一个项目中的通用业务组件需要经过单元测试，需要覆盖多种情况，还需要考虑组件的兼容性和复用性等。建议读者首先考虑组件设计层面的问题，只有设计完善的组件，才能在其他页面复用时提升开发效率，有更好的开发体验。

2.1.2　局部注册

很多时候全局组件不能覆盖所有的情况，这时就需要对组件进行局部注册，其实还有一个重要的原因，很多在页面用不到的全局组件，在使用 Webpack 打包的过程中也会将其打包进工程中，这样就增加了太多无关的代码。从优化层面考虑，更合理的是使用局部注册方式。

　　局部注册方式其实和全局注册类似，只不过在使用的时候是按需引用的，不是在全局的 Vue 实例中挂载组件。

【示例 2-2】组件局部注册。

```
01   const NavButton = {
02    props:{
03     name:{
04       type:String,
05       default:''
06      }
07    },
08    data(){
09     return {}
10    },
11    methods:{
12     onClick(){
13       this.$emit('click')
14      }
15    },
16    template:'<button v-on:click="click"> {{name}} </button>'
17  }
18
19  new Vue({
20    el: '#app',
21    components: {
22     'nav-button': NavButton,
23    }
24  })
```

　　对于局部注册的组件，其子组件是不可以使用的，如果想在组件中使用另一个组件，可以参考下面的例子。

【示例 2-3】在组件中使用另一个组件。

```
01   const NavButton = {
02    props:{
03     name:{
04       type:String,
05       default:''
06      }
07    },
08    data(){
09     return {}
10    },
11    methods:{
12     onClick(){
13       this.$emit('click')
14      }
15    },
16    template:'<button v-on:click="click"> {{name}} </button>'
17  }
```

```
18
19  const AnotherButton = {
20    components: {
21      'nav-button': NavButton
22  }
```

首先定义一个组件，如果另一个组件想使用该组件的话，那么可以直接引用，在 components 属性中引用即可。更多的情况是，开发者通常使用 ES Module 引入组件，即使用 import 语句在页面中按需引入组件。

下面看一下用 import 语句引入组件的方式。

【示例 2-4】单页面引入组件。

```
01  <template>
02    <div class="content">
03      <imgCon
04        :imgPath="imgPath"
05        :content="content"
06      />
07    </div>
08  </template>
09  <script>
10    import {imgCon} from '../components/imgCon.vue'
11    export default {
12      components:{
13        imgCon
14      },
15      data(){
16        return {
17          imgPath:require('../../assets/images/demo.png'),
18          content:'日落大道'
19        }
20      },
21      methods:{
22        async initPage() {
23          const {result} = await getInfo();
24        }
25      }
26    }
27  </script>
28  <style>
29    .content {
30      width:100%;
31    }
32  </style>
```

在上面的示例中，在 components 属性中注册 imgCon 组件，然后使用 import 语句导入 imgCon 组件来展示动态信息。这种方式通常是在工程的 components 目录下按分类定义好组件，然后在业务的页面代码中按需引用就可以了。除了这种方法之外，还可以在模块系统中进行局部注册，也就是在 Vue 根实例里进行注册，但这种方式在项目里一般不会使用。

简单地说，开发者在 components 目录下定义好组件之后，为了便于对组件进行管理，可以新建一个入口 JS 文件，在这个 JS 文件中引入功能相近的组件，然后通过 export default 将组件导出，这样当页面引用该 JS 文件时，可以引用该文件引入的全部组件，减少了单独写组件引入语句的麻烦。

🔔 注意：如果读者对 export default 语法不熟悉的话，建议学习一下模块系统，因为模块系统在 Web 工程中是必不可少的。

为了帮助读者更好地理解模块系统，下面举一个例子。

【示例 2-5】模块方式导入、导出。

```
01  import NavButton from './nav-button'
02  import PageButton from './page-button'
03
04  export default {
05    components: {
06      NavButton,
07      PageButton
08    }
09  }
```

导出的 components 对象中包含 NavButton 和 PageButton 组件，开发者在引用该文件的时候相当于直接引用了 NavButton 和 PageButton 组件。局部注册相对于组件全局注册来说更加灵活，除了注意写组件需要的基本配置之外，使用局部注册组件时，组件的合理布局也十分重要，不合理的组件布局会使代码维护变得困难，为后续开发增加了负担。

📁 说明：组件局部注册方式较多，可以在文件中定义，可以使用 import 语法，也可以使用模块系统，希望读者多加练习，灵活应用组件局部注册方式。

2.1.3　使用 component 目录

2.1.2 小节介绍组件局部注册时提过新建 components 文件夹存放组件，目的是更好地分类组件，便于组件代码的维护。本小节将详细讲解如何更好地使用 components 目录。

在日常的业务开发中，一般会在 views 目录下新建两个文件夹，一个是 components，另一个是 pages。components 目录下存放业务组件，pages 目录下存放页面文件，如图 2-1 所示。

components 文件夹下存放了很多组件，pages 文件夹下有多个页面文件。一般是按照页面职能对组件进行命名的，因此建议开发者在 components 文件夹下再创建一个同类文件夹，存放同一业务组件，相当于再次对组件进行了分类，如图 2-2 所示。

在 components 文件夹下按照业务分为 setting 和 live 文件夹，并在对应的业务文件夹下存放对应的业务组件。这样在引用的时候按照类别引用即可。对于业务组件来说，有的业务组件需要兼容各种情况，如弹窗框，有的需要输入文字，有的需要选择确定还是取消，有的只是需要单击"我知道了"，因此该业务组件需要支持多种情况。通常，在这种业务组件中也需要应引用子组件，可以将该组件单独放置到一个文件夹中，页面使用它的时候直接导入即可。

图 2-1　文件目录

图 2-2　components 组件分类

综上所述，使用 components 文件夹的主要目的是方便归类业务组件和在页面中引用组件。另外，为了方便归类，可以在 components 目录下设置单独的文件夹，用于存放功能相同的组件或者单独存放功能复杂的业务组件，这样更方便管理组件。

本小节没有讲解 Vue 的重要知识点，主要介绍了 components 目录在业务开发中的重要作用，开发者在阅读项目代码的时候可以看一下 componensts 目录，从 components 目录中可以了解到使用了哪些组件，也可以衡量一下该项目的组件排布是否合理。

2.1.4　在模块系统中的局部注册和自动化注册

在模块系统中的局部注册简单地说就是使用 import 语句引入对应的组件，接着使用

export 语句将组件导出。这一部分内容前面已经讲过，本小节将对在模块系统中进行局部注册和自动化注册进行对比，让读者了解配置自动化注册的方便之处。

这里自动化注册的对象主要是基础组件，基础组件一般会在多个页面和多个业务组件中使用，如果使用模块系统进行局部注册的话，则会在页面中使用 import 语句时导入多个组件。例如，在局部注册的时候，在文件中引入 baseInput、baseIcon 和 baseButton 组件并导出，那么导入、导出的语句就会如下面的例子所示。

【示例 2-6】导入和导出 BaseButton、BaseIcon、BaseInput 组件。

```
01  import BaseButton from './BaseButton.vue'
02  import BaseIcon from './BaseIcon.vue'
03  import BaseInput from './BaseInput.vue'
04
05  export default {
06    components: {
07      BaseButton,
08      BaseIcon,
09      BaseInput
10    }
11  }
```

可以看到，开发者需要写很多组件，如果某个页面比较复杂，就会引入很多组件，代码维护起来比较麻烦。对于这种情况，可以使用配置组件自动注册。

注册全局组件时，可以使用 Webpack 的 require.context 命令自动化注册通用的全局组件，一般是在 src/main.js 文件中进行配置，例如下面的例子。

【示例 2-7】main.js 文件基础配置。

```
01  import Vue from 'vue'
02  import upperFirst from 'lodash/upperFirst'
03  import camelCase from 'lodash/camelCase'
04
05  const requireComponent = require.context(
06    // 其组件目录的相对路径
07    './components',
08    // 是否查询其子目录
09    false,
10    // 匹配基础组件文件名的正则表达式
11    /Base[A-Z]\w+\.(vue|js)$/
12  )
13
14  requireComponent.keys().forEach(fileName => {
15    // 获取组件配置
16    const componentConfig = requireComponent(fileName)
17
18    // 获取组件的 PascalCase 命名
19    const componentName = upperFirst(
20      camelCase(
21        // 获取和目录深度无关的文件名
22        fileName
```

```
23          .split('/')
24          .pop()
25          .replace(/\.\w+$/, '')
26      )
27   )
28
29   // 全局注册组件
30   Vue.component(
31     componentName,
32     // 如果这个组件选项是通过 `export default` 导出的
33     // 那么会优先使用 `.default`
34     // 否则回退到使用模块的根
35     componentConfig.default || componentConfig
36   )
37  })
```

自动化注册的行为需要在 Vue 实例创建之前完成，这样 Vue 实例才可以引用到自动化注册的组件。基础组件经过自动化注册之后，可以直接在页面中使用。可以看到，这是一个对业务开发非常有效的功能，希望读者多在项目中多进行组件优化的实践，对于常用的基础组件可以全局自动注册。结合前面的介绍，读者可以思考一下如何优化业务代码的组件设计。

2.2　组件数据传递

组件之间的数据传递在前面的章节中讲过，我们在介绍组件化应用时也提到组件之间数据传递的方式。前面章节主要是介绍组件数据有哪些方式，在实际的业务开发中，开发者考虑最多的是传递哪些数据、传递数据的类型及数据的默认值是什么，除此之外，还要考虑如何优化组件之间的数据通信，这些问题就是本节介绍的主要内容。

2.2.1　使用 props 对象传递数据

父组件向子组件传递数据是通过 props 对象传递的，在 props 对象中需要限制传递数据的类型，并需要设置一个默认值。这么做的目的很简单，如果传递的数据类型错误的话，则 Vue 会在控制台给出 warning。试想一下，如果不限制传递的数据类型，那么开发者需要自己实现函数来判断传入的数据类型，这大大增加了开发者的负担，是非常不友好的。

下面来看一个例子。

【示例 2-8】使用 props 对象进行数据传递。

```
01   <template>
02    <div class="header">
03      <p class="tab" v-bind:class="{'isClick':isClick}">
04         {{content}}
```

```
05              </p>
06              <div class="tab-content">
07                  <div><v-image :src="imgpath"  :image-options = {width:200 ,
    height:200 , 08 sd:1 , cp:1}/></div>
09                  <div>{{topcontent}}</div>
10              </div>
11          </div>
12  </template>
13  <script>
14      export default {
15          props:{
16              isClick:{
17                  type:Boolean,
18                  default:''
19              },
20              content:{
21                  type:String,
22                  default:''
23              },
24              topcontent:{
25                  type:String,
26                  default:''
27              },
28              imgpath:{
29                  type:String,
30                  default:''
31              }
32          }
33      }
34
35  </script>
36  <style lang="less">
37      .header {
38          width:100%;
39          height:30rem;
40          .tab {
41              color:black;
42          }
43          .isClick {
44              color:red;
45          }
46          .tab-content {
47              display:flex
48          }
49      }
50  </style>
```

从 props 对象部分的代码来看，isClick、content 和 imgPath 都是声明变量的类型和默认值，声明传递的数据类型和名称之后，父组件通过 props 对象可以向子组件传递数据了。前面说过，props 对象是单向数据流，当需要修改 props 对象时，需要使用下面的两种方式来安全地处理 props 对象。

第一种方式是用组件的 data 域来处理传递过来的 props 对象数据。

【示例 2-9】使用 data 处理 props 对象数据。

```
01  <!DOCTYPE html>
02  <html lang="zh-cmn-Hans">
03  <head>
04      <meta charset="utf-8">
05      <meta http-equiv="X-UA-Compatible" content="IE=edge,chrome=1">
06      <title>props 组件传递数据使用</title>
07  </head>
08  <body>
09      <div id="app">
10          <div class="comment-form">
11              计数{{counter}}
12              <button @click="getCounter"></button>
13          </div>
14      </div>
15  </body>
16  <script src="https://unpkg.com/vue@next"></script>
17  <script>
18      var app = new Vue({
19        el: '#app',
20        props: ['initialCounter'],
21       data: function () {
22          return {
23              counter: this.initialCounter
24          }
25        },
26     methods:{
27        getCounter(){
28            if(this.counter > 5){
29                //接口 请求
30            }else {
31                this.counter++
32            }
33        }
34      }
35
36  }
37  })
38  </script>
39  </html>
```

可以看到，在上面的代码中，使用 counter 接收 props 对象传递的 initialCounter 参数，然后可以在函数中处理 counter。显然，这并没有违反不能处理子组件 props 对象数据的规则，因为在子组件中 props 对象接收的数据已经交给 data 了，现在控制权在 data 这里。

另外一种方式是子组件需要使用 props 对象的默认数据并对其进行转换。在这种情况下，建议使用计算属性。

【示例 2-10】 使用 computed 属性处理计算属性。

```
01  <!DOCTYPE html>
02  <html lang="zh-cmn-Hans">
03  <head>
04      <meta charset="utf-8">
05      <meta http-equiv="X-UA-Compatible" content="IE=edge,chrome=1">
06      <title>props 组件传递数据使用</title>
07  </head>
08  <body>
09      <div id="app">
10          <div>
11              <p>size 变化的结果:{{normalizedSize}}</p>
12          </div>
13      </div>
14  </body>
15  <script src="https://unpkg.com/vue@next"></script>
16  <script>
17      var app = new Vue({
18        el: '#app',
19        props: ['size'],
20        computed: {
21          normalizedSize: function () {
22              return this.size.trim().toLowerCase()
23          }
24        }
25  })
26  </script>
27  </html>
```

在上面的代码中，使用计算属性修改 props 对象中的 size 数据，当父组件传递数据给子组件时，触发计算属性从而更新子组件。相信关于计算属性的用法读者还记得，我们在前面的章节中已经讲过，如果读者忘记的话，可以在前面的章节中查阅。

2.2.2　使用回调函数传递数据

读者是否想过这个问题：Vue 是单向数据流的，如果想在子组件中向父组件传递数据，那么应该怎么做呢？可以用回调函数通过子组件向父组件传递数据，即使用$emit 指令触发事件的方式将数据从子组件中传向父组件。简单说就是将要传递的数据作为函数参数，父组件调用子组件，当函数响应时就可以在函数中接收传递的数据。

【示例 2-11】 使用$emit 指令传递数据。

```
01  <template>
02    <div class="header">
03      <p class="header-img"><img :src="imgPath" alt=""></p>
04      <p class="header-con"> {{content}} </p>
05      <button type="text" @click="passon">传值</button>
06    </div>
```

```
07    </template>
08    <script>
09       export default{
10          props:{
11             imgPath:{
12                type:String,
13                default:''
14             },
15             content:{
16                type:String,
17                default:''
18             }
19          },
20          methods:{
21             passon(data){
22                // 传递给父组件的数据
23                this.$emit('passon' , data)
24             }
25          }
26       }
27
28    </script>
29    <style lang="less">
30       .header {
31          width:100%;
32          height:30rem;
33          .header-img {
34             display:inline-block;
35          }
36          .header-con {
37             display:inline-block;
38          }
39       }
40    </style>
```

在子组件中定义$emit 事件 passon，当单击按钮时将数据传递给父组件，父组件接收数据的方法实现见下面的例子。

【示例2-12】父组件接收子组件传递的数据。

```
01    <template>
02       <div class="content">
03          <imgCon
04             :imgPath="imgPath"
05             :content="content"
06             @passon="receiveData"
07          />
08       </div>
09    </template>
10    <script>
11       import {imgCon} from '../components/imgCon.vue'
12       export default {
```

```
13        components:{
14            imgCon
15        },
16        data(){
17            return {
18                imgPath:require('../../assets/images/demo.png'),
19                content:'日落大道'
20            }
21        },
22        methods:{
23            receiveData(data) {
24                console.log('data from child', data)
25            }
26        }
27    }
28 </script>
29 <style>
30    .content {
31        width:100%;
32    }
33 </style>
```

在父组件中，使用@passon 接收从子组件传递过来的数据，通过定义 receiveData 函数来接收数据。在 Vue 中，$emit 指令使用发布订阅模式从子组件向父组件中传递数据，核心代码是遍历回调函数并将数据通过 apply 方法传到回调函数中，进而可以在父组件中获取子组件传递的数据。

注意：父组件向子组件传递数据使用 props 即可，子组件向父组件数据传递时，需要用 $emit 触发事件的手法来传递数据，这时候数据可以通过函数传参来传递。

2.2.3　props 数据类型检查

props 数据类型的检查应该放在 2.2.1 小节介绍，这里单独介绍是为了强调使用 props 进行父组件向子组件传递数据时，不要忘记对传递的数据进行类型检查，这对于提高组件的质量非常重要。

前面讲过一些 props 对象类型检查的方式，基本上是在 props 对象中规范数据传递的类型，这里再补充一点：在 props 对象中可以自定义验证函数。

【示例 2-13】props 对象数据的验证。

```
01  prop: {
02      validator: function (value) {
03          // 这个值必须匹配下列字符串中的一个
04          return ['success', 'warning', 'danger'].indexOf(value) !== -1
05      }
06  }
```

验证的方式是使用 validator 函数，该函数用于验证常量的情况比较多，在开发中，我们使用的常量一般规定好的，如果需要在组件之间传递常量且对其验证的时候，可以在 validator 函数中对传递的常量进行验证，不需要自己定义函数或绑定事件进行限制，那样反而比较麻烦。

2.3   插槽的详细用法

插槽就是为组件提供一个空位，可以存放任意组件，这是插槽的灵活之处。开发者多使用插槽开发组件库，因为可以将组件作为参数传入父组件中，这样可以使组件适配多种情况。插槽的灵活性给开发者带来了巨大的便利。前面在 1.2.2 小节中我们简单介绍了插槽的使用，本节我们将聚焦于插槽的使用细节和场景，帮助读者理解 Vue 独有的插槽概念。

2.3.1   具名插槽

具名插槽简单地说就是提供 name 属性来命名插槽的名称，使表达更清晰。

【示例 2-14】具名插槽的用法。

```
01  <!DOCTYPE html>
02  <html lang="zh-cmn-Hans">
03  <head>
04     <meta charset="utf-8">
05     <meta http-equiv="X-UA-Compatible" content="IE=edge,chrome=1">
06     <title>具名插槽的使用</title>
07  </head>
08  <body>
09     <div id="two">
10         <v-two>
11           <p slot="nav">我是导航</p>
12           <p slot="main">我是内容</p>
13           <p slot="footer">我是底部</p>
14         </v-two>
15     </div>
16  </body>
17  <script src="https://cdn.jsdelivr.net/npm/vue@2.6.14/dist/vue.js">
    </script>
18  <script>
19     var app = new Vue({
20       el: '#two',
21       components:{
22         'v-two': {
23             template: '#two',
24             name:'two',
25             data() {
```

```
26              return {
27                'two': 'I am two'
28              }
29            }
30          },
31        }
32  })
33  </script>
34  </html>
```

以上代码的运行结果如图 2-3 所示。

图 2-3 具名插槽的渲染结果

如果在具名插槽位置传入组件，那么显示的就是组件的内容。在 slot 中同理也可以传入 template 模板的内容：

```
01          <p slot="nav">
02            <template>
03              <h1>文章标题</h1>
04            </template>
05          </p>
```

这样文章标题就会渲染出来。

具名插槽相对来说好理解，就是给空位命名一个名字，方便开发者理解代码的含义。

2.3.2 作用域插槽

如果插槽可以访问子组件中的数据，则是一件非常方便的事情，在这种情况下，可以使用作用域插槽。例如，开发者在一个组件中将某个数据变量作为 slot 的一个属性进行绑定，具体代码见下面的例子。

【示例 2-15】通过作用域插槽传输数据。

```
01  <span>
02    <slot v-bind:user="user">
03      {{ user.lastName }}
04    </slot>
05  </span>
```

作用域插槽的作用是借助 slot 标签，通过传递变量来适配不同的组件，相当于给 slot 标签设置了一个空位，当 name 组件需要使用 lastName 属性时，可以将 name 组件放到这个位置。如果 acticle 组件也要使用 lastName 属性，也可以放到这个空位处。

通常，开发者可以在父级作用域中借助带值的 v-slot 来定义插槽 props 的名字。

【示例 2-16】v-slot 的使用。

```
<current-user>
  <template v-slot:default="slotProps">
    {{ slotProps.user.firstName }}
  </template>
</current-user>
```

在上述例子中，slotProps 包含所有的插槽 props 对象，因此可以使用这个对象中所有的数据，default 表示默认插槽。需要注意的是，默认插槽不能和具名插槽混合使用，会导致作用域不明确。

```
01  <!-- 无效，会导致警告 -->
02  <current-user v-slot="slotProps">
03    {{ slotProps.user.firstName }}
04    <template v-slot:other="otherSlotProps">
05      //slotProps 此时不可用
06    </template>
07  </current-user>
```

当出现多个 slot 时，需要对每个插槽使用 template。这里再提一下，因为插槽属于对象，所以在单文件组件中，可以使用对象解构的方式来使用 slot 中的内容。

```
01  <current-user v-slot="{ user }">
02    {{ user.firstName }}
03  </current-user>
```

解构出 user 对象后就可以直接使用 user 对象的属性了。

2.3.3 动态插槽

动态插槽其实就是接收动态参数的插槽，动态指令参数应用在 v-slot 上。

【示例 2-17】动态插槽的使用。

```
01    <base-layout>
02        <template v-slot:[dynamicSlotName]>
03            <p>{{ dynamicSlotName[0] }}</p>
04        </template>
05    </base-layout>
```

动态插槽这里使用的是动态参数，如果开发者熟悉动态参数的话，那么使用动态插槽很方便。

2.3.4 其他示例

除了前面介绍的具名插槽、作用域插槽和动态插槽之外，还有一些情况也要使用插槽。

例如，插槽 props 允许开发者将插槽转换为可复用的模板，这些模板可以基于输入的 props 渲染出不同的内容，当父组件自定义复用的子组件时，将插槽转换为可复用的模板是最有效的。

【示例 2-18】todo 组件的实现。

```
01    <template>
02      <div class="todo">
03        <ul>
04          <li
05            v-for="todo in filteredTodos"
06            v-bind:key="todo.id"
07          >
08            {{ todo.text }}
09          </li>
10        </ul>
11      </div>
12    </template>
13    <script>
14      export default {
15        props:{
16          filteredTodos:{
17            type:Array,
18            default:() => {return []}
19          }
20        }
21      }
22    </script>
```

可以将每个 todo 组件作为父级组件的插槽，通过父级组件对 todo 进行控制，然后将 todo 作为一个插槽进行绑定。

【示例 2-19】在插槽中使用 slot。

```
01    <template>
02      <div>
03        <ul>
04          <li
05            v-for="todo in filteredTodos"
06            v-bind:key="todo.id"
07          >
08            <!--
09            我们为每个 todo 准备了一个插槽，
10            将 `todo` 对象作为一个插槽的 prop 传入。
11            -->
12            <slot name="todo" v-bind:todo="todo">
13              <!-- 后备内容 -->
14              {{ todo.text }}
15            </slot>
16          </li>
17        </ul>
18      </div>
```

```
19    </template>
20
21    <script>
22      export default {
23        data() {
24          return {
25            filteredTodos:[{
26              id:'0',
27              text:'测试 props'
28            }]
29          }
30        }
31      }
32    </script>
```

父组件在执行渲染时，会将 todo 对象作为插槽 props 的形式传入，父组件的 filteredTodos 数据会通过插槽传入子组件，最终会渲染成平时使用的代办事项的效果。当调用 todolist 组件时，可以选择为 todo 定义不同的 template，在 todo 变量中获取数据，进行个性化配置：

```
01    <todo-list v-bind:todos="todos">
02      <template v-slot:todo="{ todo }">
03        <span v-if="todo.isComplete">✔</span>
04        {{ todo.text }}
05      </template>
06    </todo-list>
```

插槽的用法非常灵活，希望读者多加练习插槽的用法。

2.4　动态组件和异步组件

动态组件可以认为是绑定 is 属性的组件，is 属性的作用是显示当前的组件，本节将介绍动态组件和异步组件这两种组件。

2.4.1　keep-alive 属性在组件中的应用

动态组件常结合 keep-alive 属性使用，例如，一个简单的业务场景是 Tab 切换，选中的 Tab 渲染的是当前的组件，如果可以保持组件的状态，那么就可以减少渲染的开销，减少重复渲染的性能消耗。这里动态组件的应用场景是在同一个位置上动态显示不同的组件，v-bind:is 属性提供的就是这个位置。这个场景实现见下面的例子。

【示例 2-20】通过 is 控制组件的显示与隐藏。

```
01    <template>
02    <div id="tabsbox">
03      <span class="tab1" @click="chooseTab('tab1')"></span>
04      <span class="tab2" @click="chooseTab('tab2')"></span>
```

```
05          <span class="tab3" @click="chooseTab('tab3')"></span>
06          <span class="tab4" @click="chooseTab('tab4')"></span>
07
08          <div :is='tab' keep-alive></div>
09      </div>
10  </template>
11
12  <script>
13      export default {
14          data() {
15              return {
16                  tab:'tab1'
17              }
18          },
19          components:{
20              tab1,
21              tab2,
22              tab3,
23              tab4
24          },
25          methods: {
26              chooseTab(tab) {
27                  this.tab = tab
28              }
29          },
30      }
31  </script>
```

单击事件函数 chooseTab 会切换不同的组件，div 节点显示的就是选中的组件。上面的代码只是简单地模拟 Tab 切换的实现。注意，在 div 节点中添加了 keep-alive 属性。对于重新创建动态组件的场景，keep-alive 属性可以将第一次创建的组件缓存起来，减少了渲染开销。

keep-alive 属性的作用是缓存，再次进入页面的时候不进行页面渲染，其实在 vue-router 中也使用了 keep-alive 属性，在路由配置文件中添加 keep-alive 属性可以起到缓存的作用，当通过该路由进入页面的时候不再重新进行页面渲染。

本小节主要介绍 keep-alive 属性的使用，keep-alive 属性的作用是对组件或者页面做缓存处理，减少了重复渲染的开销。

2.4.2 异步组件加载

在大型项目中，有时需要将应用切分为小的代码块，在需要使用的时候才从服务器中加载，这种组件就是异步组件。Vue 允许通过工厂函数的方式定义组件，当组件渲染时触发这个工厂函数，并将结果缓存起来以供再次渲染的时候使用。下面给出一个实现加载异步组件的示例。

【示例 2-21】加载异步组件。

```
01  var asyncExample = Vue.component('asyncExample',function (resolve,
    reject) {
02    setTimeout(function () {
03      resolve({
04        template: '<div>I am async!</div>'
05      })
06    }, 1000)
07  })
```

这里使用 setTimeout 函数模拟从服务端请求的场景，用组件的方式展示渲染结果，resolve 回调函数表示请求成功的时候加载组件，还可以再补充一个 reject 函数用于处理错误信息。

可以通过工厂函数返回一个 Promise 对象来加载异步组件。

【示例 2-22】在 comonent 函数中异步加载组件。

```
01    Vue.component(
02      'async-webpack-example',
03      // 这个动态导入会返回一个 `Promise` 对象
04      () => import('./my-async-component')
05    )
```

在 component 函数中使用匿名函数加载组件，这里会返回一个 Promise 对象，由此实现异步组件的调用。为了获取更好的用户体验，在加载异步组件的时候可以添加 Loading 效果。

【示例 2-23】异步组件加载时为其添加状态。

```
01  const AsyncComponent = () => ({
02    component: import('./MyComponent.vue'),
03    loading: LoadingComponent,
04    error: ErrorComponent,
05    delay: 200,
06    timeout: 3000
07  })
```

在 import 函数里引用异步组件，同时添加 Loading 状态和最长等待时间等。正常情况下会看到 Loading 的效果，异常状态下看到的是异步组件 ErrorComponent 的效果。异步组件主要是从渲染优化的角度设计的，前面介绍的 keep-alive 属性用于减少不必要的渲染开销，本小节介绍的异步组件主要用于缩短网络交互加载组件的时间，获得更好的用户体验。

总结一下，动态组件结合 keep-alive 属性使用可以解决组件切换带来的重复渲染开销问题，异步组件则是解决网络请求过程中的延时带来的用户体验问题。

2.4.3　Vue 组件懒加载方案

在单页面应用中，如果将页面中的组件全部打包到一个文件中，那么打包的文件将非常大，从而使页面加载缓慢。使用懒加载将页面进行划分，需要的时候加载页面，可以有效地分担页面加载需要的时间，减少加载用时。

　　组件的懒加载也是性能优化的一种实现方案。组件懒加载可以在 Webpack 中进行配置，在 output 中配置 chunkFile 属性。

【示例 2-24】在 Webpack 中配置组件懒加载方案。

```
01  output: {
02      path: resolve(__dirname, 'dist'),
03      filename: options.dev ? '[name].js' : '[name].js?[chunkhash]',
04      chunkFilename: 'chunk[id].js?[chunkhash]',
05      publicPath: options.dev ? '/assets/' : publicPath
06  },
```

chunkFileName 属性作为组件懒加载的路径。除了配置 Webpack 之外，在开发中使用比较多的是在路由中配置组件懒加载。

【示例 2-25】在路由中配置组件懒加载。

```
01  export default new Router({
02      routes: [
03          {
04              mode: 'history',
05              path: '/my',
06              name: 'my',
07              component: resolve => require(['../page/my/my.vue'],
    resolve), //懒加载
08          },
09      ]
10  })
```

　　在路由配置文件中添加 component 属性，使用 resolve 函数实现路由懒加载，这种方式在项目开发中比较常用，可以按需配置不同的加载页面，配置也比较简单，推荐读者在项目中使用这种方案。

第 3 章　在项目中使用 Vue-Router 管理路由

在多页面应用中,使用 Vue-Router 管理路由是开发者的不二选择,我们在单独配置路由的时候,对每个路由设置加载的组件其实就是告诉 Vue-Router 要在哪里渲染它们。在项目中使用 Vue-Router 非常方便,在大多数场景下,在路由文件中配置组件和对应路由,项目运行的时候即可生效,因此没有接触过 Vue-Router 的读者不要认为 Vue-Router 很难学。学习完本章的内容,相信读者可以在项目中直接上手 Vue-Router 了。

本章的主要内容如下:

- 如何匹配动态路由。
- 如何通过 Vue-Router 设置懒加载和获取数据。
- 如何设置导航守卫执行业务逻辑。

3.1　动态路由匹配

在开发过程中通常会遇到模式匹配的情形,不同的用户 ID 是不同的,但是都会映射到 user 组件,都通过 user 组件渲染。其实这就是动态路由匹配的场景,本节将聚焦于动态路由匹配的方式上。

3.1.1　路由参数响应

在开发中遇到的模式匹配常常是路由末端参数不同,此时没有必要针对每一种参数设定一种路由,可以使用 Vue-Router 的解决方案。

【示例 3-1】在 Vue-Router 中配置模糊路由匹配。

```
01  const User = {
02    template: '<div>User</div>'
03  }
04
05  const router = new VueRouter({
06    routes: [
```

```
07        // 动态路径参数,以冒号开头
08      { path: '/user/:id', component: User }
09    ]
10  })
```

第 8 行代码是在路径中动态添加参数,实现模式匹配。当使用这种冒号匹配参数的方式时,参数会被存储到 $route 的 params 对象中,业务组件可以通过 this.$route.params 命令获取路由中传递的 ID 信息。这种方法非常重要也非常有用,因为平时的一些需求会结合 ID 来执行业务逻辑,前端开发者通过路由直接获取 ID 参数也非常便捷,对开发者的体验也非常友好。

🔔注意:如/user/foo 和/user/bar 映射的是相同的路由。

需要注意的是,当从路由/user/foo 切换到路由/user/bar 时,组件并没有重新渲染,也就是说,生命周期的钩子函数没有被再次调用。为了响应路由参数的变化,可以使用 watch 属性监听$route 对象。

【示例 3-2】使用 watch 监听器函数监听路由变化。

```
01    const user = {
02      template:'<p>用户信息</p>',
03      watch:{
04        $route(to , from){
05          if(to !== from) {
06              // 对路由变化添加响应
01          }
02        }
03      }
04    }
```

在 watch 监听器函数中监听$route 获取路由的变化情况,可以解决路由切换但是组件没有渲染,无法调用 Vue 的生命周期钩子函数的问题。如果不使用 watch 监听器函数,也可使用路由守卫函数 beforeRouteUpdate。

【示例 3-3】使用路由守卫钩子函数。

```
01    const User = {
02      template: '<p>用户信息</p>',
03      beforeRouteUpdate(to, from, next) {
04        // 对路由进行处理
05      }
06    }
```

在 user 组件中添加 beforeRouteUpdate 函数,实现了路由监控功能。动态路由参数匹配的方式在于对路由对象的监听,这样才可以捕捉路由参数变化,重新渲染组件。

路由匹配的时候还可以使用高级匹配模式。高级匹配模式借助的是正则表达,正则表达式可以帮助匹配更多的场景。有兴趣的读者可以阅读相关的 Vue 文档。除了模式匹配之外,还需要关注匹配优先级,目前,Vue-Router 匹配的优先级是按照路由的定义顺序,路

由定义得越早，优先级越高。

📖总结：路由优先级的匹配基本上使用 watch 监听器函数和路由守卫导航这两种方式，在业务细节上，笔者建议优先使用 watch 监听器函数，因为 watch 监听器函数直接用在业务组件或者页面代码里，如果涉及工程层面，则用路由守卫导航方式更合适。

3.1.2　路由命名

有时，开发者需要对路由进行命名，用名称标识路由更方便，特别是单链接一个路由或者执行一些跳转的时候，使用命名路由更友好。

【示例 3-4】路由命名。

```
const router = new VueRouter({
  routes: [
    {
      path: '/user/:userId',
      name: 'user',
      component: User
    }
  ]
})
```

在 routes 的配置中添加 name 属性，完成对路由的命名。除了在路由中配置名称之外，还可以用<router-link>标签添加路由导航，执行路由命名。

【示例 3-5】在<router-link>标签中执行路由导航。

```
01  <!DOCTYPE html>
02  <html lang="zh-cmn-Hans">
03  <head>
04      <meta charset="utf-8">
05      <meta http-equiv="X-UA-Compatible" content="IE=edge,chrome=1">
06      <title>异步组件</title>
07  </head>
08  <body>
09      <div id="layout">
10      <router-link :to="{ name: 'user', params: { userId: 123 }}">
    User</router-link>
11      </div>
12  </body>
13  <script src="https://cdn.jsdelivr.net/npm/vue@2.6.14/dist/vue.js">
    </script>
14  <script>
15    var app = new Vue({
16      el: '#layout',
17      data(){
18        return {
19          dynamicSlotName:['小幸运']
```

```
20        }
21      }
22    })
23  </script>
24  </html>
```

第 10 行代码在<router-link>标签的 to 属性中添加 name 命名的路由，也可以实现跳转到 user 路由。不过，在项目工程里常用的还是在路由文件中单独配置路由名称，因为路由命名其实是和路由配置放在一起的，引用的组件名称、路由名称可以同时在一个路由配置文件中进行配置，这对于开发者来说非常方便，因此推荐读者使用这种方式。

3.1.3　路由重定向

路由重定向简单地说就是使用 redirect 属性。这里给读者举一个简单的场景，用户在没有登录的情况下进入 "我的店铺" 首页，这时候在工程中会设置 redirect 属性来重定向到登录页面。路由重定向的配置也很简单，见下面的例子。

【示例 3-6】配置路由重定向。

```
01  const router = new VueRouter({
02    routes: [
03      { path: '/shop', redirect: '/login' }
04    ]
05  })
```

在 routes 数组中添加 redirect 属性即可实现路由的重定向功能。除了上面的使用方式之外，还可以用 name 属性命名路由：

```
01      const router = new VueRouter({
02        routes: [
03          { path: '/shop, redirect: { name: 'login }}
04        ]
05      })
```

使用 name 属性命名/login 路由，重定向的逻辑还是跳转到/login 路由。除了直接命名路由之外，重定向路由实现还有一种方式，就是用函数的方式对路由进行重定向。

【示例 3-7】使用函数执行重定向。

```
01  const router = new VueRouter({
02    routes: [
03      { path: '/a', redirect: to => {
04          if(to.meta.requireLogin){
05              // 执行登录操作
06          }
07      }}
08    ]
09  })
```

这里 redirect 属性直接使用函数，并在要重定向的路由中添加是否登录的判断，从而实现合理的跳转，即如果用户已经登录，则不再进行重定向操作。

📖总结：使用路由重定向的场景通常是用户通过路由进入个人设置页面但是没有登录，这时路由会重定向到登录页面。其他场景如果和其类似的话，也需要使用路由重定向。开发者在遇到类似需求的时候，可以用路由重定向功能来实现。

3.1.4　动态组件传参

对于路由对象，开发者经常会使用$route 变量取其中的参数，如取 ID 参数值，使用 $route.params.id 值即可。需要注意的是，使用$route 变量取参数极大程度地依赖于组件，从而使组件只能在特定路由中使用（这里特定的路由是指提供该参数的路由），显然限制了组件的灵活性。

那么有什么好的解决方式呢？其实读者可以想一下，如果直接从$route 变量中取参数，变为可以配置、传参的形式，那么组件就不会依赖路由的参数，不会出现上述限制了。Vue 的作者也是用这种方式来解决组件灵活性不足问题的。

可以使用 props 属性将组件和路由解耦，来看下面的例子。

【示例 3-8】使用 props 属性将组件和路由解耦。

```
01  <template>
02    <div id="app">
03      <header></header>
04      <div id="content">
05        <p>{{ $route.params.id }}</p>
06      </div>
07      <div id="footer">
08      </div>
09    </div>
10  </template>
11  <script>
12    export default {
13      name:'user',
14      data(){
15        return {}
16      },
17      methods:{
18        getUserInfo() {
19          // 获取用户信息
20        }
21      }
22    }
23  </script>
```

这是 user 组件，在<p>标签中只展示$route.params 中的 ID 参数。路由配置文件的代码如下：

```
01  const routes = [
02    {
03      path: '/user/:id',
04      component: () => import('../components/User.vue')
05    }
06  ]
```

routes 对象的 path 参数传递了 ID,因此组件可以在$route 变量中获取参数,可以看到,ID 在这里是可以配置的。

其实更好的方式是使用 props 属性进行参数解耦。我们还是使用上面的 user 组件,要修改的部分如下:

```
01        <div id="content">
02          <p> {{ id }}</p>
03        </div>
```

同时需要在组件中添加 props 属性:

```
props: ['id']
```

在路由文件中配置如下:

```
01  export default new Router({
02    routes: [
03      {
04        path: '/:id',
05        name: 'HelloWorld',
06        component: HelloWorld,
07        props: true
08      }
09    ]
10  })
```

由此,在路由中的 id 参数会在页面中显示,效果如图 3-1 所示。

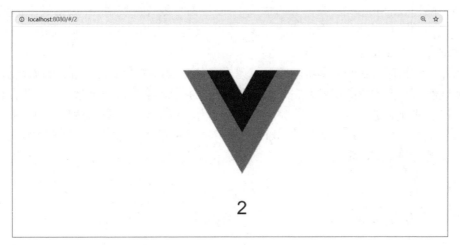

图 3-1　使用 props 属性显示路由参数

通过图 3-1 可以看到，在<p>标签中显示的是路由参数 2，因此 props 参数在此时生效。

除了上述的两种方式之外，还可以使用更高阶的一种形式，即使用函数作为路由传参的参数。

【示例 3-9】使用函数进行路由传参。

```
01  const router = new VueRouter({
02    routes: [
03      {
04        path: '/user,
05        component: User,
06        props: route => ({ query: route.query.id })
07      }
08    ]
09  })
```

这样当路由出现/user?id=1 时候会将 ID 参数传递给 user 组件，user 组件可以获取到这个参数。

📖提醒：props 属性尽量是无状态的，这样组件只会随着路由参数而改变，不会受传递的数据变量状态的影响。

可以看到，动态组件传参的方式有布尔模式、props 解耦方式和函数方式，实现动态组件传参的方式还是不少的，希望读者对这三种方式多加练习。读者可以写一个简单的组件用于显示参数，这个参数就是路由的传参，这样就可以直观地看到路由中传递的参数了。

3.2 懒加载和数据获取

路由懒加载的概念其实在前面的章节中说过，简单地说是使用 Promise 异步加载组件。有时候组件需要和后端交互获取数据，数据的获取是异步的，就需要异步加载组件了。本节将详细介绍组件懒加载的实现。

当路由切换时，获取数据可以在导航完成之前进行。举个例子，在移动端从商城页面切换到购物车页面，如果在导航完成之前获取数据，就不会有过渡的效果，因为是先获取数据，然后才导航进入页面。导航完成之后，也有获取数据的阶段，然后才进入页面，在这种情况下存在数据获取的中间态，如果有一个加载中的提示可以弥补用户体验方面的缺失，对于这两种方式，数据获取的阶段到底是在路由的哪个阶段执行，读者需要结合自己的业务去选择。

3.2.1 路由懒加载

开发者一般在进行 Web 开发的时候会使用打包工具对代码进行打包，此时会出现一种情况，即有的路由没有加载但也被全部打包，这样会导致打包后的代码量比较大，在一定程度上拖慢了加载的速度。路由懒加载就是为了解决这个问题，可以将页面分为不同的代码块，只有该页面被访问的时候才加载对应的组件，这样有助于提升前端的页面性能。

那么路由懒加载有哪些方式可以实现呢？

前面说过，可以使用 Promise 函数实现路由懒加载，就是把组件定义在 Promise 函数里，用 Promise 函数将组件包裹起来，最后通过 resolve 函数将组件输出。

【示例 3-10】使用 Promise 实现路由懒加载。

```
01   const resolveComponent = () =>
02     Promise.resolve({
03       name:'resolve',
04       template:'<div>异步组件</div>'
05     })
```

使用 Webpack 2 的时候，配置更简单：

```
import('./Foo.vue') // 返回 Promise
```

这个时候还需要配置 Babel 插件来解析 import 语句，需要添加 syntax-dynamic-import 插件。Webpack 是打包工具，支持插件机制，具体的使用说明读者可以参考 Webpack 文档，这里就不多介绍了。

上述两种方法可以结合使用，在路由文件中引入组件的方式不需要改变，改变的只是组件定义。这样说比较抽象，结合起来的方法如下面的这段代码：

```
const resolveComponent = () => import ('./resolveComponent.vue')
```

这里笔者还想拓展一下，在 Webpack 中其实可以把多个代码块打包到同一个 chunk 文件中，这也属于 Webpack 的配置部分。

【示例 3-11】打包 chunk 文件。

```
01   const User = () => import(/* webpackChunkName: "group-foo" */
     './user.vue')
02   const userContent = () => import(/* webpackChunkName: "group-foo" */
     './userContent.vue')
03    const userImage = () => import(/* webpackChunkName: "group-foo" */
     './userImage.vue')
```

使用上述配置就可以将组件打包到同一个文件中。

以上就是配置路由懒加载的基本方式，开发者需要结合实际的业务场景来判断是否开启路由懒加载。

3.2.2　数据传递

前面讲过数据传递的方式分为在导航前完成和在导航后完成，导航前后的差异在于数据传递的时机。导航前是指先进行数据的传递，导航后是指先进行路由导航，再进行数据的传递。下面针对这两种形式介绍数据传递在两种场景下的用法。

1. 在导航完成前获取数据

在导航完成前获取数据，简单地说就是在转入新的路由前获取数据，一般在 beforeRouteEnter 守卫中获取。数据获取成功之后只调用 next 函数。

【示例 3-12】路由守卫。

```
01    export default {
02      data () {
03        return {
04          post: null,              // 数据请求状态
05          error: null
06        }
07      },
08      beforeRouteEnter (to, from, next) {
09        getPost(to.params.id, (err, post) => {
10          next(vm => vm.setData(err, post))
11        })
12      },
13      // 路由改变前，组件就已经渲染完了
14      // 逻辑稍稍不同
15      beforeRouteUpdate (to, from, next) {
16        this.post = null
17        getPost(to.params.id, (err, post) => {
18          this.setData(err, post)
19          next()
20        })
21      },
22      methods: {
23        setData (err, post) {
24          if (err) {
25            this.error = err.toString()
26          } else {
27            this.post = post
28          }
29        }
30      }
31    }
```

在 beforeRouteEnter 函数中执行 getData 函数来获取数据，但是在 beforeRouteUpdate 函数中时间节点的组件已经渲染了，因此这里的代码稍微有些改动。

2. 导航完成后获取数据

导航完成后，获取数据时就不需要钩子函数来控制了。组件在渲染的时候会直接进入组件的生命周期，导航完成后执行组件渲染操作，可以用 Loading 属性来优化加载体验。这里假设有一个用户组件，该组件需要根据用户 ID 来获取用户数据，导航完成后在执行

组件渲染的过程中，在 created 钩子函数中用 ID 参数调用接口获取数据。调用接口获取数据是异步过程，这个过程使用 Loading 属性来展示。

【示例 3-13】使用 Loading 属性展示加载效果。

```
01  <template>
02      <div id="app">
03          <div class="user">
04              <div v-if="loading" class="loading">
05                  Loading...
06              </div>
07              <div v-if="user" class="content">
08                  <p>{{ user.body }}</p>
09              </div>
10          </div>
11      </div>
12  </template>
13  <script>
14
15      export default {
16          data () {
17              return {
18                  loading: false,
19                  user: null
20              }
21          },
22          created () {
23              // 组件创建完后获取数据
24              // 此时 data 已经是响应式了
25              this.fetchData()
26          },
27          watch: {
28              // 如果路由有变化，则再次执行该方法
29              '$route': 'fetchData'
30          },
31          methods: {
32              fetchData () {
33                  this.user = null
34                  this.loading = true
35                  getPost(this.$route.params.id, (err, user) => {
36                      this.loading = false
37                      if (err) {
38                          this.error = err.toString()
39                      } else {
40                          this.user = user
41                      }
42                  })
43              }
44          }
45      }
```

```
46    </script>
47
```

代码实现就像前面说的一样，在 created 钩子函数中获取接口数据，通过 Loading 属性来显示加载的效果。

如图 3-2 所示，在导航完成后获取数据的过程中会显示 Loading 属性加载的效果，给用户带来更好的体验。读者使用 App 的时候肯定见过这样的场景，当进入某个页面的时候会出现加载中的效果，这种效果可以提高用户体验。

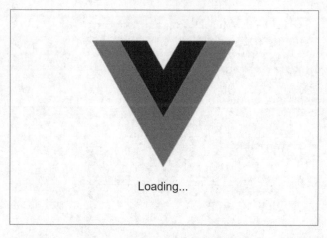

图 3-2　使用 Loading 属性的效果

以上两种数据传递方式，需要开发者结合业务来选择，从而给用户带来优质的体验。

3.3　导　航　守　卫

笔者最近在开发业务的时候使用了导航守卫的功能，具体的场景是，当用户不在广告推广的白名单中时，需要跳转到空态页面来提示用户尚未开通该推广，引导用户开通推广。这一场景的实现，笔者使用了导航守卫，在进入页面之前首先判断用户是否开通该推广，如果开通，则进入推广页面，如果没有开通，则直接进入空态页面。

本节将具体介绍如何实现导航守卫，以及在工程中如何更好使用导航守卫。

3.3.1　全局导航守卫

首先说明一点，这里的导航是指路由正在发生改变，并不是单指路由这个对象，而是指路由改变的动作。全局导航守卫的类型有很多，如全局前置守卫、全局解析守卫和全局后置守卫。下面分别介绍这几种导航守卫的类型。

开发者可以使用 beforeEach 函数注册全局前置守卫。当一个导航被触发的时候，全局前置守卫按照创建顺序被调用并异步解析执行，此时导航在所有守卫钩子函数执行完 resolve 函数之前一直处于等待状态。

【示例 3-14】beforeEach 钩子函数的使用。

```
01  router.beforeEach((to, from, next) => {
02    if(to.name === 'User') {
03      next({name:'HelloWorld'})
04    }else {
05      next()
06    }
07  })
```

代码运行结果如图 3-3 所示。

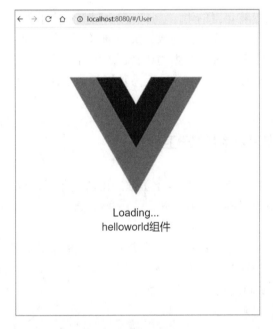

图 3-3　全局导航守卫

上面的导航守卫表示如果进入/User 路由中，则会马上跳转到/HelloWorld 路由。当然这只是最简单的场景，复杂的场景一般是判断条件和对应的跳转。

守卫函数接受 3 个参数：

- to：即将要进入的路由对象。
- from：当前导航正在离开的路由。
- next：是一个回调函数，执行方法依赖于在 next 函数中的调用参数。

next 函数表示执行管道中的下一个钩子函数，next(false)表示中断当前的导航，如果浏览器的 URL 改变了，那么 URL 会重置 from 路由对应的地址。还有一种常用的情况是

next('/')，该用法表示跳转到一个不同的地址，即当前的导航被中断，进入一个新的导航。需要注意的是，next 函数可以出现多次，但是同样的逻辑路径下只能使用一个 next 函数。因此，在不符合条件的情况下，要在 else 分支中添加 next 函数来执行 else 分支的路由跳转。

有全局前置钩子函数，就肯定会有全局后置钩子函数，和全局前置钩子函数不同的是，全局后置钩子函数不会改变导航本身，也就是说在参数中没有 next 函数。

```
router.afterEach((to, from) => {
  // 处理后置的逻辑
})
```

全局后置钩子函数因为没有使用 next 函数来改变路由导航，所以使用比较多的场景是添加状态值来记录路由跳转。全局后置钩子函数的用法其实和全局前置钩子函数的用法差不多，这里就不多介绍了。

本小节讲解了全局导航守卫的用法，分别对全局前置钩子函数和全局后置钩子函数两种情况进行了分析，二者的主要区别是数据加载的时机不同。使用全局前置钩子函数，一般要先进行数据加载，之后再进行路由的跳转，这种方式不需要设置中间态的过渡；使用全局后置钩子函数则需要加一个中间态，因为数据加载是在路由跳转之后，所以需要中间态过渡优化用户体验。

3.3.2　路由独享守卫和组件守卫

3.3.1 小节介绍了全局导航守卫的钩子函数的用法，除了在全局中使用钩子函数之外，还可以在路由和组件中使用钩子函数。本小节将介绍导航守卫钩子函数在路由和组件中的用法。

对于路由，可以直接使用 beforeEnter 函数来守卫，根据其名称读者可以知道，该钩子函数是在进入路由之前触发的。下面举一个在路由文件使用 beforeEnter 函数的例子。

【示例 3-15】beforeEnter 钩子函数的使用。

```
01   const router = new Router({
02    routes: [
03     {
04      path: '/index',
05      name: 'Index',
06      component: HelloWorld,
07      beforeEnter:(from , to , next) => {
08        console.log('from ' , from , to)
09        if(from.name === 'index') {
10          debugger
11            next({name:'User',params:{ tag: "路由守卫" }})
12        }else {
13          next()
14        }
15     }
```

```
16        },
17        {
18          path: '/User',
19          name: 'User',
20          component: User,
21          props:true
22        }
23      ]
24  })
```

在 beforeEnter 函数中添加对 from 参数的判断，当路由的名称是 Index 时，则会跳转到 User 路由，并通过 next 函数传递参数，User 组件可以获取路由的参数并显示出来。

如图 3-4 所示，User 组件会获取路由中的参数并直接展示。这是在路由中使用导航守卫，Vue-Router 同时支持在组件中添加导航守卫，此时的对象就是该组件了。常用的组件导航守卫的钩子函数有 beforeRouteEnter、beforeRouteUpdate 和 beforeRouteLeave 3 个。通过名称相信读者大概也知道这 3 个钩子函数的用法了。下面结合具体的场景和事例详细介绍这 3 个钩子函数的用法。

图 3-4　beforeEnter 钩子函数

在通过路由进入页面或者组件之前，也就是路由的状态在被确认之前，触发的是 beforeRouteEnter 钩子函数。举一个例子，当用户进入个人中心页面之前，会触发该钩子函数执行用户是否登录的校验，如果校验通过，则进入个人中心页面，如果校验没有通过，则重定向到用户登录页面。需要注意的是，触发该导航守卫钩子函数的时候，组件还没有创建，因此获取不到 this 实例，参数的校验只能通过路由携带的参数进行。

上述过程可以通过下面的代码来实现：

```
01    beforeRouteEnter(to, from, next) {
02        if(!from.meta.isAuth) {
03            next('/Login')
04        }
05        next()
06    },
```

通过路由携带的 meta 信息来判断用户是否登录，然后根据判断的结果执行路由的跳转。组件导航守卫除了 beforeRouteEnter 钩子函数之外，还有 beforeRouteUpdate 和 beforeRouteLeave 钩子函数。beforeRouteLeave 钩子函数是在导航离开该组件的时候触发，而 beforeRouteUpdate 钩子函数则是当前路由改变并且该组件被复用的时候调用。

beforeRouteLeave 钩子函数比较容易理解，对于 beforeRouteUpdate 钩子函数，这里再举一个例子，假设当前路由停留在 User 页面，用户单击进入 User 详情页的时候，这两个页面同时复用同一个组件，如顶部 header，但是显示的信息是不一样的，User 需要显示"用户首页"，用户详情页则需要显示用户详情，因为组件结构相近，没有必要拆分成两个组件来实现，所以这里可以使用 beforeRouteUpdate 钩子函数对 header 文案进行修改。

给读者看一下在组件中使用 beforeRouteUpdate 钩子函数的方法。

【示例 3-16】beforeRouteUpdate 钩子函数的使用。

```
01    beforeRouteUpdate:(from , to , next) => {
02        if(from.name === 'Index') {
03            next({query:{
04                userInfo:'index 信息'
05            }})
06        }else {
07            next({query:{
08                userInfo:'user 信息'
09            }})
10        }
11    }
```

这里的用法是，如果 from 对象代表的路由是 index，则通过 index 路由传递的是 userInfo:'index'，否则，路由传递的是 userInfo：'user 信息'。同样，组件也可以获取路由数据。这里组件的导航守卫的用法和路由的导航守卫的用法类似，只要记住这些导航钩子函数触发的时机即可。

昌总结：路由独享守卫应用在路由表中，配置对应的钩子函数可以实现业务需求。开发者如果遇到组件随路由变化的情况，可以在组件的导航守卫中实现。导航守卫是在路由切换的情况下执行对应的组件或者页面。

3.3.3　Vue-Router 的 Hash 模式

在默认情况下，Vue-Router 采用的是 Hash 的路由模式。Hash 路由就是在路由的末尾添加#符模拟真实路由。相信读者在运行 Vue 项目的时候已经注意到浏览器导航上有#符号，它其实是 Vue-Router 的 Hash 路由模式。

如图 3-5 所示的路由中携带了#符号，说明是 Hash 路由。一般，在原生的 JS 代码中路由采用的是 History 模式，即真实的路由模式。在这种模式下可能会出现一个问题：如果访问了某个路由但后端没有配置，就会出现 404 的情况。因此后端需要覆盖前端的各种情况，这对后端的开发体验并不十分友好，而 Hash 路由模式为解决这个问题提供了便捷的方案。

其实，在 Hash 模式下，锚点的变化可以触发不同位置 DOM 的渲染，但这并不会使URL 发生变化。Vue-Router 对 hashchange 函数进行监听，可以在 History 模式下切换常见的路由。Hash 模式还有一个好处是使用 Markdown 写的文档，通过 URL 分享可以直接定位到当前标题上，标题的变化会通过锚点记录，这对于渲染的 Markdown 结果的页面展示有着非常好的用户体验。基于这些原因，在 Vue 生态下，Vue-Router 默认使用 Hash 模式。

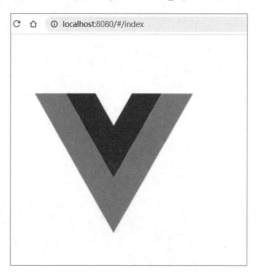

图 3-5　Hash 路由模式

这里介绍一下后端配置路由的方式，因为前端开发者使用 Node 开发后端的情况比较多，所以首先来看一下使用 Node.js 文件配置后端路由的例子。

【示例 3-17】使用 Node.js 文件进行后端路由配置。

```
01  const http = require('http')
02  const fs = require('fs')
03  const httpPort = 80
```

```
04
05  http.createServer((req, res) => {
06    fs.readFile('index.html', 'utf-8', (err, content) => {
07      if (err) {
08        console.log('无法打开 "index.html" 文件.')
09      }
10
11      res.writeHead(200, {
12        'Content-Type': 'text/html; charset=utf-8'
13      })
14
15      res.end(content)
16    })
17  }).listen(httpPort, () => {
18    console.log(listening on: http://localhost:%s', httpPort)
19  })
```

这里使用 Node.js 文件配置 index.html 路由，当跳转到 index.html 时将展示内容。在 History 模式下需要后端覆盖各种情况的路由。

本小节没有讲解 Vue-Router 具体的函数用法，而是讲解了 Vue-Router 的路由模式，Vue-Router 的路由模式是 Hash 模式，读者在使用 Vue-Router 开发项目的时候，首先要清楚项目的路由模式。

第 4 章　Vuex 状态管理

Vuex 是为 Vue 应用程序开发的状态管理模式，它采用集中存储管理方式来管理所有的组件。可能目前读者对 Vuex 的认识是这样的：Vuex 是 Vue 的全局数据管理库，当搭建大型项目时，使用 Vuex 可以方便地管理全局数据。

本章主要介绍 Vuex 的重要概念、Vuex 的简单用法以及插件的作用。希望读者在学习完本章后可以理解 Vuex 状态管理的概念，以及如何在项目中使用 Vuex。

本章的主要内容如下：

- Vuex 的状态管理方式。
- State 和 Mutation 的作用。
- 如何使用 Vuex 插件。

4.1　Vuex 状态管理模式

Vuex 状态管理的核心概念是 store。store 可以理解为一个容器，用于记录数据和管理数据对象。如果 store 中的数据发生变化，则使用该数据的组件也进行更新。我们知道，组件的 data 域只是管理本组件的数据，如果需要管理组件之间的数据传递，则是一件麻烦的事情，由此 Vuex 提出了状态管理的概念，通过统一的状态管理中心来管理组件之间的数据传递和数据共享。

4.1.1　单向数据流

Vuex 的状态管理是单向数据流模式。为了更好地解释单向数据流，需要了解几个概念。首先，state 用于存储状态，存储的是 store 对象上的状态。getter 从 state 中派生出来，可以理解为 state 的计算属性，简单地说就是可以获取 state 的值。mutations 用来改变状态，actions 则是调用 mutations 改变状态。可以用图 4-1 来展示四者的逻辑关系。

四者的联系是单向的，所以说 Vuex 采用的是单向数据流的模式。首先 actions 请求后端接口获取更新数据，mutations 触发 state 中的状态更新，这时组件触发重新渲染机制，新的数据会在 DOM 上展示。可以看到，Vuex 采用的单向数据流是可预测并且方便管理的，这是单向数据流的优点。

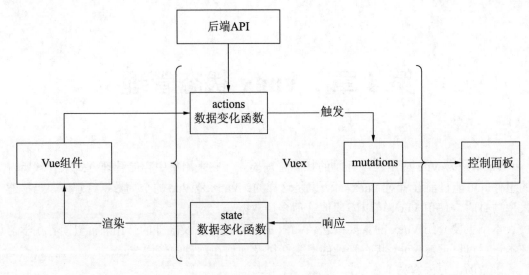

图 4-1　Vuex 状态变更

4.1.2　在$store 中获取对象属性

前面说过，store 对象是存储数据状态变化的容器，开发者自然需要从容器中获取数据对象展示在页面中。本小节将讲解如何在 Vuex 中获取 store 对象。

在此之前先举个例子，讲一下在日常开发中如何应用 Vuex。想象一个场景，用户在个人动态列表中选中某个动态并发布、推广，这时候会跳转到一个新页面，除了在路由中携带参数之外，还可以将数据存储在 store 对象中，因为 store 对象是全局的，所以在新的页面上可以直接从 store 对象中获取数据。为了清楚地讲解如何在 store 对象中获取数据，来看下面两个例子。

首先，最简单的方法是在插值表达式中直接使用$store.state 来取数据对象。

【示例 4-1】在 store 对象中获取数据。

```
01  <template>
02    <div id="app1">
03      <Header></Header>
04      <div class="user">
05        <div>
06            这是 user 组件
07        </div>
08        <p>{{$store.state.count}}</p>
09      </div>
10    </div>
11  </template>
```

渲染的结果如图 4-2 所示。

图 4-2　获取 store 对象中的数据

上面这种方式是直接从 $store 中获取数据。除了这种方式之外，还可以在 computed 计算属性中定义一个方法，返回 state 对象的属性及状态，当页面应用 count 变量的时候就可以实时展示了。

【示例 4-2】利用计算属性获取数据。

```
01      computed:{
02          count(){
03              return this.$store.state.count
04          }
05      }
```

代码运行结果如图 4-3 所示。

在前面的章节中介绍过 computed 计算属性的用法，如果组件的数据变量发生变化，可以在 computed 计算属性中使用函数来更新数据，也可以在 computed 计算属性中获取 store 数据对象并呈现在页面中。这就是获取 store 对象的第二种方法。

除了上面的两种方法，这里再介绍一种方法，这种方法就是使用 mapState 函数实现的。

【示例 4-3】使用计算属性获取 store 对象中的值。

```
01      computed:{
02          ...mapState({
03              count1:state => state.count
04          })
05      }
```

渲染结果如图 4-4 所示。

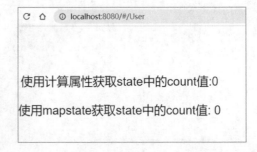

图 4-3　利用计算属性获取 store 对象中的值　　图 4-4　使用 mapState 函数获取 store 对象中的数据

mapState 函数也可以应用于 computed 计算属性来获取 store 对象中的 count 数据变量。结合本小节介绍的这 3 种方法，可以实现在页面中显示 count 值的需求。

4.2　Vuex 的核心概念

4.1 节介绍了 Vuex 的单向数据流与获取 store 对象中的数据的方式，主要是以应用为主。本节介绍 Vuex 的一些核心概念，帮助读者更快地掌握 Vuex 的用法。

4.2.1　使用 state 属性、mutation 属性和 modules 模块

Vuex 采用的是单一状态树，什么是单一状态树呢？简单说就是所有的 Vue 模块共享一个全局数据对象，即整个应用共享同一个 store 实例。Vuex 这样设计的好处是通过单一状态树可以直接定位任意特定的状态片段，在调试的过程中也可以方便地获取整个应用的快照。

【示例 4-4】在项目中的 store 对象配置。

```
01  import Vue from 'vue'
02  import Vuex from 'vuex'
03  import mutations from './mutations'
04  import actions from './action'
05  Vue.use(Vuex)
06
07  const state = {
08      level: '第一周',
09      itemNum: 1,
10      allTime: 0,
11      timer: '',
12      itemDetail: [],
13      answerid: {}
14  }
15
16  export default new Vuex.Store({
```

```
17        state,
18        actions,
19        mutations
20    })
```

在 store 配置中使用对象 state 来管理整个应用的数据，符合前面说的单一状态树的用法。前面已经讲过获取 store 数据有 3 种方法，但需要注意计算属性的用法，如果数据涉及计算属性变化的话，那么使用 computed 属性就是较优方式了。

如果要改变 store 数据的话，可以通过 mutation 属性来完成。

提交 mutation 属性是改变 store 对象的唯一方式，mutation 属性类似于事件，它接收两个参数：第一个是字符串的事件类型，另一个是回调函数。在回调函数中做的操作是改变 store 属性的状态。这里可能读者不好理解，下面举一个例子。

这里先说一个场景，用户的购物车是不断变化的，开发者在 store 属性中记录用户购物车的数据，用户在购物车中添加商品和移除物品的动作可以通过 mutation 属性来实现，添加商品，就在 mutation 属性中调用添加函数，移除商品，就在 mutation 属性中调用移除函数，因此 mutation 属性是改变 store 数据的直接方式。

【示例 4-5】在购物车中移除商品。

```
   // 减少商品
01    [REDUCE_GOODS](state, {
02        goodsID
03    }) {
04        // 取出 state 中的商品数据
05        let shopCart = state.shopCart;
06        // 通过商品 ID 找到这个商品
07        let goods = shopCart[goodsID];
08        if (goods) {
09            // 找到该商品进行相应处理
10            if (goods['num'] > 0) {
11                // 减少商品数量
12                goods['num']--;
13            }
14            // 如果 num 的数量为 0,那么就移除
15            if (goods['num'] === 0) {
16                delete shopCart[goodsID];
17            }
18            // 同步 state 中的数据
19            state.shopCart = {
20                ...shopCart
21            };
22            // 同步本地数据
23            setLocalStore('shopCart', state.shopCart);
24        }
25    }
```

在移除商品的时候，通过商品的 ID 获取商品数量，根据商品的数量执行移除操作，

移除操作会造成库存商品的数量减 1。

最后介绍一个概念——modules。在大型的项目中，有时会出现 state 极大，非常难以维护的情况，这个时候就需要使用 modules 将 state 分为几个模块，这几个模块一般是功能相近的数据的集合，按照模块进行管理比单独管理一个 state 对象要容易得多。每一个模块里都有 mutation、action 和 getter 属性，因此使用 modules 可以单独管理数据的变更。

【示例 4-6】modules 模块的用法。

```
01    const moduleGoods = {
02      state: () => ({
03        count: 0
04      }),
05      mutations: {
06        increment (state) {
07          // 这里的 `state` 对象是模块的局部状态
08          state.count++
09        }
10      },
11
12      getters: {
13        doubleCount (state) {
14          return state.count * 2
15        }
16      }
17    }
```

在代码中定义了 moduleGoods 模块，在 moduleGoods 对象内部同时定义了 state、mutations 和 getters 属性。在 mutation 属性中使商品数量加 1，在 getters 属性中使商品的数量加倍。

在正常情况下，模块内部的 state 属性、mutations 属性和 getters 属性是注册在全局状态下的，这样方便不同的模块可以同时对全局状态进行修改。根据笔者以往的开发经验，其实有必要建立一个模块化的 modules 对象，而不是全局共享的对象，模块化的目的是更好地进行数据管理。这种模块化可以通过 modules 的命名空间来实现，命名空间的配置是添加 namespaced:true。

【示例 4-7】使用 namespaced 属性实现模块化。

```
01    const modules = {
02      account: {
03        namespaced: true,
04        // 模块内容(module assets)
05        state: () => ({
06          count:0
07        }),
08        getters: {
09          isAdmin (user) {
10            return user.isAdmin
11          } // 获取 user.isAdmin 属性
```

```
12              },
13          actions: {
14            login (params) {
15                this.login(params)
16            } // 触发 login 方法
17          },
18          mutations: {
19            isLogin (user) {
20                return user.isLogin
21            } // 获取登录状态
22          },
23        }
24      }
```

启用了局部命名空间的 getter 和 action 属性会受到局部化的 getter、dispatch 和 commit 属性的影响。也就是说，在使用模块内容时不需要在同一模块内额外添加命名空间前缀。更改 namespaced 属性后不需要修改模块内的代码。

可能读者会问，有了命名空间的话，还可以访问全局的 state 和 getter 吗？答案是可以的。在命名空间中访问全局的 setter 和 getter 时，只需要把 rootState 对象和 rootGetters 对象作为第 3 个和第 4 个参数传入 getter，也可以通过 context 对象的属性传入 action 属性。如果需要在全局的命名空间内分发 action 或提交 mutation 属性，可以将{root:true}作为第 3 个参数传给 dispatch 或 commit 属性即可。这么说可能不容易理解，来看下面的例子。

【示例 4-8】namespaced 命名空间中的 getter 和 setter 的用法。

```
01      const modules = {
02        goods: {
03          namespaced: true,
04          getters: {
05            goodsGetter (state, getters, rootState, rootGetters) {
06              getters.goodsOtherGetter // 执行'foo/someOtherGetter'
07              rootGetters.goodsOtherGetter // 执行 'someOtherGetter'
08            }
09        },
10
11          actions: {
12            goodsAction ({ dispatch, commit, getters, rootGetters }) {
13              getters.someGetter // 执行 'foo/someGetter'
14              rootGetters.someGetter // 执行 'someGetter'
15
16              dispatch('goodsAddAction') // 执行 'foo/goodsAddAction'
17              dispatch('goodsDeleteAction', null, { root: true }) //执
    行 'goodsDeleteAction'
18
19              commit('goodsMutation') // 执行 'foo/ goodsMutation '
20              commit('goodsMutation', null, { root: true }) //执行 '
    goodsMutation '
21            },
22            goodsChangeAction (ctx, payload) {  }
```

```
23          }
24        }
25      }
```

可以看到，在 goods 模块中虽然设置了局部命名空间属性，但是可以通过传递 rootState 和 rootGetters 对象的方式来访问全局的 getter 和 setter。

最后总结一下，store 对象是一棵单一的状态树，通过 state 获取数据对象，变更 state 属性的数据通过 mutation 实现，前面说到的场景，如购物车的物品添加和删除，可以在 mutation 中写添加和删除的函数，对应的 state 数据将会发生改变。为了在大型项目中更好地管理 state 对象，使用 modules 模块将 state 对象按照业务分类，在划分的类中添加各种 getter 和 setter 等，这些类可以单独管理，使用 namespaced 属性可以不让数据全局共享，但可以用传参来访问全局的 state 对象。

4.2.2　通过 getter 获取数据

一般来说，开发者对数据进行过滤时会在 computed 中添加计算属性，使用函数来实时过滤数据，或者写一个数据过滤的函数作为共享工具函数，然后直接调用这个工具函数。事实上，这两种方法都有不方便的地方，都需要添加额外的处理逻辑。

Vuex 允许开发者在 store 对象中定义 getter，就像计算属性一样，getter 的返回值会将依赖缓存起来，只有依赖发生变化的时候才会重新计算，因此开发者可以直接将数据处理部分迁移到 getter 中。

如果开发者想在所有商品中过滤已添加入库的商品，可以使用 getters 属性并在内部实现过滤函数。

【示例 4-9】在 getters 中使用过滤函数。

```
01  export default {
02    state: {
03      goods: [
04        { id: 1, content: '零食', added: true },
05        { id: 2, content: '糕点', added: false }
06      ]
07    },
08    getters: {
09      doneGoods: state => {
10        return state.goods.filter(good => good.added)
11      }
12    }
13  }
```

如果开发者想获取在 getter 中的数据，那么可以通过属性的形式访问：

```
    store.getters.doneGoods
```

在组件中获取 getter 对象也是一件简单的事情：

```
01  computed: {
```

```
02    doneTodosCount () {
03      return this.$store.getters.doneTodosCount
04    }
05  }
```

除了在 getter 中声明对象之外，还可以在 gettter 中声明方法，由此可以直接调用在 getter 中的方法。

【示例 4-10】在 getters 中定义方法并获取值。

```
01  getters: {
02    getGoodsById: (state) => (id) => {
03      return state.goods.find(good => good.id === id)
04    }
05  }
06  // 调用 getter 中的方法
07  store.getters. getGoodsById(2)
```

可以看到，在 getters 中直接使用 getGoodsById 方法返回指定 ID 的商品。例如，开发者想筛选在商品清单中已经添加的商品，可以使用 doneGoods 方法来筛选，笔者在代码中模拟了一些数据，筛选的结果如图 4-5 所示。

代码中使用的是列表的展示形式，展示的是在商品清单中已经添加的商品。getter 所有的用法前面基本已经介绍了，如果读者没有使用过 Vuex，可以自己创建一个 store 文件夹，如图 4-6 所示，在其中声明 action 和 getter 等基本配置，在项目中利用 Vuex 添加特定的功能，熟悉 Vuex 的应用。

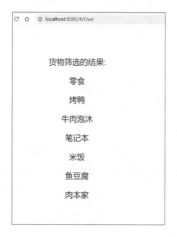

图 4-5　筛选结果

图 4-6　store 文件夹

4.2.3　调用 action 属性执行状态变更

前面讲过，执行状态变更操作使用的是 mutation 属性，那么 action 属性又是干什么的呢？action 类似于 mutation，只不过 action 调用的是 mutation，不直接参与状态的变更，而是通过 mutation 进行状态的变更。因此在执行异步操作的时候应该将异步操作的逻辑放在 action 函数中。

为了帮助读者理解 action 的作用，可以将其看作 mutation。当 action 函数触发 mutation 时，会在 action 中实现触发 mutation 的动作，因此很多时候 action 函数和 mutation 是一起使用的。

【示例 4-11】调用 action 中的函数触发 mutation 属性变更。

```
01    const store = new Vuex.Store({
02     state: {
03      count: 0
04     },
05     mutations: {
06      increment (state) {
07        state.count++
08      }
09     },
10     actions: {
11      increment (context) {
12        context.commit('increment')
13      }
14     }
15    })
```

action 属性内部的函数接受一个与 store 实例具有相同方法和属性的 context 对象，因此可以调用 context.commit 提交一个 mutation 属性，或者通过 context.state 和 context.getters 来获取 state 和 getters。使用 ECMAScript 6 的语法可以直接用对象解构的方式调用 mutation 中的函数：

```
01    actions: {
02     increment ({ commit }) {
03       commit('increment')
04     }
05    }
```

这种调用方式更简单一些。笔者在数据中添加了 count 对象，在组件中添加了单击事件。还以购物车的场景举例，当用户在购物车中单击+号增加商品数量的时候，可以让该商品的 count 属性加 1，表示增加一件商品，效果如图 4-7 所示。当用户单击添加商品按钮的时候，效果如图 4-8 所示。

图 4-7 调用 action 属性触发 mutation 变更

图 4-8 调用 action 属性增加商品数量

当用户不断添加某商品时，购物车中该商品的数量会一直增加，如果要减少某商品，可以写一个 decrease 函数执行 count-- 操作，并且限制 count 最小为 0，这样就可以实现一个最简单的商品数量减少的 action 和 mutation 方法。

在组件中，调用 action 的方式是使用 dispatch()：

```
01        methods: {
02            useAction(){
03                this.$store.dispatch('increment')
04            }
05        }
```

这里，dispatch 函数是在 action 中定义的方法，在 action 中的方法调用 mutation 中的方法，实现最终的效果。有读者可能会问，为什么不直接调用 mutation 中的方法呢？这确实是个好问题，在 mutation 中的方法是不支持异步的，但 action 不受限制，在 mutation 中执行异步逻辑会带来副作用，在 action 中可以执行一些异步操作，开发者都了解，在业务代码中，异步代码占很大的比重，为了保证业务代码正常运行，正确使用 action 和 mutation 是很关键的。下面来看下在 action 中如何执行异步操作。

【示例 4-12】在 action 中执行异步操作。

```
01   actions: {
02     incrementAsync ({ commit }) {
03       setTimeout(() => {
04         commit('increment')
05       }, 1000)
06     }
07   }
```

可以看到，在 action 中执行了 incrementAsync 异步函数。

在 action 中还支持以载荷方式和对象方式进行数据变更分发。

【示例 4-13】在 dispath 属性中添加载荷。

```
     // 以载荷形式分发
01   store.dispatch('incrementAsync', {
02     amount: 10
03   })
04
05   // 以对象形式分发
06   store.dispatch({
07     type: 'incrementAsync',
08     amount: 10
09   })
```

载荷的方式是把数据作为对象传入函数中，执行异步函数 incrementAsync。上面说了这么多调用 action 的方式，下面来看一个综合的例子。

【示例 4-14】在 action 中实现购物车结账功能。

```
01   actions: {
02     checkout ({ commit, state }, products) {
```

```
03        // 把当前购物车的物品备份起来
04        const savedCartItems = [...state.cart.added]
05        // 发出结账请求，然后清空购物车
06        commit(types.CHECKOUT_REQUEST)
07        // 购物 API 接受一个成功回调和一个失败回调
08        shop.buyProducts(
09          products,
10          // 成功操作
11          () => commit(types.CHECKOUT_SUCCESS),
12          // 失败操作
13          () => commit(types.CHECKOUT_FAILURE, savedCartItems)
14        )
15      }
16  }
```

在 action 对象中触发 commit，针对不同的情况调用不同的函数实现对应的功能。在购物车中的操作主要是清空购物车，包含清空成功和清空失败的操作。

最后还有一个重要的知识点，action 对象是可以组合使用的，就是说我们可以在一个 action 对象中调用另外的 action 对象来执行相关操作。

【示例 4-15】在 action 对象中调用其他 action 对象。

```
01  actions: {
02    increment (context) {
03      context.commit('increment')
04    },
05    async actionData ({ commit }) {
06      commit('gotData', await getData())
07    },
08    async actionOtherData ({ dispatch, commit }) {
09      await dispatch('actionData')
10      commit('gotOtherData', await getOtherData())
11    }
12  }
```

在 actionOtherData 动作中调用了 actionData 动作，并等待其执行完成后继续执行 getOtherData 函数。平时我们在进行项目开发的时候，可以在 action 中调用其他的 action，以增加代码的复用性。

最后总结一下，触发 action 属性其实是调用 mutation 来执行状态变更的操作，这是 action 执行的基本原理。最简单的使用 action 的方式是，直接在 action 中通过函数调用 mutation 中的方法执行状态变更。如果在组件中应用 action，需要使用 dispatch 函数调用 action 中定义的方法。另外，本节还介绍了一些高级用法，如在一个 action 中调用其他 action 的方法，这样可以提高代码的复用性。

4.2.4 module 模块的应用

本小节不讲解 module 模块的概念，前面简单介绍过 module，本小节主要聚焦 module

如何应用。因为 Vuex 使用的是单一的状态树，所以所有的状态会集中到同一个对象变量中，管理起来比较麻烦。那么为了解决这个问题，可以用 module 将 store 分割成模块，每一个模块都有自己的 state 属性、mutation 属性、action 属性和 getter 属性。通过模块化的方式管理 module 模块。

这些知识在前面有详细的描述，本节补充的是 module 模块的高级用法。我们知道，对于 store 对象，可以将其注册在 Vuex.Store 函数中，这样全局可以获取$store 对象。除了全局注册之外，其实还可以对 store 对象进行模块注册。

【示例 4-16】对 store 对象进行全局注册。

```
01  async actionOtherData ({ dispatch, commit }) {
02  const store = new Vuex.Store({
03    state: {
04      goods: [
05          { id: 1, content: '零食', added: true },
06          { id: 2, content: '拌面', added: false },
07          ],
08          count:0
09  },
10    getters: {
11      doneGoods: state => {
12          return state.goods.filter(good => good.added)
13      }
14    },
15    mutations: {
16      increment (state) {
17        state.count++
18      }
19    },
20    actions: {
21      increment (context) {
22        context.commit('increment')
23      },
24      async actionData ({ commit }) {
25        commit('gotData', await getData())
26      },
27      async actionOtherData ({ dispatch, commit }) {
28        await dispatch('actionData')
29        commit('gotOtherData', await getOtherData())
30      }
31    }
32  })
33  // 注册模块 `myModule`
34  store.registerModule('myModule', {
35    // module 配置
36  })
```

```
37  // 注册嵌套模块 `nested/myModule`
38  store.registerModule(['nested', 'myModule'], {
39   // 嵌套模块的配置
40  })
```

然后就可以通过 store.state.myModule 和 store.state.nested.myModule 访问模块的状态。除了访问函数之外，还可以使用 unregisterModule 卸载动态的模块。静态的模块是无法卸载的，静态的模块是指在 store 中声明的模块。unregisterModule 函数的使用方式如下：

```
store.unregisterModule(moduleName)
```

除了卸载模块之外，还可以使用 hasModule 方法来判断该模块是否已在 store 对象中注册。

补充一点，当开发者创建多个 store 对象并共用一个 module 模块的时候，这时候就不能使用对象的方式注册模块，如果使用对象，则对象之间的引用会造成 module 模块的数据污染，可以类比组件的 data 对象，data 对象使用的是函数的形式，因此 module 模块的声明需要使用函数方式：

```
01  const MyReusableModule = {
02    state: () => ({
03      count: 0
04    }),
05    // mutation, action 和 getter 等
06  })
```

这样就不会造成全局数据污染了。

最后总结一下，module 的用法除了前面介绍的之外，高级用法体现在 module 模块的动态注册及对象判断方面，使用函数的方式注册更简单。本小节的最后还介绍了多个 store 对象使用公共 module 的情况，需要使用函数注册，以避免全局引用造成数据污染。

4.3　Vuex 插件的使用

在业务中使用个性化的插件可以实现非常多的功能，可以理解为插件是给主要功能赋能，这种即插即用的模式确实可以给开发者带来便利。Vuex 也是支持插件模式的，本节就来介绍一下 Vuex 的插件机制。

4.3.1　插件功能简介

Vuex 的 store 对象接收 plugins 选项，plugins 是插件功能的集中地，它会暴露出每次的 mutation，插件的逻辑则是对暴露的 plugins 进行逻辑化的定制处理。Vuex 的插件是一个函数，接收 store 作为唯一的参数并调用 store.commit 触发数据发生变化。

首先看一下使用插件的基本用法。

【示例 4-17】插件的基本用法。

```
01  const myPlugin = store => {
02    // 当 store 初始化后调用
03    store.subscribe((mutation, state) => {
04      // 每次 mutation 之后调用
05      // mutation 的格式为 { type, payload }
06    })
07  }
```

在 Vuex 中这样传：

```
01  const store = new Vuex.Store({
02    // 其他配置
03    plugins: [myPlugin]
04  })
```

　　定义好的 myPlugin 作为参数传进去就可以触发 Vuex 的插件机制了。这里笔者只是给出了基本的使用方法并且只给出了传参，没有添加业务处理逻辑，下面着重介绍如何在 plugins 中封装 Vuex 的数据管理功能。

　　插件的功能实现主要是依赖 mutation 属性，可以在插件内提交 mutation 属性。因为在插件中不能直接修改状态，所以只能通过 mutation 属性来触发数据发生变化。提交 mutation 属性，可以直接同步数据源到 store 对象中。在电商项目中，常见的业务场景是发放和使用优惠券，可以使用 Vuex 的插件功能将优惠券的功能单独抽取出来然后封装到插件内部。

【示例 4-18】插件的封装。

```
01  export default function createPlugin (coupon) {
02    return store => {
03      coupon.on('data', data => {
04        store.commit('createCoupon', data)
05      })
06      store.subscribe(mutation => {
07        if (mutation.type === 'SEND') {
08          coupon.emit('send', mutation.payload)
09        }
10      })
11    }
12  }
```

　　在 createPlugin 函数中传入 coupon 参数，并通过监听数据的变化来调用 createCoupon 函数。前面说过，需要在插件中订阅 mutation 属性，最后再根据 mutation 的类型实现数据的发送，将数据发送给业务方使用。

　　以上只是一个发放购物券插件的简单实现，其实，发放购物券功能需要考虑很多因素，如购物券的过期时间，购物券领取成功或失败的状态，对于不同的用户，购物券是否都可用等，这些都需要开发者自己在业务中去考虑的细节。

　　Vuex 插件除了调用 mutation 中的函数来改变状态之外，还可以生成 state 对象的快照。对于不了解快照的读者，这里再解释一下。快照，简单地说就是数据在当前的状态，类似于照相机按下快门的那一瞬间的状态。因此，生成 state 对象的快照，就是获取当前状态下 state 对象的值。通常，开发者会在代码中比较状态改变的前后状态，以执行对应的业务逻辑，这样的处理方式在代码中很常见。

要实现快照功能，需要对状态对象进行深拷贝。

【示例 4-19】深拷贝 state 对象。

```
01  const myPluginWithSnapshot = store => {
02    let prevState = _.cloneDeep(store.state)
03    store.subscribe((mutation, state) => {
04      let nextState = _.cloneDeep(state)
05
06      // 比较 prevState 和 nextState
07
08      // 保存状态，用于下一次 mutation
09      prevState = nextState
10    })
```

这里使用 cloneDeep 函数对 store 对象进行深拷贝，首先获取 store.state 对象，深拷贝的返回值赋给 prevState，然后在 store 对象的 subscribe 函数中再次使用深拷贝，使用 nextState 接收新的数据对象，中间隐去的部分就是开发者自己发挥的地方了。中间的部分，按照笔者的开发经验，一般会查看 nextState 中的状态值，如果符合需求条件的话，那么就执行相关的函数。还有一种情况就是前面说的前后 state 对象状态不一样。例如，某个商品已经入库，该商品对应的字段会相应地改变，根据前后的 state 对象变更的情况，开发者可以执行计算库存函数对该商品数据进行更新。

☎提醒：获取的 state 的快照只能在开发阶段中使用，可以通过配置 Webpack 使其不在生产环境中发挥作用。

4.3.2　表单处理

这里先说一个处理表单时容易犯错的地方，开发者会在表单的 input 组件中绑定 v-model，用户在输入的时候，v-model 会直接修改值，因为修改的操作不是通过 mutation 执行的，所以 Vuex 在控制台会报出警告。

```
<input v-model="mycount" />
```

假设这里的 mycount 是在计算属性中返回一个属于 Vuex store 的对象，当用户输入文本的时候，因为 v-model 双向绑定的特性会修改输入框的值，有可能会报如图 4-9 所示的错误。

读者是否想过不使用 v-model，通过 mutation 实现变更 store 对象中的数据的方法呢？有些读者想必已经有了答案，可以在 input 上绑定 value 属性，并通过 change 事件进行回调，在回调函数中进行 mutation 的调用。

图 4-9　修改 store 数据报错

【示例 4-20】在回调函数中调用 mutation。

```
01      <p>
02         <input :value="mycount"  @input="updateCount"/>
03      </p>
04 …..
05       computed:{
06          ...mapState({
07             mycount:state => state.count
08          })
09       },
10       methods: {
11          updateCount(e) {
12             this.$store.commit('updateCount', e.target.value)
13          }
14       }
```

在 computed 中对 mycount 进行赋值，updateCount 方法则调用 mutation 来变更 store
对象中的数据，其实这个过程也很好理解，只是有的读者没有想到而已。

以上代码的执行效果如图 4-10 所示。

图 4-10　input 回调

再用 input 输入的时候，显示的 mycount 值是实时变化的。但是使用这种方式比较麻
烦，需要触发回调和定义事件来调用 mutation。为了解决这个问题，可以依靠双向绑定的
方式，这种双向绑定带有 setter。

【示例 4-21】使用 setter 更新值。

```
01      computed:{
02        mycount:{
03          get () {
04            return this.$store.state.count
05          },
06          set (value) {
07            this.$store.commit('updateCount', value)
08          }
09        }
10      },
```

在 input 中继续添加 v-model 双向绑定，效果如图 4-11 所示。

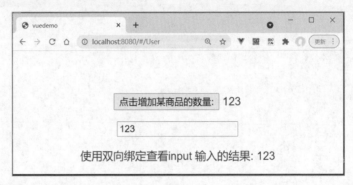

图 4-11　双向绑定

双向绑定直接使用 set 和 get 属性给变量赋值并返回变量的值，而使用回调函数还需要在回调函数中添加相关的业务代码。

这里总结一下，表单修改涉及 v-model 属性的使用，当和使用 Vuex 的思路有冲突的时候，解决方案有两种：

- 添加 value 属性并使用回调函数，在回调函数中增加触发 mutation 的函数。
- 使用双向绑定的计算属性，利用 set 和 get 属性更新数据变量。

4.3.3　测试 mutation、action 和 getter

在业务开发中，一般还需要对业务逻辑进行测试，因为 Vuex 继承了数据处理的函数，所以自动化测试的重点是对 Vuex 的测试。在测试环节中，主要测试 mutation 和 action 的功能，必要的情况下还需要测试 getter。下面我们看一下基本的测试方法。

mutation 的测试非常简单，mutation 内部的函数主要依赖传参，测试的关键是看测试结果和期望的结果是否一致。这里笔者就是用 mocha+chai 自动化测试框架来测试 mutation 的。

首先给出需要测试的 mutation：

```
01   mutations: {
```

```
02    increment (state) {
03      state.count++
04    },
05  }
```

然后在测试文件中编写对 mutation 的测试代码。

【示例 4-22】测试 mutation。

```
01  // mutations.spec.js
02  import { expect } from 'chai'
03  import { mutations } from './store'
04
05  // 解构 `mutations`
06  const { increment } = mutations
07
08  describe('mutations', () => {
09    it('INCREMENT', () => {
10      // 模拟状态
11      const state = { count: 0 }
12      // 应用 mutation
13      increment(state)
14      // 断言结果
15      expect(state.count).to.equal(1)
16    })
17  })
```

在测试代码中，在 increment 条件下断言执行 mutation 的结果和期望的结果是否一致，如果一致，则说明测试用例通过，如果不一致，则说明测试用例没有通过。不管使用何种测试框架，各种测试框架的判断标准都是通过断言来判断数据或者样式是否是期望的，如果是，则该测试用例通过，如果不是，那么该测试用例就不通过。这也是各个框架的测试准则。

action 的测试比较麻烦一些，因为在 action 中会引用接口调用的函数，调用接口获取的数据可能会变更且是异步的，可以采用 mock 数据的方式来模拟固定数据，数据不同不会造成测试用例也不同。采用 mock 数据方式还是要依赖断言来判断调用接口后获取的数据是否和期望的一样，即开发者实现的业务逻辑函数是否正确，这是测试 action 的核心。

【示例 4-23】action 测试。

```
01  it('INCREMENT', () => {
02      // 模拟提交
03    const commit = (type, payload) => {
04      const mutation = expectedMutations[count]
05
06      try {
07        expect(mutation.type).to.equal(type)
08        expect(mutation.payload).to.deep.equal(payload)
09      } catch (error) {
10        done(error)
11      }
```

```
12
13     count++
14     if (count >= expectedMutations.length) {
15       done()
16     }
17   }
18
19   // 用模拟的 store 和参数调用 action
20   action({ commit, state }, ...args)
21
22   // 检查是否没有 mutation 被抛出
23   if (expectedMutations.length === 0) {
24     expect(count).to.equal(0)
25     done()
26   }
27 }
```

因为在 action 中的函数需要调用 mutation，所以在测试 action 的时候需要判断调用的 mutation 个数，评估此次测试是否覆盖完全。最后再使用上面定义的辅助测试函数总结一下 action 的用法，代码如下：

```
01 describe('actions', () => {
02   it('getAllProducts', done => {
03     testAction(actions.getAllProducts, [], {}, [
04       { type: 'REQUEST_PRODUCTS' },
05       { type: 'RECEIVE_PRODUCTS', payload: { /* mocked response */ } }
06     ], done)
07   })
08 })
```

上面就是测试 action 的方法，看到这里，估计会有读者觉得测试 action 是件麻烦的事情，因为在 action 中集成的逻辑比较多。如果拆解开则比较简单，第一步是写一个集中测试 action 的方法，第二步是调用定义好的方法测试 action 的各个部分，重点是需要覆盖所有的 mutation。

测试 getter 类似于测试 mutation。需要测试 getter 的场景是在 getter 中包含非常复杂的计算，有测试的必要。这里给出的例子基本和 mutation 相似。看下面的例子。

【示例 4-24】getter 的用法。

```
// getters.js
01 export const getters = {
02   filteredProducts (state, { filterCategory }) {
03     return state.products.filter(product => {
04       return product.category === filterCategory
05     })
06   }
07 }
```

测试 getter 的代码见下面的例子。

【示例 4-25】getter 的用法。

```
// getters.spec.js
01  import { expect } from 'chai'
02  import { getters } from './getters'
03
04  describe('getters', () => {
05    it('filteredProducts', () => {
06      // 模拟状态
07      const state = {
08        products: [
09          { id: 1, title: 'Apple', category: 'fruit' },
10          { id: 2, title: 'Orange', category: 'fruit' },
11          { id: 3, title: 'Carrot', category: 'vegetable' }
12        ]
13      }
14      // 模拟 getter
15      const filterCategory = 'fruit'
16
17      // 获取 getter 的结果
18      const result = getters.filteredProducts(state, { filterCategory })
19
20      // 断言结果
21      expect(result).to.deep.equal([
22        { id: 1, title: 'Apple', category: 'fruit' },
23        { id: 2, title: 'Orange', category: 'fruit' }
24      ])
25    })
26  })
```

　　读者可能已经发现，getter 测试和 mutation 测试非常相似，二者都是对数据的直接操作，关键是测试 action 和 mutation 能否正确触发了数据发生变化。经过数据的 mock 模拟，测试 action 和 mutation 就不会依赖后端接口，可以使用 Webpack 打包这些测试文件并作为自动化测试脚本在项目中直接执行。

　　在这里总结一下，测试 mutation 和 getter 的关键是测试修改数据的函数，通过断言来比较函数操作的结果和期望的结果是否一致，如果一致，则表示测试通过，否则自动化测试未通过。测试 action 就比较复杂，需要写一个调用 mutation 的函数作为测试的工具函数，主要目的是覆盖全部的 mutation 来间接测试 action 的操作是否正确。其实自动化测试有很多测试框架，不同测试框架的使用大同小异，核心是判断方法的结果和期望的结果是否一致，掌握这一点，在项目中就可以快速上手不同的测试框架了。

第 5 章 UI 组件库尝鲜

在前端项目开发中经常使用 UI 组件库，它可以极大地提升开发效率并带来良好的用户体验。UI 组件库可以提供现成的基础组件，并且这些组件支持个性化配置，如 form 表单、input 框、checkbox 和 select 等，提高了开发效率。UI 组件库提供的组件通常配备完备的 API，结合业务需求，开发者可以通过 API 使用组件的各种功能。举一个简单的例子，下拉组件除了支持自定义选择项之外，还支持模糊搜索，这两种功能其实可以覆盖大部分的业务场景，因此 UI 组件库的使用大大提升了业务开发的效率，设计良好的组件也会提升用户的使用体验。

本章的主要内容如下：
- Web 端和移动端常用的组件库介绍。
- 组件的美化方法。
- 组件在实际项目中的使用。

5.1 Web 端和移动端常用的 UI 组件库

市面上流行的组件库按照使用场景一般分为 Web 端组件库和移动端组件库，这里 Web 端特指 PC 端，移动端特指 HTML 5 应用场景，小程序也归属于移动端。Web 端和移动端基本涵盖所有的业务场景，但 Web 端和移动端不同的地方在于，移动端组件库需要额外添加对手势的支持，在移动端场景下用户手势其实是用户操作屏幕的主要方式。

本节以 Element UI 组件库和 Vant UI 组件库为例，分别介绍组件库在 Web 端和移动端的应用。

5.1.1 UI 组件库的应用

前面介绍了组件库的优点，接下来介绍组件库的应用，就 Web 端的组件库而言，大多数的使用场景是企业内部管理系统。例如，使用 Element UI 开发的相关数据管理系统如图 5-1 所示。

可以看到，Web 端重度依赖图表和表格组件，Element UI 组件库提供了丰富的组件素材，因此 PC 端项目使用 Element UI 组件库的例子非常多。可以看到，在后台管理系统首页中，左侧的导航栏使用 Element UI 提供的侧边布局，顶部面包屑直接复用面包屑组件，这启发我们，在开发页面的时候，可以先将整个页面拆分成几部分，然后看这几部分是否可以找到对应的可直接复用的组件，如果找到的话则可以直接复用，减少重复开发。

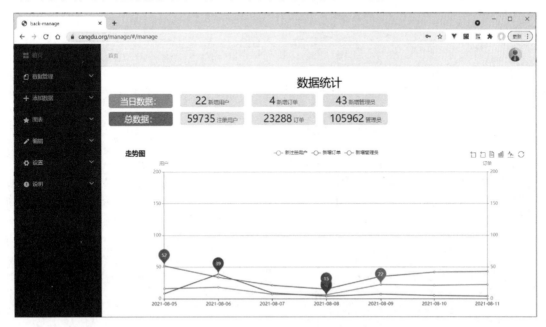

图 5-1　使用 Element UI 组件库实现的后台管理系统

继续看一下移动端场景。移动端和 Web 端存在类似的情况，前面说的"拆页面"的方式也适用于移动端。

移动端使用 Vant UI 组件库的例子比较多，很多公司的前端团队都是基于 Vant UI 组件库开发适配自己业务的内部组件库。与 Element UI 组件库一样，Vant UI 组件库也提供了丰富的组件来适配移动端的多种场景，同时每个组件也支持多种配置来满足业务需求。

下面是使用 Vant UI 组件库实现的移动端项目的某个页面，如图 5-2 所示。

就图 5-2 来说，出现频率较多的组件是列表组件，底部的导航虽然是通用的，但用的是底部导航组件。如果移动端的列表组件是用于单击跳转的场景那么其右侧通常会有右向箭头来指示跳转，可以看到，移动端组件的使用简洁明了。和 Web 端开发一样，移动端组件库也可以大大提升开发效率。

组件库除了可以提高开发效率之外，封装良好的组件库从某种程度上也可以规避低级 Bug 的出现。组件库的使用场景远不止这些，当下流行的一些低代码开发平台就是使用组件库作为区块实现的原子化组件，在一些小程序中，组件库更是发挥了重要的作用，因此组件库是提升工作效率的重要工具。

图 5-2 页面效果

5.1.2 Element UI 组件库在 Web 项目中的应用

Element UI 组件库是饿了么团队开源的一套 Web 端组件库，因为其在 Web 前端开发领域应用非常广泛，组件质量较高并且支持的场景非常多，所以被很多的前端开发者所熟知。我们以 Element UI 组件库在 Web 项目中的应用为例，介绍一下如何在 Web 项目中使用组件库及如何配置组件。

首先在项目中安装 Element UI，采用 npm 命令的安装方式：

```
npm i element-ui -S
```

安装之后，还需要在项目的入口文件 main.js 中引入。

【示例 5-1】在 main.js 中引入 Element UI。

```
01  import Vue from 'vue';
02  import ElementUI from 'Element UI';
03  import 'Element UI/lib/theme-chalk/index.css';
04  import App from './App.vue';
05
06  Vue.use(ElementUI);
07
08  new Vue({
09    el: '#app',
```

```
10    render: h => h(App)
11  });
```

关键的语句是将 ElementUI 引入并引入对应的 css 文件，最后通过 Vue 的 use()函数在项目中进行应用。如果全量引入 Element UI 则会造成打包之后项目体量增加，因此 Element UI 也支持部分组件引入的方式。见下面的代码：

```
01  import { Button, Select } from 'Element UI';
02  Vue.component(Button.name, Button);
03  Vue.component(Select.name, Select);
```

这里只引入 button 组件和 select 组件。引入部分组件的方式类似于全量引入，不过是从 Element UI 库中引入单个组件。配置和引入组件之后，接下来的操作就是用组件进行项目开发。这里引用 form 表单的例子进行说明，因为 form 表单在 Web 开发中的应用非常广泛。

如图 5-3 所示为常见的 form 表单场景。公司内部的后台系统常用 form 表单创建活动，用户在 form 表单中填写相关的选项，单击相应按钮后即可新建一个活动。对于 form 表单的各个部分，如输入框、时间选择框和 switch 开关等，也可以直接引入使用，用法相同，这里不再解释。

图 5-3　典型的 form 表单

下面看一下引用 form 表单的例子。

【示例 5-2】引用 form 表单。

```
01  <el-form ref="form" :model="form" label-width="80px">
02    <el-form-item label="活动名称">
03      <el-input v-model="form.name"></el-input>
04    </el-form-item>
```

```
05    <el-form-item label="活动区域">
06      <el-select v-model="form.region" placeholder="请选择活动区域">
07        <el-option label="区域一" value="shanghai"></el-option>
08        <el-option label="区域二" value="beijing"></el-option>
09   </el-select>
10    </el-form-item>
11    <el-form-item label="活动时间">
12      <el-col :span="11">
13        <el-date-picker type="date" placeholder="选择日期" v-model=
   "form.date1" style="width: 14  100%;"></el-date-picker>
15      </el-col>
16      <el-col class="line" :span="2">-</el-col>
17      <el-col :span="11">
18        <el-time-picker placeholder="选择时间" v-model="form.date2" style
   ="width:
19   100%;"></el-time-picker>
20      </el-col>
21    </el-form-item>
22    <el-form-item label="即时配送">
23      <el-switch v-model="form.delivery"></el-switch>
24    </el-form-item>
25    <el-form-item label="活动性质">
26      <el-checkbox-group v-model="form.type">
27        <el-checkbox label="美食/餐厅线上活动" name="type"></el-checkbox>
28        <el-checkbox label="地推活动" name="type"></el-checkbox>
29        <el-checkbox label="线下主题活动" name="type"></el-checkbox>
30        <el-checkbox label="单纯品牌曝光" name="type"></el-checkbox>
31      </el-checkbox-group>
32    </el-form-item>
33    <el-form-item label="特殊资源">
34      <el-radio-group v-model="form.resource">
35        <el-radio label="线上品牌商赞助"></el-radio>
36        <el-radio label="线下场地免费"></el-radio>
37      </el-radio-group>
38    </el-form-item>
39    <el-form-item label="活动形式">
40      <el-input type="textarea" v-model="form.desc"></el-input>
41    </el-form-item>
42    <el-form-item>
43      <el-button type="primary" @click="onSubmit">立即创建</el-button>
44      <el-button>取消</el-button>
45    </el-form-item>
46  </el-form>
47  <script>
48    export default {
49      data() {
50        return {
51          form: {
52            name: '',
53            region: '',
```

```
54              date1: '',
55              date2: '',
56              delivery: false,
57              type: [],
58              resource: '',
59              desc: ''
60          }
61        }
62      },
63      methods: {
64        onSubmit() {
65          console.log('提交!');
66        }
67      }
68    }
69  </script>
```

代码有点多，因为该 form 表单集成了很多功能，form 表单的每一部分的实现都需要在 data 域中声明对应的数据对象，因此 data 域部分的代码也占用了很多行。从上面的代码可以看出，form 表单的每一部分都是以 item 的形式来展示块级区域的。可以想象一下，如果从零开始去实现上面的表单配置的话，仅样式的实现就要写很多的代码，更不要说还需要实现事件处理和值处理的逻辑代码了，并且在实现难度上也比使用组件大得多，因此在处理复杂交互和样式的时候组件的优势就更明显了。

如果开发者不想用 Element UI 组件的默认样式，则 Element UI 的组件也支持自定义配置，可以参考组件给出的 API。如图 5-4 所示为 form 表单组件的一部分配置。

inline	行内表单模式	boolean	—	false
label-position	表单域标签的位置，如果值为 left 或者 right 时，则需要设置 label-width	string	right/left/top	right
label-width	表单域标签的宽度，例如 '50px'。作为 Form 直接子元素的 form-item 会继承该值。支持 auto。	string	—	—
label-suffix	表单域标签的后缀	string	—	—
hide-required-asterisk	是否隐藏必填字段的标签旁边的红色星号	boolean	—	false
show-message	是否显示校验错误信息	boolean	—	true
inline-message	是否以行内形式展示校验信息	boolean	—	false
status-icon	是否在输入框中显示校验结果反馈图标	boolean	—	false

图 5-4　组件的配置 API

如果想在 input 框中添加对输入字符的校验，检验失败就直接展示错误信息，那么可以直接用 show-message 属性来显示校验错误信息，其他的优化细节基本都可以在组件的

API 中找到支持。

其他组件的使用方式类似，这里就不再赘述了。相比于开发者重新实现这些功能，引入组件和配置组件带来的时间开销可以忽略不计，使用组件库还可以提高工程质量，并且 Bug 的出现率也较低，这些优势值得将组件库引入生产环境中使用。

5.1.3　Vant UI 框架在 HTML 5 页面中的应用

Vant UI 框架是有赞前端团队开源的一套移动端组件库，2017 年开源，至今一直在维护。Vant UI 承载了有赞所有的核心业务，对外服务十几万的开发者。Vant UI 组件库是经过实践检验的，我们通过它来介绍在 HTML 5 开发中如何使用组件库。

首先是快速上手移动端组件库，这里也是通过 npm 命令进行安装，和安装 Element UI 的方式一致。

```
npm i vant -S
```

Vant UI 支持全量和部分引入组件。全量引入 Vant UI 的方式和 Element UI 的方式一样。当引入部分组件时，除了可以手动引入需要的组件之外，还可以用 babel-plugin-import 插件自动化按需引入组件，使用这种方式的话需要配置 babel 文件。

【示例 5-3】配置 babel 文件。

```
// 在.babelrc 中添加配置
// 注意：Webpack 1 无须设置 libraryDirectory
01  {
02    "plugins": [
03      ["import", {
04        "libraryName": "vant",
05        "libraryDirectory": "es",
06        "style": true
07      }]
08    ]
09  }
10
11  // 对于使用 babel7 的用户，可以在 babel.config.js 中进行插件配置
12  module.exports = {
13    plugins: [
14      ['import', {
15        libraryName: 'vant',
16        libraryDirectory: 'es',
17        style: true
18      }, 'vant']
19    ]
20  };
```

在 plugins 选项中配置 import 选项，在页面中导入组件的时候会将组件自动转换为按需引入。

组件引入之后，接下来需要注册组件。使用 use 函数进行组件注册，类似 Element UI 的使用。注册好之后，在项目中引入需要的组件即可。下面还是以 form 表单组件举例。

如图 5-5 所示，在页面中引入 form 表单组件，可以看到，在输入框中输入异常内容会触发 form 表单的校验功能，并给出对应的错误信息。在移动端场景下，图 5-5 所示的表单常用在登录页面中。登录页面的样式如图 5-6 所示。

图 5-5　移动端的 form 表单

图 5-6　登录页面

此时输入框输入的是用户名和密码，然后再使用一个 button 组件即可完成登录页面的设计。数据校验功能是 form 表单自带的配置，这一部分的逻辑只需要调用相关的 API 即可。开发者需要做的工作集中在 button 组件上，在其上添加单击事件，调用登录接口实现用户登录。除了和业务相关的逻辑需要开发者自己完成之外，其余的功能组件基本已经实现了，移动端因为是小屏，组件库的使用更能提升开发效率。

【示例 5-4】使用 Vant form 表单进行登录。

```
01  <van-form @submit="onSubmit">
02    <van-field
03      v-model="username"
04      name="用户名"
05      label="用户名"
06      placeholder="用户名"
07      :rules="[{ required: true, message: '请填写用户名' }]"
08    />
09    <van-field
10      v-model="password"
11      type="password"
12      name="密码"
13      label="密码"
14      placeholder="密码"
15      :rules="[{ required: true, message: '请填写密码' }]"
16    />
17    <div style="margin: 16px;">
18      <van-button round block type="info" native-type="submit">提交</van-button>
19    </div>
20  </van-form>
```

在组件内部注册 submit 事件，父组件通过使用该函数将提交的信息传递给子组件，在子组件内部封装数据处理的逻辑，对数据格式进行校验，校验通过之后才将相关的信息传给接口。在:rules 中配置该项是否为必填项，如果在必填状态下用户没有填写内容，则会在页面上给出合理的提示信息。从整个过程来看，组件的配置对开发者其实也是友好的，API 语义化也不需要添加过多的配置，Vant UI 组件的处理也兼顾了开发者友好性。

学会使用一个组件，是全面了解这个组件及组件库的开始。建议读者在学习完本小节的内容之后多多练习其他组件的使用。

5.1.4 UI 组件库使用总结

前面介绍了 Web 组件库和移动端组件库在项目中的应用，同时介绍了如何结合业务需求调用组件 API。可以说组件不只提供了样式，更重要的是提供了对数据流的处理方法，即将视图和数据分离。

前面主要介绍的是组件的使用方式，本小节将介绍如何根据视觉稿使用合适的组件。

首先看一张 HTML 5 页面，如图 5-7 所示。

图 5-7 移动端页面

开发者在实现这个页面的时候第一步是对页面进行分割，分割是为了对页面进行组件化地分离，对分离的每个部分使用组件库中的组件或者自己实现一个业务组件都是可以的。对于图 5-7 所示的页面来说，顶部的 header 和底部的 footer 是工程配置好的，一个完整的工程会统一配置公共的部分，因此剩下的工作是处理页面的中间部分。

　　通常将页面分为两部分,页面的下半部分是卡片,这在 HTML 5 开发场景下比较常见,后续可以提取其作为公共的业务组件。页面的上半部分可以分别使用 3 个 div 作为三块内容的容器。容器内部可以直接使用 Layout 来布局,因为 Layout 提供栅格化和响应式布局,面向移动端比较友好。完成了页面的上半部分,下半部分也可以用 Layout 布局,卡片的文字部分可以使用组件库提供的 icon 组件来完成,然后在 icon 组件中封装统一的单击事件即可完成页面主体的开发,同时页面的下半部分也可以抽离出业务组件,供后续迭代或者新业务使用,一举两得。

　　因为该页面的实现代码比较多,这里先展示上半部分的实现代码。

【示例 5-5】个人中心页面的上部分。

```
01    <div class="nav-con">
02      <div class="amount-con">
03        <div class="red-txt amount-txt">15,564,589,744.63</div>
04        <div class="light-txt amount-ins">资产总额(元)></div>
05      </div>
06      <!--代收收益-->
07      <van-row class="receive-all">
08        <van-col span="12">
09          <div>567,875,565.59</div>
10          <div class="light-txt receive-ins">累计投资</div>
11        </van-col>
12        <van-col span="12" class="receive-right">
13          <div>67,875,56</div>
14          <div class="light-txt receive-ins">累计赚取</div>
15        </van-col>
16      </van-row>
17      <!--我的余额-->
18      <div class="remain-con">
19        <div>
20          <div class="red-txt avail-amount">6850.65</div>
21          <div class="light-txt avail-ins">可用余额(元)</div>
22        </div>
23        <div class="remain-right">
24          <div class="remain-draw">提现</div>
25          <div class="remain-divi"></div>
26          <van-button type="danger" round size="small" class="remain-
    charge">充值</van-27button>
28        </div>
29    </div>
```

　　当然上面例子中是静态页面,因此将数据直接配置在页面中,在进行页面开发时需要将页面中的数据替换为 data 域的数据对象,并通过接收后端接口传来的数据改变 data 域中的值。

　　页面的下半部分可以直接封装为组件,封装组件的关键是要处理好数据流向,通过传递不同的数据,来展示不同的内容。

【示例5-6】个人中心页面的下半部分。

```
01        <van-row class="app-con">
02         <van-col span="8" v-for="(it,idx) in bottomApps" :key="idx"
class="app-item click-box">
03          <van-image v-if="it.flag" :src="'static/img/mine/'+it.flag"
class="flag-icon"></van-
04 image>
05         <div>
06          <van-image :src="'static/img/mine/'+it.icon" class="app-
icon"></van-image>
07          <div class="app-text light-txt">{{it.title}}</div>
08         </div>
09        </van-col>
10      </van-row>
```

结合前面介绍的组件之间传递数据的方法，这个页面的 bottomApps 数据直接通过 props 传递，子组件接收 bottomApps，最后在页面中将数据渲染出来。这是页面数据层的处理过程，页面的功能，还需要开发者单独添加。就该页面而言，常见的处理是添加对应的跳转链接，如单击充值按钮的时候，会跳转到充值页面，页面下半部分的卡片也有很多单击跳转的情况。处理完这些之后，该页面的开发就基本完成了。

下面继续看一下 Web 端的实践。

如图 5-8 所示的页面用来添加商铺，前面介绍了通过视觉稿搭建页面和封装业务组件的方法，就这个 Web 页面而言，可以先思考一下实现的方案。

图 5-8　添加商铺

其实实现方案是不唯一的，这里先介绍一个方案。

Element UI 组件库本身就有侧边菜单栏和顶部面包屑组件，该部分可以直接复用组件。面包屑组件直接关联路由，配置好路由之后，可直接实现路由切换页面。接下来需要丰富页面内容，显然，这个页面使用的是 form 表单组件，前面介绍了在 Web 项目中使用

form 表单组件的方法，基本方法是在 form 表单中应用各种表单元素，如输入框组件和 switch 组件等，然后在创建店铺时添加单击事件，在单击事件中调用创建接口执行创建店铺的操作，这样添加店铺的样式和功能基本就完成了。

【示例 5-7】form 表单的实现。

```
01      <el-form-item label="店铺名称" prop="name">
02          <el-input v-model="formData.name"></el-input>
03      </el-form-item>
04      <el-form-item label="详细地址" prop="address">
05          <el-autocomplete
06           v-model="formData.address"
07           :fetch-suggestions="querySearchAsync"
08           placeholder="请输入地址"
09           style="width: 100%;"
10           @select="addressSelect"
11          ></el-autocomplete>
12          <span>当前城市：{{city.name}}</span>
13      </el-form-item>
14      <el-form-item label="联系电话" prop="phone">
15          <el-input v-model.number="formData.phone" maxLength="11">
    </el-input>
16      </el-form-item>
```

以上代码基本可以满足用户输入店铺名称、地址和联系电话的需求，其他的输入项功能类似，不再赘述。还有另一部分是相关功能（业务逻辑）代码。

【示例 5-8】添加店铺页面的业务逻辑实现。

```
01          async querySearchAsync(queryString, cb) {
02              if (queryString) {
03                  try{
04                      const cityList = await searchplace(this.city.id,
    queryString);
05                      if (cityList instanceof Array) {
06                          cityList.map(item => {
07                              item.value = item.address;
08                              return item;
09                          })
10                          cb(cityList)
11                      }
12                  }catch(err){
13                      console.log(err)
14                  }
15              }
16          },
```

querySearchAsync 函数用来获取地址信息，作为地址搜索的数据源。用户在填写地址信息的时候会触发 querySearchAsync 函数，该函数的附加作用是可以直接根据用户输入的信息提示与之接近的地址信息。

最后总结一下，开发者应用 UI 框架的时候，首先是将页面分割成区域，并选用合适的组件搭建页面，其次是选择组件提供的 API 直接实现业务需求。在开发的时候这两步的区分并不明显，多数是一起进行的，因此也可以不分阶段。

5.2　美化 Vue 组件

在介绍本节内容之前，我们先思考一个问题：何为美化？通俗的解释是通过添加装饰，使事物较之前更美观，如果套用到组件上，则指样式的美化，体现在颜色和自适应等特性上。那么再继续思考：美化 Vue 组件的目的是什么？结合前面说的美化的内容，美化 Vue 组件的目的可以理解为提升交互体验和用户体验，试想一下，如果不同状态下的按钮颜色是不同的，则页面看起来就会自然且舒服。当单击输入框输入的时候，输入框的边框有阴影效果，这些细节都会给用户带来好的体验。

另外，美化组件虽然需要消耗较多的人力工作，但是到了后期，这些组件可以作为开发产品的内部组件库来使用，这将大大降低后期需求的迭代成本，收效也会越来越显著。

本节将重点介绍如何美化组件。

5.2.1　美化组件样式

美化组件样式的工作量主要集中在对组件的优化上，除去组件的功能部分，样式细节方面也需要很多的投入。我们平时看到的组件库中的组件样式非常统一，可以想象搭建一个高质量的组件库是需要投入很多精力的，开源的组件库通常需要一个优秀的前端团队来持续维护。

在优化组件的过程中常用的美化组件的手段有哪些呢？下面具体介绍。

美化组件最常用的方式是使用 CSS 属性，有一些属性 CSS 不支持修改，因此可以考虑伪类元素。常用的伪类元素是:after 和:before 等属性。例如，用户选中某项，该项的样式将从未选中态变为选中态，这样就可以使用:after 作为选中态的样式。再如，页面需要使用 checkbox，但是又不想用 checkbox 的默认样式，这时候可以用自定义图片来代替选中 checkbox 触发的样式，这就是伪类元素发挥的作用。还有一些细节方面的优化，如按钮可以添加阴影和边框，增加一些立体感等都可以通过伪元素来实现。

其实美化组件的方法有很多种的，最终的效果是要和产品的样式风格统一，不要有违和感。下面来展示一个美化 checkbox 的例子，如图 5-9 所示。

可以看到，未选中的状态是一个圆圈，选中的状态是在圆圈里有一个红色的对勾。我们都知道，默认的 checkbox 的样式是一个小方框，选中状态是在方框上添加对勾。如果要美化成如图 5-9 所示的效果，应该怎么去做呢？

图 5-9　列表选择

可以用 div 代替 checkbox 选择框,因为 CSS 属性对于 checkbox 选择框的样式修改是没有效果的。对于未选中状态的圆圈,可以给 div 元素设定宽度和高度,然后设置 border-radius 属性就可以画出来了。对于选中之后的样式,可以用图片来展示,通过 div 元素监听勾选和未勾选的状态变化,如果是选中状态则 div 变为对勾,如果没有选,则直接展示圆圈。

大致的思路就是这样,具体的代码细节可参考下面的例子。

【示例 5-9】使用 CSS 美化样式。

```
01    &-wrapper {
02            width: 80rpx;
03            height: 100%;
04            display: inline-flex;
05            flex-direction: column;
06            justify-content: space-evenly;
07
08            &-item {
09                display: inline-block;
10                margin-left: 32rpx;
11                width: 44rpx;
12                height: 44rpx;
13                border-radius: 50%;
14                border: 2rpx solid #cacaca;
15                box-sizing: border-box;
16
17                &--selected {
18            background:url(https://assets.geilicdn.com/m//img/
19            3c8775dfdf58305a0a27db09ee1daacd.png);
```

```
20                         background-size: 100%;
21                         background-position: 50%;
22                         border: none;
23                     }
24                 }
25         }
```

首先用 wrapper 修饰列表的行，设置行的定宽和相对高度，然后再使用 item 修饰左侧的 checkbox 元素，设置宽度和高度，用 border-radius 设置圆形弧度，用 border 设置边的样式，最终达到圆圈的效果。

选中发生状态变化的关键代码是&--selected 这一部分。在用户点击单选按钮之后，class 属性将会发生变化，因为在工程中对 CSS 进行了设置，此时会自动变成 wrapper-item-selected，selected 元素样式生效。在 CSS 中用一张图片设置背景，选中（点击）圆形框的时候会显示这张图片，同时外部边框消失。回顾一下前面的例子，在美化组件的时候，不只有修改 DOM 元素的 CSS 属性这一种方法，还可以通过其他方法来完成，如使用伪类元素的方式去弥补默认样式的不足。

美化组件样式的方法这里无法全部介绍完，还需要读者在业务中不断学习和积累。

5.2.2　基础组件样式变换

虽然基础组件给开发者提供了很多便利，如样式的提供，但是许多开发者并没有完全使用基础组件提供的所有样式。举个例子，按钮需要适配不同的场景来显示不同的颜色，如确认按钮是蓝色，取消按钮是灰色，对于确定和取消这两种状态来说，确定是权重更高的一种状态，因此按钮表现出来的色值更深。除了这两种场景，由于业务没有涉及其他场景，所以实际上我们只使用了基础组件的一部分样式，而且有的组件文档也没有展示所有的样式，从而会使开发者忽视了组件样式的多样性。

对于按钮组件，首先看一下 Element UI 提供的样式，如图 5-10 所示。

图 5-10　Element UI 按钮样式

在默认状态下按钮是没有颜色的，大部分场景下使用的是蓝色的按钮。个别状态下，如成功的状态是绿色按钮，警告的状态是黄色按钮，错误的状态是红色按钮。不同的状态对应的颜色权重也是不同的。

开发者只需要选择不同的 type 属性就可以设置不同的样式效果。

【**示例 5-10**】使用不同的 type 属性。

```
01  <el-row>
02    <el-button>默认按钮</el-button>
03    <el-button type="primary">主要按钮</el-button>
04    <el-button type="success">成功按钮</el-button>
05    <el-button type="info">信息按钮</el-button>
06    <el-button type="warning">警告按钮</el-button>
07    <el-button type="danger">危险按钮</el-button>
08  </el-row>
```

根据 type 属性来显示不同的样式，通过一行代码即可完成配置。当按钮不可用时，将处于禁用状态，禁用状态的样式具有模糊效果，如图 5-11 所示。

图 5-11　按钮禁用状态

在 el-button 上添加 disabled 属性：

```
<el-button type="danger" disabled>危险按钮</el-button>
```

上面的配置只是在 Element UI 按钮组件中的一部分配置，除此之外，按钮组件还支持配置按钮的形状、尺寸、类型和是不是加载中的状态等。这些配置如图 5-12 所示。

参数	说明	类型	可选值	默认值
size	尺寸	string	medium / small / mini	—
type	类型	string	primary / success / warning / danger / info / text	—
plain	是否朴素按钮	boolean	—	false
round	是否圆角按钮	boolean	—	false
circle	是否圆形按钮	boolean	—	false
loading	是否加载中状态	boolean	—	false
disabled	是否禁用状态	boolean	—	false
icon	图标类名	string	—	—
autofocus	是否默认聚焦	boolean	—	false
native-type	原生 type 属性	string	button / submit / reset	button

图 5-12　按钮属性

可以看到，按钮组件提供美化的手段是非常丰富的，开发者在面对不同的开发场景时，首先要考虑的是组件提供的属性是否能满足开发需求。如果可以满足就直接应用，如果不能满足，则需要开发者在组件的基础上自己定义样式，满足视觉的要求。自定义的方式灵活多样，不只局限于对 DOM 元素的属性更改，也可以思考如何用其他方式来代替，如用 div 元素和伪类元素来代替。

5.2.3　体验页面换肤

有时后端管理系统为了提升用户体验，会添加额外的功能，如动态换肤，选中不同的颜色，系统的主题色会随之发生变化。我们来看一下换肤的效果，如图 5-13 和图 5-14 所示。

图 5-13　换肤前的状态

图 5-14　换肤后的状态

换肤前的主题配色是蓝色，换肤后的主题配色变成了深色。深色对应的是 Dark Mode，蓝色的主题色对应的是 Light Mode。这里有没有思考过，如何实现换肤呢？下面介绍页面换肤的思路。

换肤的核心思路是在样式文件中准备不同的颜色变量，根据要切换的颜色，使用对应的颜色变量进行展示。在工程里面，一般需要初始化颜色变量文件，因为颜色变量非常多，人工输入全部的颜色变量工作量太大，需要借助工具生成颜色文件。为了能够自动化生成颜色变量文件，需安装 sass-loader 和 element-theme，然后再安装 element-theme-chalk。安装成功以后，会在项目里生成 element-variables.scss 文件，该文件里都是颜色变量，如图 5-15 所示。

```scss
$--all-transition: all .3s cubic-bezier(.645,.045,.355,1) !default;
$--fade-transition: opacity 300ms cubic-bezier(0.23, 1, 0.32, 1) !default;
$--fade-linear-transition: opacity 200ms linear !default;
$--md-fade-transition: transform 300ms cubic-bezier(0.23, 1, 0.32, 1), opacity 300ms cubic-bezier(0.23, 1, 0.32, 1) !default;
$--border-transition-base: border-color .2s cubic-bezier(.645,.045,.355,1) !default;
$--color-transition-base: color .2s cubic-bezier(.645,.045,.355,1) !default;

/* Colors
                              */
$--color-white: #fff !default;
$--color-black: #000 !default;

$--color-primary: #409EFF !default;
$--color-primary-light-1: mix($--color-white, $--color-primary, 10%) !default; /* 53a8ff */
$--color-primary-light-2: mix($--color-white, $--color-primary, 20%) !default; /* 66b1ff */
$--color-primary-light-3: mix($--color-white, $--color-primary, 30%) !default; /* 79bbff */
$--color-primary-light-4: mix($--color-white, $--color-primary, 40%) !default; /* 8cc5ff */
$--color-primary-light-5: mix($--color-white, $--color-primary, 50%) !default; /* a0cfff */
$--color-primary-light-6: mix($--color-white, $--color-primary, 60%) !default; /* b3d8ff */
$--color-primary-light-7: mix($--color-white, $--color-primary, 70%) !default; /* c6e2ff */
$--color-primary-light-8: mix($--color-white, $--color-primary, 80%) !default; /* d9ecff */
$--color-primary-light-9: mix($--color-white, $--color-primary, 90%) !default; /* ecf5ff */

$--color-success: #67c23a !default;
$--color-warning: #e6a23c !default;
$--color-danger: #f56c6c !default;
$--color-info: #909399 !default;
```

图 5-15　颜色变量

有了这些颜色变量，下一步就可以将这些颜色变量应用到项目中。因为前面已经安装好了 sass-loader，在项目中执行 et(element-theme)命令会自动生成 theme 文件夹，其中是字体和样式文件，如图 5-16 所示。

图 5-16　主题文件夹

在项目中引入 index.css 文件，即可实现换肤。代码如下：

```
01    import '../theme/index.css'
02    import ElementUI from 'Element UI'
03    import Vue from 'vue'
04
05    Vue.use(ElementUI)
```

当然，这只是最简单的换肤方法，而且只能换一次。如果想要实现动态换肤，可以写一个换肤组件，调用 AJAX 请求变量文件和字体文件进行动态渲染皮肤。

如果想继续研究换肤的实现方式，可以参考 Vue-element-admin 工程的换肤操作，该工程的处理是将颜色变量写入 scss 文件中，通过改变颜色变量值进行换肤。

5.3　常用组件应用

在项目开发中，有些组件应用非常频繁，如栅格布局组件、文件上传组件、骨架屏组件等，由于组件覆盖的场景很多，本节将介绍如何结合场景在项目中使用组件。

5.3.1　栅格组件

页面样式的布局，除了使用样式文件布局之外，还可以使用栅格组件（布局组件）布局。栅格组件的作用是调整占位空间，实现统一布局。例如，开发者想在一行布局中使用多个输入框或者选择框，行内布局除了设置样式之外，还可利用栅格布局统一均匀间隔，或者指定行内元素的间隔大小。

首先看一下栅格组件的示例，如图 5-17 所示。

图 5-17　栅格组件

如图 5-17 所示，第一行占满了整行，第二行均分，第三行三等分，最后一行六等分，这种方式对于单行布局非常方便，一方面可以方便地实现均分，另一方面可以减轻设置样式的工作量。接下来我们看一下如何使用栅格布局。

【示例 5-11】栅格布局。

```
01  <el-row>
02    <el-col :span="24"><div class="grid-content bg-purple-dark"></div></el-col>
03  </el-row>
04  <el-row>
05    <el-col :span="12"><div class="grid-content bg-purple"></div></el-col>
```

```
06    <el-col :span="12"><div class="grid-content bg-purple-light"></div>
   </el-col>
07  </el-row>
08  <el-row>
09    <el-col :span="8"><div class="grid-content bg-purple"></div>
   </el-col>
10    <el-col :span="8"><div class="grid-content bg-purple-light"></div>
   </el-col>
11    <el-col :span="8"><div class="grid-content bg-purple"></div>
   </el-col>
12  </el-row>
```

　　Element UI 的栅格组件将整行分为 24 个部分，:span=24 表示一行占用的空间是 24 块，后面的:span=12 , :span=8 分别是二等分和三等分。可以在栅格布局上自定义元素占用的块大小，从而任意布局单行元素。

　　除了上面的等分需求之外，在业务中还有一种常见的需求——行内的块之间有间隔。栅格组件同样也可以进行块之间的间隔设置，首先看一下效果，如图 5-18 所示。

图 5-18　有间隔

　　这里的间隔可以等分的，也可以用参数设置。

【示例 5-12】栅格布局。

```
01  <el-row :gutter="20">
02    <el-col :span="6"><div class="grid-content bg-purple"></div>
   </el-col>
03    <el-col :span="6"><div class="grid-content bg-purple"></div>
   </el-col>
04    <el-col :span="6"><div class="grid-content bg-purple"></div>
   </el-col>
05    <el-col :span="6"><div class="grid-content bg-purple"></div>
   </el-col>
06  </el-row>
```

　　直接设置:gutter 属性，设置后的块间隔是 20。除了设置块间间隔之外，还可以设置块间的元素偏移。

【示例 5-13】栅格布局。

```
01  <el-row :gutter="20">
02    <el-col :span="6"><div class="grid-content bg-purple"></div>
   </el-col>
03    <el-col :span="6" :offset="6"><div class="grid-content bg-purple">
   </div></el-col>
04  </el-row>
```

　　通过 offset 属性可以对行内块级元素设置偏移。此外，栅格组件还有一些其他的布局属性，如设置响应式布局，设置行内块级元素的对齐方式等，栅格组件都提供了对应的属性配置。这里就不多介绍了，读者可以参考栅格组件文档。

电商公司内部的后台管理系统常使用栅格布局，下面是使用 Element UI 组件库的栅格组件的代码片段。

【示例 5-14】栅格布局。

```
01  <header class="section_title">数据统计</header>
02  <el-row :gutter="20" style="margin-bottom: 10px;">
03  <el-col :span="4"><div class="data_list today_head"><span class=
    "data_num head">当
04  日数据  : </span></div></el-col>
05     <el-col :span="4"><div class="data_list"><span class="data_num">
    {{userCount}}</span> 06新增用户</div></el-col>
07     <el-col :span="4"><div class="data_list"><span class="data_num">
    {{orderCount}}</span> 08    新增订单</div></el-col>
09     <el-col :span="4"><div class="data_list"><span
10  class="data_num">{{adminCount}}</span> 新增管理员</div></el-col>
11  </el-row>
```

该页面是数据统计页面的一部分，用于显示当日数据、新增用户、新增订单和新增管理员这 4 个数据，效果如图 5-19 所示。

图 5-19　当日数据

因为代码中使用了栅格组件的 gutter 属性，所以行内的块级元素会有等距间隔，行内等距间隔利用栅格组件可以非常方便地实现。

5.3.2　表格组件

说到表格组件，相信读者都不陌生，表格组件适用的场景非常广泛，例如企业内部后台管理系统，当管理员需要看某项数据时，可以用表格组件来展示数据，再如电商的 PC 端页面，某种商品各种型号对应的价格也可以用表格来展示，这个场景相信读者都不陌生，在淘宝等电商平台上买商品的时候，在商品详情页中有很多的商品都是通过表格来展示型号和价格的。

在业务中表格组件的应用非常普遍，后面会系统讲解表格组件在业务中的使用。

首先看一下 Element UI 组件库的默认表格样式，如图 5-20 所示。

Element UI 表格组件的风格是以展示行为主，通过间隔模拟表格的列，这样页面看起来更清爽，符合 Element UI 的设计风格。外边框可以设置，但表格默认的样式不带边框。

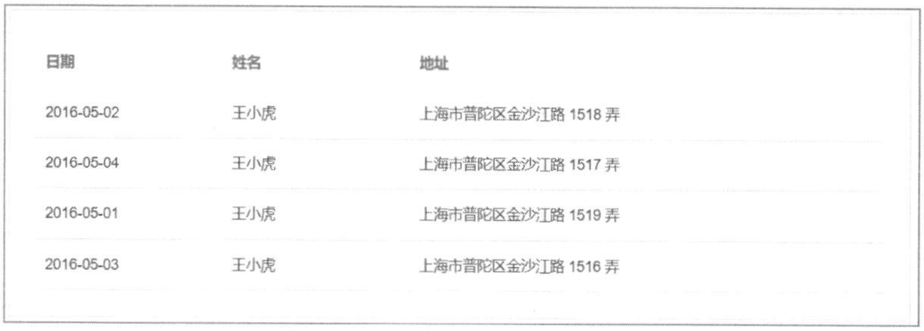

图 5-20　表格组件

　　如果想重点突出表格的某一行，就像按钮组件那样，可以通过不同色值来表示不同的状态，如图 5-21 所示。

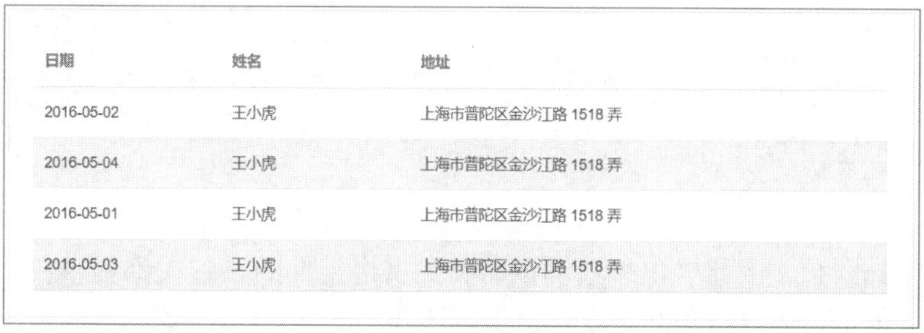

图 5-21　不同状态的表格

　　警告状态用淡黄色来展示，成功状态用绿色展示。在大数据场景下使用表格组件展示数据的时候，颜色区分大大提升了用户体验。

　　当然，在大数据场景下，表格组件可以进行分页处理，也可以滚动加载。滚动加载可以帮助页面在有限空间下展示表格的全部数据，而分页是对数据进行分页请求，以减轻数据量大带来的网络压力。下面看一下滚动表格，如图 5-22 所示。

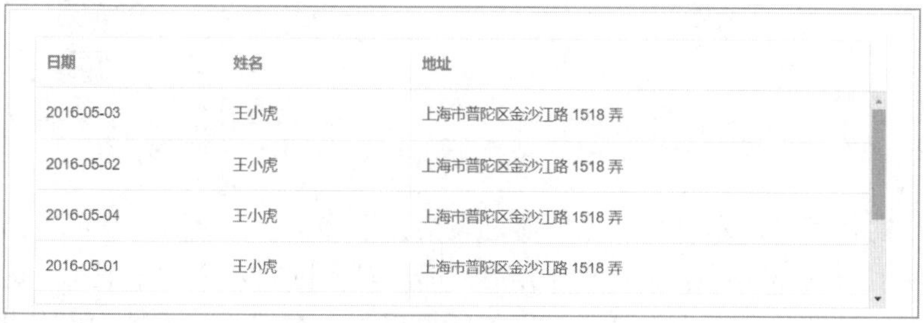

图 5-22　滚动表格

当数据超过 4 条时，内容会超过表格的最大高度，此时就会出现滚动条。

【示例 5-15】表格布局。

```
01  <template>
02    <el-table
```

```
03        :data="tableData"
04        height="250"
05        border
06        style="width: 100%">
07        <el-table-column
08          prop="date"
09          label="日期"
10          width="180">
11        </el-table-column>
12        <el-table-column
13          prop="name"
14          label="姓名"
15          width="180">
16        </el-table-column>
17        <el-table-column
18          prop="address"
19          label="地址">
20        </el-table-column>
21      </el-table>
22    </template>
```

这里加了高度等于 250px，对表格限定高度，当内容超过限定的高度时会触发 overflow 属性，默认是 auto 值，因此会出现滚动条。其实表格组件的设置大都集中在表头，对于要展示的数据，也是可以直接设置表头的 data 属性。

如图 5-23 所示为在项目中直接使用表格展示食品品类的效果。

	食品名称	食品介绍	评分	操作
>	wqwef	wqewfdw	4.7	编辑 删除
>	1111	1111	4.9	编辑 删除
>	test111		4.8	编辑 删除
>	yubaibai		4	编辑 删除
>	韭菜1		4.5	编辑 删除
>	123	123	5	编辑 删除

图 5-23 表格在项目中的应用

这里表格的作用是展示食品列表，通过表格分别展示食品名称、食品介绍、评分和操作，类似的使用场景如展示不同的店铺详情，都可以通过表格组件来展示。这里单击表格的行还会展示额外的信息，也就是说表格的行可以作为容器，在容器内部使用其他组件，如图 5-24 所示。

这种在容器内部使用其他组件的方式，一方面可以节省页面占用的空间，因为有一些信息是不需要展示的，在页面中只展示重要的信息，次要的信息可以隐藏起来。另一方面，这种设计方式可以提升页面的美观度和用户体验。

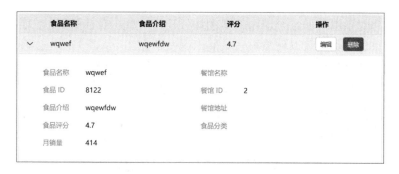

图 5-24　表格组件结合展开样式

最后总结一下，表格组件可以用来展示多类型数据，通过表头可以设置数据源和列名称，这样，表格组件的基础形态就展示出来了。遇到大数据的情况，可以考虑滚动加载和分页两种处理方法，二者的区别在于分页用于数据分页请求，滚动则是在有限空间中展示数据。表格的行可以作为容器，在其内部还可以嵌入其他的组件来展示页面效果。

5.3.3　Dialog 对话框

当网页需要和用户交互的时候经常使用对话框。例如，当用户要删除某项数据时会弹出对话框，询问用户是否确定要删除该数据，对话框中带有取消选项，可以防止用户意外删除有效数据。还有一些其他场景，如通过对话框来指引用户输入有效信息对话框的主流样式大概有两种，一种以提示为主，另外一种则是获取用户输入信息。先看 Element UI 对话框的基本样式，如图 5-25 所示。

对话框的基本样式包含三大要素，即标题、内容和操作区域，默认情况下操作区域包含取消和确定选项。这三大要素允许用户自定义，在简单场景下，只需要在中间部分给出提示信息，操作区域包含一个"确定"按钮，单击该按钮对话框即可消失。如果想要用户输入信息，可以在对话框的中间部分设置输入框，如图 5-26 所示。

图 5-25　对话框样式 1

图 5-26　对话框样式 2

这时候的对话框可以支持用户输入信息。除此之外，还可以将对话框作为容器，在其内部嵌入表格组件来展示更多的信息。表格和对话框的组合效果如图 5-27 所示。

表格组件和对话框组件结合应用较多的场景是用户单击对话框后，需要显示更多信息的时候，弹出来的对话框可以作为容器来展示这些信息。

除了上面这些常用的用法，Element UI 对话框组件还支持对展示内容的样式进行调整，例如，对于图 5-25，此时的内容是靠左展示，可以直接设置对话框的布局属性，将内容设置为居中显示，如图 5-28 所示。这里居中的效果是针对底部的按钮进行设置的，中间的内容部分未设置居中显示。

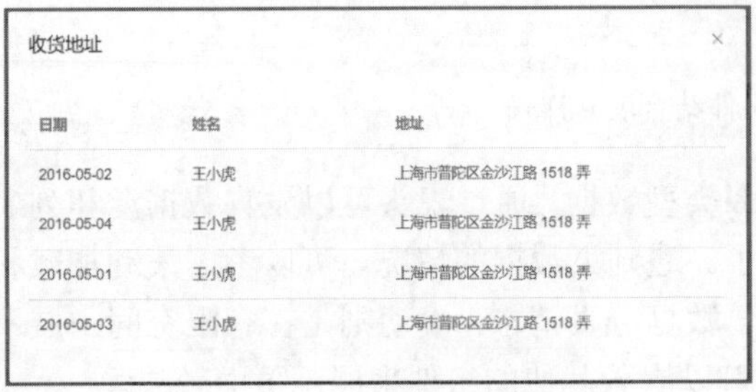

图 5-27　在对话框中嵌套表格 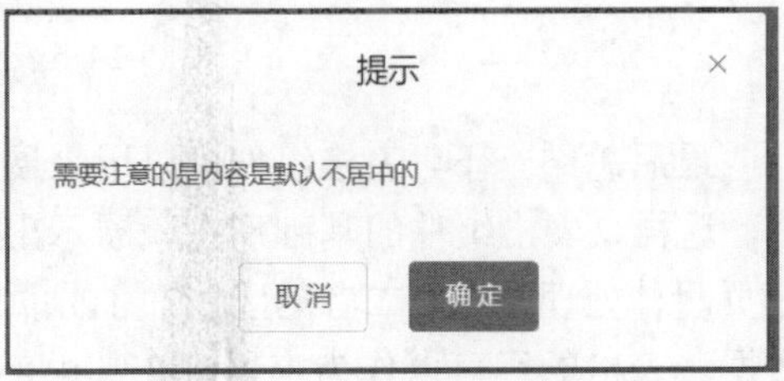　　　　图 5-28　居中显示对话框

【示例 5-16】Dialog 对话框设置。

```
01  <el-dialog
02    title="提示"
03    :visible.sync="centerDialogVisible"
04    width="30%"
05    center>
06  <span>需要注意的是，内容是默认不居中的</span>
07  <span slot="footer" class="dialog-footer">
08    <el-button @click="centerDialogVisible = false">取消</el-button>
09    <el-button type="primary" @click="centerDialogVisible = false">
    确 定</el-button>
10  </span>
11  </el-dialog>
```

在 el-dialog 对话框中设置 center 属性就可以了。其他类型的对话框的使用方法也类似，在对话框中添加对应的属性即可显示不同类型的对话框。在电商后台管理系统中，修改店铺信息时弹出的对话框如图 5-29 所示。

用户修改完店铺信息之后，单击保存按钮，要修改的信息将会发给后端，接口返回成功信息表示店铺信息修改成功。

图 5-29　修改店铺信息对话框

【示例 5-17】Dialog 对话框的主体代码。

```
01            <el-dialog title="修改店铺信息" v-model="dialogFormVisible">
02              <el-form :model="selectTable">
03                <el-form-item label="店铺名称" label-width="100px">
04                  <el-input v-model="selectTable.name" auto-
complete="off"></el-05 input>
06                </el-form-item>
07                <el-form-item label="详细地址" label-width="100px">
08                  <el-autocomplete
09                    v-model="address.address"
10                    :fetch-suggestions="querySearchAsync"
11                    placeholder="请输入地址"
12                    style="width: 100%;"
13                    @select="addressSelect"
14                  ></el-autocomplete>
15                  <span>当前城市：{{city.name}}</span>
16                </el-form-item>
17              </el-form>
18            <div slot="footer" class="dialog-footer">
19              <el-button @click="dialogFormVisible = false">取 消
</el-button>
20              <el-button type="primary" @click="updateShop">确 定
</el-button>
21            </div>
            </el-dialog>
```

代码中间省去了很多表单项，这里只给出了部分代码，其他部分可参照上面的代码，这里不再给出。

5.3.4　描述列表

看到标题，可能读者会联想到列表组件，那么描述列表组件又是什么呢？简单地说，描述组件是在列表组件上添加更多的描述，展示的字段内容更多一些，相当于列表详情。

列表常用于展示类似瀑布流的信息，每一个信息是列表的一个块，多个块连起来就构成了列表。描述列表的应用场景与其类似，在列表中使用额外的区域展示详情类信息。

经过与列表组件进行对比，或许读者对描述列表组件有了一个大概的认识。首先看一下描述列表组件默认的样式，如图 5-30 所示。

图 5-30　描述列表组件默认的样式

图 5-30 只展示了描述列表中的一项，这里展示的是用户的信息，包括用户名、手机号、居住地、备注等，当要展示很多用户信息的时候，可以结合 v-for 指令遍历获取的用户信息，最终呈现列表态的数据。

因为描述列表的样式是和用户信息紧密相关的，所以样式可以不必统一。我们先看图 5-30 所示样式的代码。

【示例 5-18】描述列表组件的应用。

```
01  <el-descriptions title="用户信息">
02      <el-descriptions-item label="用户名">koorioookami</el-descriptions-item>
03      <el-descriptions-item label="手机号">18100000000</el-descriptions-item>
04      <el-descriptions-item label="居住地">苏州市</el-descriptions-item>
05      <el-descriptions-item label="备注">
06        <el-tag size="small">学校</el-tag>
07      </el-descriptions-item>
08      <el-descriptions-item label="联系地址">江苏省苏州市吴中区吴中大道 1188 号</el-
09  descriptions-item>
10  </el-descriptions>
```

el-descriptions 是描述组件的容器，el-descriptions-item 是要展示的字段，而且展示的是行内元素。用户比较简单，描述组件就是为了以友好的方式展示和主题相关的信息。

Element UI 组件库提供了多种描述组件可供选择，这里介绍两种比较常用的样式，一种是带垂直边框的，另一种是不带垂直边框的。

首先看一下带垂直边框的描述组件，如图 5-31 所示。

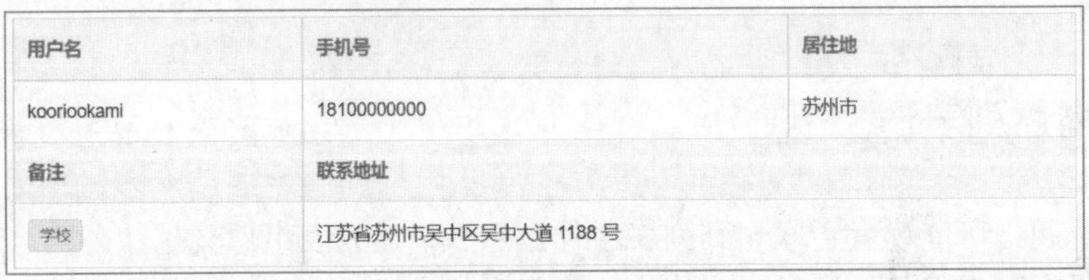

用户名	手机号		居住地
koorioookami	18100000000		苏州市
备注	联系地址		
学校	江苏省苏州市吴中区吴中大道 1188 号		

图 5-31　带垂直边框的描述组件

带垂直边框的详情列表有边框，可防止在字段比较多的情况下看错信息，这种展示类似表格。还有一种是不带边框的描述组件，如图 5-32 所示。

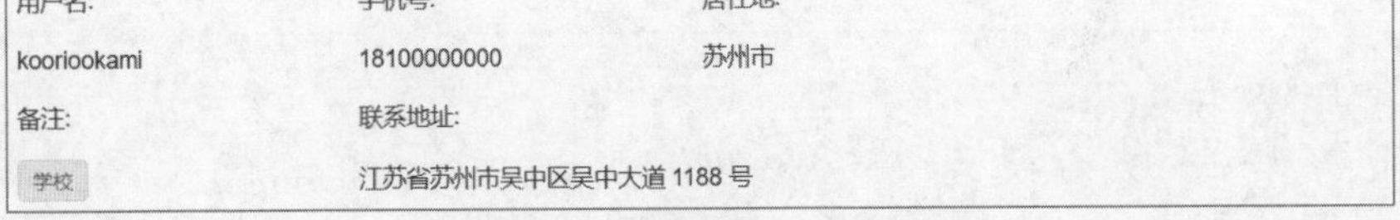

用户名:	手机号:	居住地:
koorioookami	18100000000	苏州市
备注:	联系地址:	
学校	江苏省苏州市吴中区吴中大道 1188 号	

图 5-32　不带边框的描述组件

不带边框的描述组件看起来比较简洁，如果使用列表形态呈现的话，推荐用带边框的描述组件，因为边框可以间隔信息，防止信息混淆。

【示例 5-19】配置描述组件边框。

```
01  <el-descriptions title="垂直带边框列表" direction="vertical" :column=
"4" border>
02    <el-descriptions-item label="用户名">kooriookami</el-descriptions-item>
03    <el-descriptions-item label="手机号">18100000000</el-descriptions-item>
04    <el-descriptions-item label="居住地" :span="2">苏州市</el-descriptions-item>
05    <el-descriptions-item label="备注">
06      <el-tag size="small">学校</el-tag>
07    </el-descriptions-item>
08    <el-descriptions-item label="联系地址">江苏省苏州市吴中区吴中大道 1188
号</el-
09  descriptions-item>
10  </el-descriptions>
```

如果要设置边框，可以直接配置 border 属性，不带边框的话则无须设置 border 属性。

描述列表的用法非常简单，可以将描述列表看作容器，在其中展示列表项的详情，容器的样式可选择有边框或者没有边框的情况，根据合适的场景来选择。总体使用上还是非常简单的，读者多加练习即可掌握。

5.3.5　下拉菜单

下拉菜单使用较多的场景是当用户填写信息的时候，下拉菜单用于提供各种选项供用户选择。例如，在点餐系统中，菜的品种有多种，可以通过下拉菜单供用户选择所有的菜品。下拉菜单适用于选项不是很多的情况，大数据场景下，需要在固定的选择区域添加滚动效果。

熟悉了使用场景，接下来我们看一看下拉菜单的使用方式。

首先看一下 Element UI 给出的下拉菜单的样式，如图 5-33 所示。

下拉菜单的触发的方式有光标悬浮和单击两种并且是可以配置的。可以把数据通过下拉选项的方式展示出来，供用户选择。

图 5-33　下拉菜单

【示例 5-20】下拉菜单组件。

```
01      <el-dropdown trigger="click">
02        <span class="el-dropdown-link">
03          下拉菜单<i class="el-icon-arrow-down el-icon--right"></i>
04        </span>
05        <el-dropdown-menu slot="dropdown">
06          <el-dropdown-item icon="el-icon-plus">黄金糕</el-dropdown-item>
07          <el-dropdown-item icon="el-icon-circle-plus">狮子头</el-dropdown-item>
08          <el-dropdown-item icon="el-icon-circle-plus-outline">螺蛳粉
</el-dropdown-item>
09          <el-dropdown-item icon="el-icon-check">双皮奶</el-dropdown-item>
10          <el-dropdown-item icon="el-icon-circle-check">蛎仔煎</el-dropdown-item>
```

```
11        </el-dropdown-menu>
12      </el-dropdown>
```

dropdown 是下拉的意思，el-dropdown 是 Element UI 的下拉组件。需要显示的菜单选项通过 el-dropdown-menu 来表示。除了默认的样式之外，这可以对下拉菜单的尺寸进行配置，规定的尺寸配置如图 5-34 所示。

图 5-34　下拉菜单的不同尺寸

除了样式方面的需求之外，在功能方面，如有的用户点击了其中的某一个选项从而触发下拉菜单事件，该怎么处理呢？实际上，下拉组件已经提供了对选中选项的事件处理方式，应用的时候需要在每个选项上添加 command 属性：

```
<el-dropdown-item command="a">黄金糕</el-dropdown-item>
```

同时还需要在 el-dropdown 容器上添加 command 事件：

```
<el-dropdown @command="handleCommand">
```

handleCommand 函数是需要用户自定义的函数，在 methods 中定义即可。

【示例 5-21】handleCommand 函数的使用。

```
01  <script>
02    export default {
03      methods: {
04        handleCommand(command) {
05          this.$message('click on item ' + command);
06        }
07      }
08    }
09  </script>
```

在 handleCommand 函数中获取选中的选项，开发者可以根据选中的选项执行自定义操作。

举一个下拉菜单的常用场景，点击下拉菜单，弹出对用户的配置选项，该选项通常位于页面的右上角，供用户选择进入首页和退出。如果选择首页，则会跳转到首页，如果选择退出，则会直接退出系统，如图 5-35 所示。

图 5-35　系统右上角的
下拉菜单

【示例 5-22】dropdown 组件的用法。

```
01        <el-dropdown @command="handleCommand" menu-align='start'>
02          <img :src="baseImgPath + adminInfo.avatar" class="avator">
03          <el-dropdown-menu slot="dropdown">
04            <el-dropdown-item command="home">首页</el-dropdown-item>
05            <el-dropdown-item command="signout">退出</el-dropdown-item>
```

```
06              </el-dropdown-menu>
07          </el-dropdown>
```

【示例 5-23】handleCommand 函数的用法。

```
01          async handleCommand(command) {
02              if (command == 'home') {
03                  this.$router.push('/manage');
04              }else if(command == 'signout'){
05                  const res = await signout()
06                  if (res.status == 1) {
07                      this.$message({
08                       type: 'success',
09                       message: '退出成功'
10                      });
11                      this.$router.push('/');
12                  }else{
13                      this.$message({
14                       type: 'error',
15                       message: res.message
16                      });
17                  }
18              }
19          }
```

同样也是在选项中添加 command 属性，在函数内部处理路由跳转及用户退出的逻辑，并用$message 添加提示信息，总之，对于每一个单独的选项做单独的处理即可。下拉菜单的内容到这里就介绍完毕了，重点介绍了如何在下拉菜单上添加事件，还支持用户自定义，除此之外，列举了下拉组件的各种样式。

本章介绍了一些常用的 Element UI 组件，包括它们的用法和使用场景，在学习完本章的内容之后，建议读者在项目中上手实践这些组件，熟悉它们的基本属性和配置，达到熟练使用的程度。

第 6 章　使用 Koa 2 搭建服务

前面介绍的 Vue、Vuex 全局数据管理及 Vue-Router 路由管理等都是前端领域的内容，我们知道，一个完整的项目需要前后端共同配合来支撑项目的运行，前面使用的 Vue CLI 脚手架创建的模板"跑"起来的原因是内置了 webpack-dev-server，它提供了一个 HTTP 服务用于支持前端运行的项目，本章我们将了解一下前端领域的后端框架，并且尝试搭建项目的后端服务。

本章主要介绍 Koa 2 的相关概念，包括服务的监听，中间件的使用，路由的管理等，让读者了解 Koa 2 的相关生态，为后面使用 Koa 2 搭建完整的后端服务提供基础。

本章的主要内容如下：
- Koa 2 的基本概念。
- 使用 Koa 2 操作数据库。
- 使用 Koa 2 实现接口服务。

6.1　Koa 2 简介

考虑到有没有接触过 Koa 2 的读者，因此在开始之前首先介绍一下 Koa 2 的一些基本概念。有 Web 开发经验的读者都知道，项目的后端服务用 Java 实现的情况比较多，其实 Node 也是支持后端开发的。为了方便使用 Node 进行后端开发，Express（一个发布时间较久的框架）团队基于 Node 封装了 Koa 2 框架，其对异步操作有更友好的支持，方便前端开发者搭建后端服务。

本节将对 Koa 2 基础概念进行介绍，帮助读者打好 Koa 2 基础，方便继续后面的深入学习。

6.1.1　安装 Koa V

因为 Koa 2 用到了 Async/Await 语法，所以需要使用 Node v7.6.0 以上的版本，读者需要先看一下自己的 Node 版本是否支持，如果不支持则需要升级到指定的 Node 版本之上。

Koa 2 也是托管在 npm 上的，可直接用 npm 安装的方式下载 Koa 2。注意，后面的 Koa 特指 Koa 2。

```
# 初始化 package.json
npm init

# 安装 Koa 2
npm install koa
```

安装成功之后，建议先在本地测试一下服务是否正常。

【示例 6-1】启动 Koa 服务。

```
01  const Koa = require('koa')
02  const app = new Koa()
03
04  app.use( async ( ctx ) => {
05    ctx.body = 'Koa 2 服务正常启动'
06  })
07
08  app.listen(3000)
09  console.log('服务在 3000 端口运行')
```

上面是非常简单的一个程序，先初始化一个 Koa 实例，调用 listen 方法监听 TCP 端口启动服务，请求上下文的信息是"Koa 2 服务正常启动"并最终在页面中显示，如图 6-1 所示。

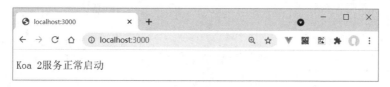

图 6-1　Koa 启动程序

当浏览器显示"Koa 2 服务正常启动"的时候，说明 Koa 服务就在本地正常启动了。

本小节的内容主要聚焦于 Koa 基础，在本地启动了一个基础服务，让读者体会一下前后端的简单的联动。

6.1.2　response、request 和 context 简介

同 Vue 一样，一个新框架的出现会引入一些重要的概念，本小节将介绍 Koa 的一些重要的概念，如 response、request 和 context。

response 表示请求的响应。Koa 的响应对象是在 Node 响应对象上的抽象，通俗地说，Koa 的 response 对象是在 Node 的 response 基础上封装的，并在此之上添加了标识服务的信息，包括响应头、响应体和响应状态等，开发者可以根据这些信息进行业务逻辑处理。

在 6.1.1 小节启动本地服务的程序中增加一个服务用于输出 response，看一下 response 的返回结果。

【示例 6-2】启动 Koa 服务。

```
01  app.use( async ( ctx ) => {
02    ctx.body = 'Koa2 服务正常启动'
03    console.log('respone:', ctx.response)
04  })
```

控制台输出信息如图 6-2 所示。

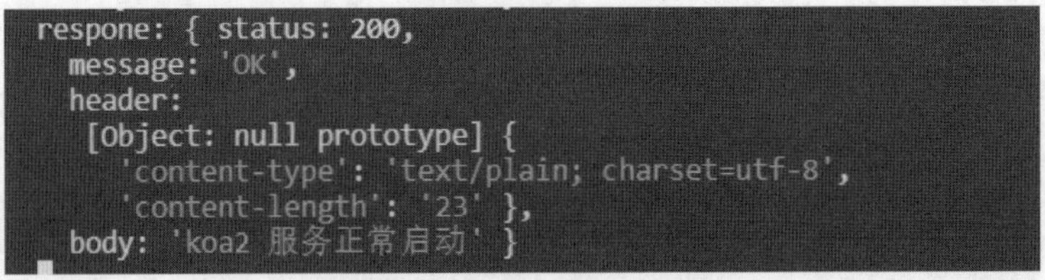

图 6-2　控制台的输出信息

和前面说的一样，response 包含 status、body 和 message 信息，在业务中通常使用这些字段返回值执行业务判断。

例如，登录的接口用于判断用户是否登录成功，可以通过 response 拟定的返回信息判断用户是否登录成功。

【示例 6-3】登录接口返回。

```
01          let res = result
02          if (res.length && name === res[0]['name'] && md5(password)
    === res[0]['pass'])
03          {
04            ctx.session = {
05              user: res[0]['name'],
06              id: res[0]['id']
07            }
08            ctx.body = {
09              code: 200,
10              message: '登录成功'
11            }
12          } else {
13            ctx.body = {
14              code: 500,
15              message: '用户名或密码错误'
16            }
17            console.log('用户名或密码错误!')
18          }
```

这里的 result 是表单传入的数据，对返回的信息执行用户名和密码的判断，判断它们是否和数据库中存储的一样，如果一样，则说明用户输入的密码正确，这时可再封装 response 信息返回给用户。如果用户输入的用户名和密码不正确，则返回 500 状态码，提示用户名或密码错误。

上述是通过 response 接收返回信息的过程，前端收到这部分信息后进行判断，遇到异常情况如密码错误，根据 response 返回的信息提示密码错误。

request 和 repsone 类似，request 是请求，response 是响应，前端用 AJAX 调用后端接口是请求的过程，后端返回 JSON 字段数据是响应的过程，请求和响应是一个完整的闭环。

Koa 的 request 对象也是在 Node 的 request 上封装的，和 response 对象一样，request 对象也支持配置 header、method 和 url 等请求字段数据。前端开发者发起 request 通常是用 AJAX 的方式将要传递的数据存入 params 然后传给后端，后端通过请求的上下文获取前端传过来信息，并将这些信息用于后端的业务处理，处理完之后，通过 reqponse 返回给前端用户。这样 request 和 response 就联动起来了。

还是说回登录接口，登录的时候，用户需要输入用户名和密码，通过请求将用户名和密码传给后端。其他场景也是采用一样的方式，如在电商系统这个场景中，用户获取自己购物车中的信息也是通过请求购物车接口完成的。如果会写一个接口，那么在其他场景下的接口实现也是非常容易的。

【示例 6-4】登录接口调用。

```
01    console.log(ctx.request.body)
02    let { name, password } = ctx.request.body
03    await userModel.findDataByName(name)
```

在上面的代码中通过 ctx 获取 request 对象中的 body 数据，通过对象解构获得用户名和密码，再通过 findDataByName 函数查询数据库，将查询的结果通过 response 对象传出去，前端开发者直接处理 response 对象返回的信息。

其实注册业务逻辑更典型的是使用 request 对象的事例，用户在注册的时候，基本信息部分需要输入用户名和密码，复杂一点的还需要输入确认密码并上传头像，这些信息都被 Koa 封装到了 request 对象中。接下来还需要判断用户注册的用户名是否已经存在，如果已存在，则提示用户名已经存在，如果不存在则表示用户注册成功。下面是注册接口的实现过程。

【示例 6-5】调用注册接口。

```
01    let { name, password, repeatpass, avator } = ctx.request.body
02    console.log(typeof password)
03    await userModel.findDataCountByName(name)
```

这里是调用 findDataCountByName 判断数据库中是否有记录，下面是对判断结果的处理。

【示例 6-6】判断注册接口返回的数据。

```
01        if (result[0].count >= 1) {
02            // 用户存在
03            ctx.body = {
04                code: 500,
05                message: '用户存在'
06            };
```

```
07             } else if (password !== repeatpass || password.trim() === '') {
08               ctx.body = {
09                   code: 500,
10                   message: '两次输入的密码不一致'
11               };
12             } else if(avator && avator.trim() === ''){
13               ctx.body = {
14                   code: 500,
15                   message: '请上传头像'
16               };
17             }
```

因为这里还要输入确认密码，中间是对密码和确认密码是否一致的判断，如果不一致的话，则提示两次输入的密码不一致。这里注册时还需要上传头像，因此还需要对头像图片进行校验，如果校验不通过的话，则提示"请上传头像"。

【示例 6-7】头像上传接口校验。

```
01         if (upload) {
02           await userModel.insertData([name, md5(password), getName + '.png',
03 moment().format('YYYY-MM-DD HH:mm:ss')])
04               .then(res => {
05                   console.log('注册成功', res)
06                   //注册成功
07                   ctx.body = {
08                       code: 200,
09                       message: '注册成功'
10                   };
11               })
```

upload 表示头像上传的结果，如果头像上传成功，则会返回注册成功的提示，如果上传失败，返回的数据格式和上传成功的数据格式是一样的，但是需要添加头像上传失败和状态码为 500 的信息。这里没有展示头像上传的代码，这部分代码主要是文件读写，不影响读者对注册接口实现的理解。

接下来直接展示注册页面，如图 6-3 所示。

图 6-3　注册页面

在注册页面中，用户需要输入用户名和密码并上传头像，最后单击"注册"按钮执行注册逻辑。

最后还有一个重要的概念——ctx，简单地讲，ctx 是执行的上下文。ctx 对象将 Node 的 response 和 request 对象封装起来合并到 ctx 对象中，开发者可以从 ctx 对象中获取 request 和 response 的相关值，前面提到的 response 对象和 request 对象可以直接从 ctx 对象中获取。

总结一下，response 对象是获取接口返回的数据，request 对象则是封装请求的数据，开发者在写后端接口时非常重要的一环是规定好 request 和 response 对象的格式，就像登录注册接口，在注册接口中 request 对象包含用户的输入内容，response 对象则返回必要信息，二者都封装在上下文 ctx 对象中，开发者可以直接从 ctx 对象中获取数据。

6.1.3　Async 和 Await 的使用

Async 和 Await 是 Elasticsearch 7 新添加的语法，用来修饰 Promise，可以将异步的写法转换为同步写法，给开发者带来良好的开发体验。在 Koa 搭建的后端服务中，异步请求很多，Async 和 Await 可以将这些异步请求用同步的方式写出来，提高了代码的优雅性。

由于 Async 和 Await 是针对 Promise 对象的，为了更好地介绍 Async 和 Await 的用法，需要补充 Promise 的相关使用说明。Promise 是前端用来解决异步问题所提出的一种解决方案，为了衡量异步的状态，在解决方案中 Promise 有 3 种基本状态，分别对应异步操作的结果，其中，pending 表示进行中（中间态），fulfilled 表示已成功，rejected 表示失败。pending 只能向成功或者失败的方向变化，因此状态的变更会影响异步的实现效果，下面我们看一个简单的异步操作。

【示例 6-8】异步操作。

```
01   let p = new Promise(function(resolve, reject){
02        //一些异步操作
03        setTimeout(function(){
04            console.log('执行完成 Promise');
05            resolve('要返回的数据可以是任何数据如接口返回数据');
06        }, 2000);
07   });
```

Promise 内部函数接收两个参数，一个是 resolve，另一个是 reject，如果异步执行成功，则会执行 resolve 函数，失败则执行 reject 函数，开发者可以在 resolve 和 reject 参数中执行成功状态和失败状态对应的逻辑，为了在正确的位置处理 Promise 的状态，then 函数是必不可少的。

【示例 6-9】then 函数的使用。

```
promiseClick().then(function(data){
    console.log(data);
    //后面可以用传过来的数据进行其他操作
    ......
})
```

then 函数用来接收下一个 Promise 对象，因为 resolve 函数和 reject 函数都会抛出一个新的 Promise 对象，在 then 函数中处理下一个状态，通俗地说，就是用 Promise 处理后端接口请求的时候，可以在 then 函数中获取接口返回的数据并在该函数体中进行处理。

前面介绍了异步相关的用法，接下来将异步用到项目中。后端项目涉及读取数据库的操作比较多，这种操作本质上属于异步操作，因此在项目中会使用很多的 Async 和 Await 修饰符。举个例子，用户在博客系统上发表了一篇博文，用户想要修改博文的内容，修改操作涉及从数据库中查找博文，这就属于异步操作，就可以用 Async 和 Await 修饰符来修饰从数据库查找博文的函数。

除了查找之外，编辑文章也属于异步操作的范畴，也可以用 Async 和 Await 修饰符来代替，我们看一下具体用法。

【示例6-10】Async 修饰符的使用。

```
/**
 * 编辑单篇文章页面
 */
01  exports.getEditPage = async ctx => {
02    let name = ctx.session.user,
03        postId = ctx.params.postId,
04        res;
05    await checkLogin(ctx)
06    await userModel.findDataById(postId)
07      .then(result => {
08          res = result[0]
09      })
10    await ctx.render('edit', {
11      session: ctx.session,
12      postsContent: res.md,
13      postsTitle: res.title
14    })
15  }
```

Async 用来修饰函数签名，这时候就必须用 Await 来修饰异步函数。在 getEditPage 函数内部用 Await 修饰 checkLogin 函数，判断用户的登录情况，保证只有登录的时候才有权限编辑，待该函数执行完毕再执行 findDataById 函数，按照 ID 查找是否有对应的博客，最后将查找的结果返回并在前端页面中渲染出博客文章，此时用户就可以对其进行修改了。这就是编辑博客内容的大致流程，Await 等待异步函数的状态变为 resolved 或者 rejected，之后再继续执行下一个异步函数。

本小节主要讲解了 Async 和 Await 修饰符的用法，并演示了如何在实际场景中使用，重点是如何识别一些异步场景。除了熟悉基本的异步场景之外，更重要的是如何判断异步，根据经验，大都是通过对场景进行分析，从而判断出是异步或者非异步，这需要多在项目中进行实践。

6.1.4　熟悉 Koa 2 中间件

简单地说，中间件是将一些公共的功能抽离出来封装成程序，使用方调用 Koa 的 use 函数执行中间件，发挥中间件的作用。

中间件是 Koa 的一个重要机制，由于 Koa 没有内置中间件，所以大部分的中间件都是开发者独立开发的。受益于 Koa 的洋葱模型，每个中间件都可以看作洋葱的一层层外皮，当有多个中间件的时候，按照注册的顺序依次发挥作用。

如图 6-4 所示为 Koa 的中间件模型。

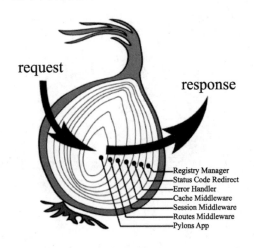

图 6-4　Koa 的中间件模型

中间发挥作用的整个过程是 request 和 response 的连贯过程，它在其中发挥了传导作用。一些常见的执行过程，如根据状态码执行重定向的操作、处理缓存的操作、处理 session 的操作和路由管理操作等，都可以用中间件来处理。这些都是项目的公共部分，不涉及业务细节，因此都交给中间件来处理。

解释了 Koa 中间件的概念，接下来我们来看如何实现一个输出请求方法和请求 URL 的 logger 中间件。

【示例 6-11】实现一个 logger 中间件。

```
01  /* ./middleware/logger-async.js */
02
03  function log( ctx ) {
04      console.log( ctx.method, ctx.header.host + ctx.url )
05  }
06
07  module.exports = function () {
08    return async function ( ctx, next ) {
09      log(ctx);
```

```
10        await next()
11    }
12  }
```

工程的 middleware 文件夹一般用于存放中间件。在 logger 中间件中定义的 log 函数用于输出请求方法和请求的 host 加 URL，最后在 logger-async.js 底部通过 module.exports 导出，并在 log 函数尾部添加 next()函数继续启用下一个中间件。

写好中间件之后，如何在项目中使用中间件呢？通常的做法是在项目的入口文件 app.js 中直接引入。

【示例 6-12】引入中间件。

```
01  const Koa = require('koa')
02  const loggerAsync = require('./middleware/logger-async')
03  const app = new Koa()
04
05  app.use(loggerAsync())
06
07  app.use(( ctx ) => {
08    ctx.body = 'hello world!'
09  })
10
11  app.listen(3000)
12  console.log('the server is starting at port 3000')  }
```

利用 Koa 的 use 函数直接引用中间件的实例对象，在有多个中间件的情况下，Koa 会按照 use 引入中间件的次序依次注册中间件。logger-async 中间件在请求的时候会输出请求的方法和 URL。输出结果如图 6-5 所示。

图 6-5   输出请求结果

可以看到，请求方法是 GET，请求的 URL 是'localhost:3002/favicon.ico'，中间件会截获每次请求，在控制台输出请求信息。如果想进一步完善这个中间件的话，可以将请求信息直接写入一个日志文件，将请求的 logger 信息都保存下来，这样一个比较完善的 logger 中间件就搭建完成了。

中间件本质上可以脱离业务的程序，用来解决项目的公共配置。Koa 的中间件机制可以通过洋葱模型来理解，每穿过一层"外皮"，即是执行一个中间件，按照顺序可以将中间件全部执行完毕。

6.2　获取请求数据

前面在讲述中间件的时候说过请求的方式，常见的请求方式有 GET 和 POST，GET 是用来获取数据的，POST 主要用来向后端传递数据，后面会介绍 GET 和 POST 这两种方式。在有些情况下，需要对传递的数据进行校验，此时可以使用中间件来处理。

对于请求数据，前后端的交互是通过接口来处理的。那么，后端是如何将接口暴露给前端的呢？前端可以通过路由的方式来渲染不同的组件，以展示不同的页面，那么后端是否也可以通过路由的形式将接口暴露给前端使用呢？答案是可以，本节的重点是关注后端如何封装接口数据。

6.2.1　通过 GET 方式获取数据

通过 GET 请求方式获取数据是比较常见的用法。在一些常见的场景中，如获取指定商品的信息，可以通过 GET 方式获取数据。在 Koa 中使用 GET 方式请求数据时，可以调用 request 对象的 query 方法或 querystring 方法获取请求的全部数据，query 方法返回的是 JSON 格式的数据，querystring 方法返回的是请求的字符串。

ctx 对象内部封装了 request，因此 GET 获取数据的方式有两种，第一种是直接从上下文中获取。例如，请求对象为 ctx.query，返回 { a:1, b:2 } 和请求字符串 ctx.querystring，返回的数据类似于 a=1&b=2。第二种方式是从上下文的 request 对象中获取数据。例如，请求对象为 ctx.request.query 字段，返回类似于 { a:1, b:2 } 的 JSON 数据，ctx.request.querystring 则返回如 a=1&b=2 的请求字符串，这两种方式都满足要求。

在前面的注册接口代码中，使用的是从上下文的 request 对象获取数据的方式。

【示例 6-13】用两种方式获取请求信息，看一下这两种方式返回的值的区别。

```
01  app.use(( ctx ) => {
02   const Koa = require('koa')
03   const app = new Koa()
04
05  app.use( async ( ctx ) => {
06    let url = ctx.url
07
08    let request = ctx.request
09    let req_query = request.query
10    let req_querystring = request.querystring
11
12    let ctx_query = ctx.query
13    let ctx_querystring = ctx.querystring
14
15    ctx.body = {
```

```
16    url,
17    req_query,
18    req_querystring,
19    ctx_query,
20    ctx_querystring
21  }
22 })
23
24 app.listen(3000, () => {
25   console.log('[demo] request get is starting at port 3000')
26 })
```

第一种方式是从 request 对象中获取 query 和 querystring，第二种方式是从 ctx 中获取 query 和 querystring。浏览器显示的数据如图 6-6 所示。

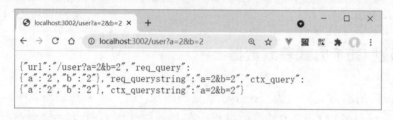

图 6-6　不同请求方式的返回结果

可以看到，使用 query 方式返回的结果是 JSON 对象的形式，使用 querystring 方式则是直接显示路由的参数。二者的区别还是非常明显的，前端开发者在使用的时候要注意二者的区别。

6.2.2　通过 POST 方式请求数据

在前面的登录场景中是通过 POST 请求方式将用户名、密码和确认密码传给后端，后端从 ctx 对象中直接提取这些数据进行校验，判断数据是否符合要求。在使用 POST 请求的时候，数据传输格式基本是 JSON 格式，此时前端需要使用对象的数据类型对传递的数据进行封装。

前端调用 POST 请求的方式大致有两种，一种方式是使用 form 表单，另一种也是常见的方式是使用 AJAX。使用 AJAX 方式时一般会采用 axios（AJAX 请求库）将数据以 JSON 的形式传给后端，后端从 request 对象中获取数据。除了登录接口之外，在其他场景如博客系统中用户想要发表一篇文章，除了要传给后端文章标题和文章内容之外，后端还要对用户的相关信息进行判断，如用户登录状态是否过期，如果过期则需要在 response 中告知相关信息，也就是说，在业务场景中，接口之间相互依赖，接口函数之间的复用也很常见。

我们看一下发表文章的页面，如图 6-7 所示。

图 6-7　发表文章页面

　　页面设计并不复杂，用户只需要输入标题和内容，单击"发表"按钮，请求发表文章的接口，接口校验通过则代表文章发布成功。

【示例 6-14】发表文章业务实现。

```
/**
 * 发表文章
 */
01  exports.postCreate = async ctx => {
02      let {title,content} = ctx.request.body,
03          id = ctx.session.id,
04          name = ctx.session.user,
05          time = moment().format('YYYY-MM-DD HH:mm:ss'),
06          avator,
07
08      await userModel.insertPost([name, newTitle, md.render(content),
    content, id, time,
09   avator])
10          .then(() => {
11              ctx.body = {
12                  code:200,
13                  message:'发表文章成功'
14              }
15          }).catch(() => {
16              ctx.body = {
17                  code: 500,
18                  message: '发表文章失败'
19              }
20          })
21  }
```

　　从 ctx.request 中获取文章标题和内容，之后调用 insertPost 函数将相关的信息插入数据库，再将文章是否插入成功的结果返回。前端直接调用 AJAX 判断文章是否发表成功。到这里，使用 AJAX 发起 POST 请求的内容就介绍完了。

　　下面再介绍一下使用 form 表单调用 POST 接口的方式。使用 form 表单的时候，需要在 method 中声明 POST 方法，并在 action 中写清楚请求的路由。

【示例 6-15】在 form 表单中使用 POST 请求。

```
01        <form method="POST" action="/">
02          <p>userName</p>
03          <input name="userName" /><br/>
04          <p>email</p>
05          <input name="email" /><br/>
06          <button type="submit">submit</button>
07        </form>
```

form 表单写好之后，后端接口需要增加对数据的处理，因为使用 form 表单传递的不是 JSON 数据格式而是字符串。这时候可以写一个 parseQuery 函数来解析字符串数据。

【示例 6-16】字符串解析。

```
01   function parseQuery( queryStr ) {
02     let queryData = {}
03     let queryStrList = queryStr.split('&')
04     console.log( queryStrList )
05     for ( let [ index, queryStr ] of queryStrList.entries() ) {
06       let itemList = queryStr.split('=')
07       queryData[ itemList[0] ] = decodeURIComponent(itemList[1])
08     }
09     return queryData
10   }
```

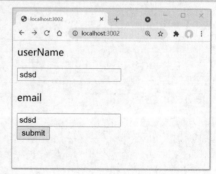

使用 queryData 对象封装字符串中的数据，最后将该对象返回，供其他函数使用。form 表单如图 6-8 所示。

用户需要输入用户名和密码，然后单击提交按钮将数据传给后端。parseQuery 函数解析后的数据如图 6-9 所示。

可以看到，已经成功地将字符串数据解析为 JSON 数据格式了。使用 form 表单的方式到这里也讲解完了，在使用 form 表单的时候，首先前端要声明 method 和 action，确定请求方式和请求的 URL，同时

图 6-8　form 表单

后端要调用函数将字符串转换为对象格式，方便对数据进行解析。

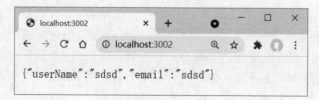

图 6-9　解析后的数据

到这里，使用 POST 请求的两种方式都介绍完了，使用时只需要根据需求选择合适的方式即可，不能说哪一种方式是最好的。当页面需要使用 form 表单进行展示的时候，可以直接用 form 表单的方式执行 post 请求，其他情况使用 AJAX 方式执行 post 请求即可。

6.2.3　koa-bodyparser 中间件

前面在介绍使用 form 表单的时候，后端要写将字符串转换为 JSON 格式的函数，这实际上增加了后端的负担。如果要减轻后端的负担，可以使用中间件，就是本小节要讲的 koa-bodyparser 中间件。

在 koa-bodyparser 中间件中，对于 POST 请求，koa-bodyparser 中间件可以 Koa 上下文对象的 formData 数据解析到 ctx.request.body 变量中，开发者可以直接从中获取数据。

还是以图 6-8 为例，form 表单传过来的是 formData 格式数据，该怎么用 koa-bodyparser 中间件解析数据呢？我们看一个例子。

【示例 6-17】使用 koa-bodyParser 中间件解析数据。

```
01  const Koa = require('koa')
02  const app = new Koa()
03  const bodyParser = require('koa-bodyparser')
04
05  // 使用 ctx.body 解析中间件
06  app.use(bodyParser())
```

数据处理见下面的例子。

【示例 6-18】koa-bodyParser 中间件的数据处理。

```
01  if ( ctx.url === '/' && ctx.method === 'POST' ) {
02      // 当收到 POST 请求的时候，中间件 koa-bodyparser 解析 POST 表单里的数据并将
    其显示出来
03      let postData = ctx.request.body
04      ctx.body = postData
05  }
```

使用 koa-bodyparser 中间件可以直接从 ctx 对象中获取 JSON 数据。输出结果与图 6-9 一样。到这里读者是否可以感受到 koa-bodyparser 中间件带来的便捷？不需要再写一个 parseQuery 函数解析 formData 中的数据并将它们封装成 JSON 格式，使用 koa-bodyparser 中间件就可以直接处理数据格式。

koa-bodyparser 中间件的作用还有很多，看它的 API 有很多的配置参数，就 formData 来说，因为 formData 数据大小不同，因此 formData 是有大小限制的，koa-bodyparser 中间件提供了 formLimit 参数限制 formData 数据的大小，默认是 56KB，不同的项目，formData 数据是不同的，因此开发者需要设置其大小。

【示例 6-19】使用 koa-bodyparser 中间件提供的 formLimit 参数限制 formData 数据的大小。

```
01  app.use(bodyParser({
```

```
02    formLimit: '1mb'
03  }))
```

这里设置 formData 数据的大小是 1MB。还有其他参数，如限制 JSON 大小的参数、限制 txt 大小的参数、限制 XML 大小的参数等都是可以配置的，读者可以参考 koa-bodyparser 文档，了解常用的参数配置。

除了 koa-bodyparser 中间件之外，还有很多好用的中间件，如处理 Session 和 Logger 的中间件，当遇到类似需求的时候可以先搜索一下是否有可用的中间件。

6.2.4 Koa 路由

前面章节介绍过前端路由 Vue-Router，读者对路由的概念大概有了一定的了解，从前端的角度来看，路由的切换对应页面的切换，中间会执行某些页面的生命周期。对应到后端，路由可以类比为接口，一个路由对应的是接口函数，也就是说，前端调用接口是通过 Koa 路由关联的后端函数实现的。

不同的路由对应不同的接口函数，在项目中通过一个路由文件将接口汇总在一起。下面的代码就是暴露后端路由的。

【示例 6-20】Koa 路由器的使用。

```
01  app.use(require('./routers/signin.js').routes())
02  app.use(require('./routers/signup.js').routes())
03  app.use(require('./routers/posts.js').routes())
04  app.use(require('./routers/signout.js').routes())
```

use 函数接收路由参数，以路由形式支持后端服务，在解决跨域的问题之后，前端可以直接调用后端暴露的接口。

以上是项目入口的代码，在 routers 文件夹中集成了同类的路由。

【示例 6-21】拆分路由。

```
01  const router = require('koa-router')();
02  const controller = require('../controller/c-posts')
03
04  // 重置到文章页
05  router.get('/', controller.getRedirectPosts)
06  // 文章页
07  router.get('/posts', controller.getPosts)
08  // 首页分页，每次输出 10 条
09  router.post('/posts/page', controller.postPostsPage)
10  // 个人文章分页，每次输出 10 条
11  router.post('/posts/self/page', controller.postSelfPage)
12  // 单篇文章页
13  router.get('/posts/:postId', controller.getSinglePosts)
14  // 发表文章页面
15  router.get('/create', controller.getCreate)
```

在 Koa 项目中搭建路由要使用 koa-router，并在路由中声明 GET 或者 POST 的请求方

式。在路由函数中接收的参数是一个控制器函数，因为项目中的路由函数大都存在于
controller 函数中，这样便于集中管理路由逻辑。控制器函数涉及操作数据库的逻辑，因此
它们会调用 modules 文件夹中的函数，操作数据库的函数集中写在 modules 文件夹中，作
为封装 SQL 语句的上层函数供 controller 函数调用。这样一个接口就实现了分层。操作数
据库的逻辑存放在 modules 文件夹中，消费数据库的函数存放在 controller 文件夹中。项
目的大致文件夹结构如图 6-10 所示。

图 6-10　Koa 文件夹布局

可以看到，项目文件夹的布局还是非常清晰的，路由文件夹、测试文件夹、数据库处
理文件夹都列出来了。对于接口实现的内部细节，一个完整的流程还包括数据库函数和
controller 函数的调用，前端用户输入的信息要写入数据库，要查询数据库返回的信息。操
作数据库的函数如下：

```
// 查找用户
02  exports.findUserData = ( name ) => {
03    let _sql = `select * from users where name="${name}";`
04    return query( _sql )
05  }
```

【示例 6-22】query 函数的定义。

```
01  let query = ( sql, values ) => {
02    return new Promise(( resolve, reject ) => {
03      pool.getConnection( (err, connection) => {
04        if (err) {
```

```
05              reject( err )
06          } else {
07          connection.query(sql, values, ( err, rows) => {
08            if ( err ) {
09              reject( err )
10            } else {
11              resolve( rows )
12            }
13            connection.release()
14          })
15        }
16    })
17  })
18 }
```

query 函数用于执行 SQL 语句，对数据库的个性化操作则需要自定义函数，在 controller 中的函数是消费这些自定义操作数据库的函数。

整个 Koa 路由涉及的内容就介绍完了，相比前端的路由，后端的路由对应的是接口函数，接口函数用到的请求方式最多的是 GET 和 POST，为了便于代码管理，通常对后端的文件进行分层，将在接口函数中调用的函数封装在 controller 里，在 controller 中涉及数据库交互操作的函数将会封装到 modules 中，统一处理 SQL 语句，这样整个项目的结构就清晰了，在我们自己练习搭建后端服务的时候也要按照这种方式来布局文件夹，这样便于管理。

本章主要介绍了用 Koa 搭建后端服务的过程，6.1 节重点介绍了 Koa 的一些重要的概念，如 response、request 和 context，以及 Async 和 Await 在 Koa 项目中的应用，Koa 中间件等，这些是 Koa 项目中非常重要的部分，在开发 Koa 项目之前，首先要明确这些概念，并能在项目中应用。其次是学会用 Koa 写接口，通过前端请求接口获取数据。6.2.1 和 6.2.2 小节分别介绍了 GET 请求和 POST 请求的实现方法，这两种请求方式使用最频繁。

6.2.3 小节介绍了 koa-bodyparser 中间件在处理 formData 数据方面的应用，使用该中间件可以直接从 ctx.request 中获取数据。然后介绍了 Koa 路由，Koa 路由将接口函数暴露出来，供前端使用。在路由封装的过程中，需要对文件夹进行分类，将业务逻辑函数封装到 controller 中，将数据库操作的函数封装到 modules 中，让结构变得清晰。

第 7 章　数据库的使用

第 6 章中介绍了如何在项目中封装操作数据库的函数，通过封装函数来执行 SQL 语句。但是具体的实现细节并没有讲解，如数据库的连接过程、封装函数的方式、怎样选择一个合适的数据库等，这些细节将在本章中介绍。

本章的主要内容如下：

- 如何配置数据库。
- 常用的数据库介绍。
- 如何设计符合业务的数据库。

7.1　配置数据库

本节将介绍数据库的连接过程，通过对数据库函数的封装实践来补充前面章节没有讲述的细节内容。

7.1.1　连接数据库

操作数据库的第一步是连接数据库，连接数据库的时候需要提供数据库的用户名、数据库密码及连接的端口，这些都属于数据库的配置。在项目中，这些配置信息通常存储到配置文件中，常见的做法是新建一个 config 文件夹，里面存放的是数据库的相关配置信息。

【示例 7-1】数据库的连接配置。

```
01  const config = {
02    // 启动端口
03    port: 3001,
04    // 数据库配置
05    database: {
06      DATABASE: 'nodesql',
07      USERNAME: 'root',
08      PASSWORD: '',
09      PORT: '3306',
10      HOST: 'localhost'
11    }
```

```
12  }
13
14  module.exports = config
```

config 对象的输出项包括端口、数据库名、用户名、主机及密码等。对数据库操作函数的每一步操作都是建立在和数据库已经连接的基础上的，因此，在封装数据库操作函数之前，需要执行数据库连接的操作。

【示例 7-2】创建连接池。

```
01  var mysql = require('mysql');
02  var config = require('../config/default.js')
03  var pool  = mysql.createPool({
04    host     : config.database.HOST,
05    user     : config.database.USERNAME,
06    password : config.database.PASSWORD,
07    database : config.database.DATABASE,
08    port     : config.database.PORT
09  })
```

首先需要引入 MySQL 包，对数据库的直接操作都是通过 MySQL 包进行的，然后创建一个数据库池，其中设置的参数是通过 config 文件的配置项来获取的。

创建数据库池之后还需要写一个执行 SQL 语句的函数，封装函数其实就是对 SQL 的调用，因此需要使用 MySQL 包这个工具，通过数据库池建立和数据库的连接，将 SQL 语句作为参数传入该函数，然后输出 SQL 语句操作的结果。

【示例 7-3】输出查询结果。

```
01  let query = ( sql, values ) => {
02
03    return new Promise(( resolve, reject ) => {
04      pool.getConnection( (err, connection) => {
05        if (err) {
06          reject( err )
07        } else {
08          connection.query(sql, values, ( err, rows) => {
09            if ( err ) {
10              reject( err )
11            } else {
12              resolve( rows )
13            }
14            connection.release()
15          })
16        }
17      })
18    })
19  }
```

通过 pool.getConnection 建立连接，连接成功后，调用 query 函数执行 SQL 语句，通过 resolve 将 SQL 语句执行的结果输出。

在项目中对数据库的操作分为两步，第一步是配置 MySQL 参数，第二步是创建连接池，执行 SQL 语句，并输出 SQL 语句执行的结果，如果后面的函数需要操作数据库，可以直接使用 query 函数。

上面的这些操作都是基于 MySQL 服务正在运行的情况下，如果 MySQL 没有运行，那么执行连接操作肯定是失败的，因此执行这些操作的前提是本地的 MySQL 运行良好。

7.1.2　使用 ORM 框架

在 7.1.1 小节中介绍的操作数据库的方式需要写 SQL 语句，这对不熟悉数据库的读者来说并不友好，现在更多的是使用 ORM 框架来执行 SQL 操作，ORM 框架支持通过 API 操作数据库，因此开发者在使用 ORM 框架操作数据库的时候直接调用 API 就可以。

ORM 框架很多，这里选择 Sequlize 作为样例来介绍。

Sequelize 是一个基于 Promise 的 Node.js ORM，目前支持 Postgres、MySQL、MariaDB、SQLite 及 Microsoft SQL Server。它具有强大的事务支持、关联关系、预读和延迟加载、读取、复制等功能。

在使用 Sequlize 框架之前，先通过 npm 命令来安装该框架：

```
npm install --save sequelize
```

因为 Sequlize 只是在模型和数据库之间进行映射，所以还需要安装数据库的驱动程序。数据库的驱动程序其实就是封装了和数据库的直接操作事务，我们选择安装下面的一个驱动程序即可：

```
# 选择以下之一
$ npm install --save pg pg-hstore # Postgres
$ npm install --save mysql2
$ npm install --save mariadb
$ npm install --save sqlite3
$ npm install --save tedious # Microsoft SQL Server
```

官方文档给出了一段示例代码，是关于 Sequlize 操作数据库的基本方法，下面来看一下。

【示例 7-4】使用 Sequlize 连接数据库。

```
01   const { Sequelize, Model, DataTypes } = require('sequelize');
02   const sequelize = new Sequelize('sqlite::memory:');
03
04   class User extends Model {}
05   User.init({
06     username: DataTypes.STRING,
07     birthday: DataTypes.DATE
08   }, { sequelize, modelName: 'user' });
09
10   (async () => {
11     await sequelize.sync();
12     const jane = await User.create({
```

```
13     username: 'janedoe',
14     birthday: new Date(1980, 6, 20)
15   });
16   console.log(jane.toJSON());
17 })();
```

从 Sequlize 中获取 Model 和 DataTypes 对象，在示例代码中连接的是 SQLite 数据库。新建一个数据库，在 ORM 中初始化模型，然后定义模型的字段。在数据库中创建一个记录，在 ORM 中用 create()函数创建一条记录即可。ORM 通过模型来关联数据库，对模型的操作即是对数据库的操作。

对数据库的操作包括增、删、改、查，ORM 模型也需要有相应的操作对应，实际上 ORM 模型支持对数据库的增、删、改、查操作。例如 Sequlize 的创建功能可以使用 create 函数来实现。

【示例 7-5】创建数据。

```
// 创建一个新用户
01 const jane = await User.create({ firstName: "Jane", lastName: "Doe" });
02 console.log("Jane's auto-generated ID:", jane.id);
```

在 create 函数中传入一条数据，内部会调用模型对象的 build 方法构建数据实例，并使用 instance.save 方法来保存该实例，这样就将一条记录写入数据库了。SQL 的 select 语句用来查询数据，select * from tablename 可以查询某个 tablename 数据表下的所有记录。如果用 Sequlize 查询数据表中的所有数据，可以直接调用 findAll 函数读取整个数据表。

【示例 7-6】查询所有用户。

```
// 查询所有用户
01 const users = await User.findAll();
02 console.log(users.every(user => user instanceof User)); // true
03 console.log("All users:", JSON.stringify(users, null, 2));
```

User.findAll 读取了整个数据表中的所有数据。要实现 select name from user 语句，即从 user 表中获取 name 字段的数据，在应用 Sequlize 的 findAll 函数时需要添加属性参数。

【示例 7-7】使用 findAll 函数查询用户。

```
// 查询
01 Model.findAll({
02   attributes: ['name', 'age']
03 });
```

通过 name 和 age 这两个属性筛选出来的才是有关 name 和 age 的记录。关于数据库的操作还有很多，如数据表之间的关联、数据表的约束及锁等，这些在 Sequlize 的文档中都有介绍，本小节主要聚焦 Sequlize 的一些基本使用方法，如 Sequlize 的安装、连接数据库的操作，以及通过模型对应数据表的方式，在数据表中插入数据和查询数据等，更多的高级用法，需要自己看文档来学习，这里就不再展开介绍了。

7.1.3　在项目中封装数据库的操作逻辑

本小节将从使用 ORM 框架和不使用 ORM 框架这两个方面介绍如何在项目中封装数据库的操作逻辑。

首先介绍不使用 ORM 框架的情况。一般先在项目中新建配置文件——config.js，在其中声明数据库的相关配置，然后在 model 文件夹中封装操作数据库的函数。封装的步骤是先新建连接数据库函数，然后创建一个数据库连接池，之后定义可执行 SQL 语句的函数。

接下来需要开发者自定义操作数据库的函数，这些函数返回的数据供项目中自定义的 controller 函数使用。下面补充一下如何通过封装的 SQL 语句来操作数据库。

【示例 7-8】create 语句的用法。

```
01  let users =
02    `create table if not exists users(
03     id INT NOT NULL AUTO_INCREMENT,
04     name VARCHAR(100) NOT NULL COMMENT '用户名',
05     pass VARCHAR(100) NOT NULL COMMENT '密码',
06     avator VARCHAR(100) NOT NULL COMMENT '头像',
07     moment VARCHAR(100) NOT NULL COMMENT '注册时间',
08     PRIMARY KEY ( id )
09    );`
10  createTable(users)
```

首先建立一张用户表，然后在用户表中插入数据，这样在数据表中就多了一条数据。

【示例 7-9】插入用户。

```
// 注册用户
01  exports.insertData = ( value ) => {
02    let _sql = "insert into users set name=?,pass=?,avator=?,moment=?;"
03    return query( _sql, value )
04  }
```

query 函数返回的是一个 Promise 对象，可以直接用 Asyn 和 Await 来修饰 controller 函数，将异步操作用同步的方式来表现，接收数据之后继续执行后面的处理。添加用户场景实际上就是调用 SQL 的 insert 语句，而执行删除用户数据的操作，则是直接调用 delete 语句，整个过程非常清晰，函数之间的调用关系也很清楚，关键是处理好 SQL 操作后的数据。

在使用 ORM 框架的情况下，如何通过封装数据操作模型来简化数据库操作呢？还是以 Sequlize 为例，因为使用 ORM 框架的时候需要将模型对应到数据表中，所以封装的关键是将模型和数据表对应。

前面的步骤类似，首先需要新建一个配置文件，在其中配置 Sequlize。

【示例 7-10】 配置 Sequlize。

```
01  const Sequelize = require('sequelize');
02  const { mysql } = require('./env');
03
04  const sequelize = new Sequelize(mysql.dbname, mysql.username,
    mysql.password, {
05    host: mysql.host,
06    port: mysql.port,
07    dialect: 'mysql',
08    pool: {
09      max: 5,
10      min: 0,
11      acquire: 30000,
12      idle: 10000
13    },
14    timezone: '+08:00',
15    operatorsAliases: false
16  });
17
18  sequelize.authenticate().then(() => {
19    console.log('数据库连接成功！');
20  }).catch(err => {
21    console.error('数据库连接失败：', err);
22  });
23
24  // 同步数据库模型到数据库
25  sequelize.sync({ logging: mysql.logging }).then(() => console.log
    ('同步数据库模型成功...'));
26  module.exports = sequelize;
```

Sequlize 使用的是 MySQL 数据库，这里将对 MySQL 驱动程序的配置作为单独一个文件来保存。在 Sequlize 中主要是配置连接数据库的信息并同步数据库模型。如果使用 Sequlize 操作数据库，则需要使用 Sequlize 创建模型，通过操作模型的方式来操作数据库。

因为项目中往往涉及多张表，每一张表又对应一个模型，所以新建一个 models 文件夹，在其中存放数据库模型文件。文件的布局如图 7-1 所示。

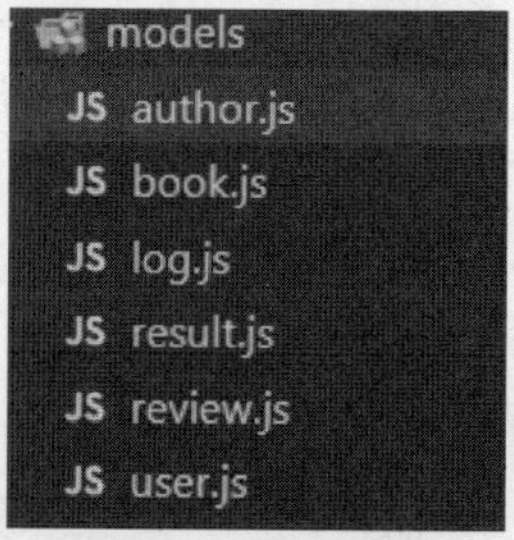

因为在项目中涉及对文章作者、系统用户和图书等操作，所以每个实体用一张表来记录，也就是一个模型对应一个实体。再来看模型对象内部的处理逻辑，基本上每个对象的实现方式都是类似的，在模型中声明字段，每个字段对应数据表的列名称，下面以 user 模型举例。

图 7-1　models 的文件布局

【示例 7-11】 user 模型的用法。

```
01  let path = require("path");
02  let sequelize = require('../config/sequelize');
```

```
03
04  const modelName = path.basename(__filename, '.js');
```

首先在文件中引入 Sequelize 的配置，然后引入模型的名称。接下来需要声明对应模型的字段，在声明的时候需要指定字段的类型。

【示例 7-12】在模型中定义字段。

```
01  let path = require("path");
02  const model = sequelize.define(modelName, {
03    id: {
04      type: sequelize.Sequelize.INTEGER,
05      primaryKey: true,
06      autoIncrement: true,
07      comment: '自增 ID'
08    },
09
10    username: {
11      type: sequelize.Sequelize.TEXT,
12      comment: '用户名'
13    },
14
15    password: {
16      type: sequelize.Sequelize.STRING,
17      comment: '密码'
18    },
19
20  }, {
21      underscored: true,
22      freezeTableName: true,
23      paranoid: true
24    });
25
26  module.exports = model;
```

如果想完善 user 模型，还可以添加更多的属性配置，这里为了示范，暂时对 user 模型添加 ID、username 和 password 这 3 个字段。

在没有使用 ORM 框架的情况下，封装对数据表模型操作时也会将操作 SQL 语句的函数封装到统一的文件中，这一点和使用 ORM 框架是不一样的，对模型的操作和执行 SQL 语句的作用相同，习惯用 Dao 来命名封装 SQL 语句的文件夹，在其中统一对模型进行配置。配置好模型之后，接下来看一下在 Dao 中的配置。

【示例 7-13】模型属性配置。

```
01  let Sequelize = require('sequelize');
02  let path = require('path');
03  let env = require('../config/env');
04
05  let model = require('../models/' + path.basename(__filename, '.js'));
06  let commonDao = require('./__common')(model);
07
```

```
08  let dao = {}
09
10  module.exports = {
11    ...commonDao,
12    ...dao
13  };
```

首先需要使用 require 对应的文件，将对模型的操作写入 commonDao 和 dao 对象里，在 commonDao 对象中存入的是对数据库的公共操作，在 dao 对象中存入的是关联当前数据库的操作，涉及多表查询的时候，多表查询的操作一般会存入 dao 对象中。

至此，用 ORM 搭建的生产环境数据库基本上可用了，接下来可以将其提供给调用方函数进行使用。

【示例 7-14】调用 dao 对象。

```
01  let path = require('path');
02  let router = require('koa-router')();
03
04  let dao = require('../../dao/' + path.basename(__dirname));
05
06  router.post('/', async function (ctx, next) {
07
08    let get = ctx.request.query;
09    let post = ctx.request.body;
10    let page = get.page;
11    let pageSize = get.pageSize;
12
13    let data = await dao.list(post, page, pageSize);
14
15    ctx.body = {
16      code: 0 ,
17      msg: '验证码发送成功',
18      data: data
19    };
20
21  });
22
23  module.exports = router.routes();
```

和写 SQL 的方式类似，都是通过统一的封装来暴露接口函数，供需求方调用。封装项目的数据库操作部分交给读者去完善，因为有一些项目需要对数据库部分执行更多的个性化配置，读者可以使用 Sequlize 框架来熟悉模型映射数据表操作数据库的方式。

7.2 常用的数据库

前面在介绍操作数据表的时候，对使用和不使用 ORM 框架两种方式都讲过，并且展示了在项目中如何封装数据库的操作逻辑，作为接口函数的底层支持。前面都是以 MySQL 数据库作为示例，数据库的种类有很多，但主要分为关系型数据库和非关系型数据库，本节重点介绍几个常用的数据库及其适用的场景。

7.2.1　MongoDB 数据库

MongoDB 数据库可以直接应用到项目中作为数据存储的工具，只不过存储的方式和 MySQL 不一样。

MongoDB 是非关系型数据库，而 MySQL 属于关系型数据库。准确地说，MongoDB 介于关系型数据库和非关系型数据库之间，它是用 bson 格式的文档进行存储的，bson 格式类似于 JSON 格式，但检索速度更快。MongoDB 的查询功能非常强大，类似于面向对象的方式，从数据对象中直接取对应的字段来查询数据，MongoDB 支持给数据建立索引，也支持对关系型数据库数据的查询。

MongoDB 和普通的数据库不同。普通的数据库有 database、table、row 和 field 这些概念，而这些对应到 MongoDB 上，依次是 database、collection、document 和 field，对应了前面介绍的，MongoDB 是一个文档型的数据库。

接下来介绍如何在本机上安装 MongoDB。在 Windows 环境下，直接从官网下载安装包，选择某个版本后单击下载安装即可。安装成功之后，找到 bin 文件夹，在默认情况下 MongoDB 会安装到 C 盘，可以直接执行命令：

```
C:\mongodb\bin\mongod --dbpath c:\data\db
```

如果命令执行成功，则会在终端中显示相关的信息，如操作系统和 MongoDB 信息等，如图 7-2 所示。

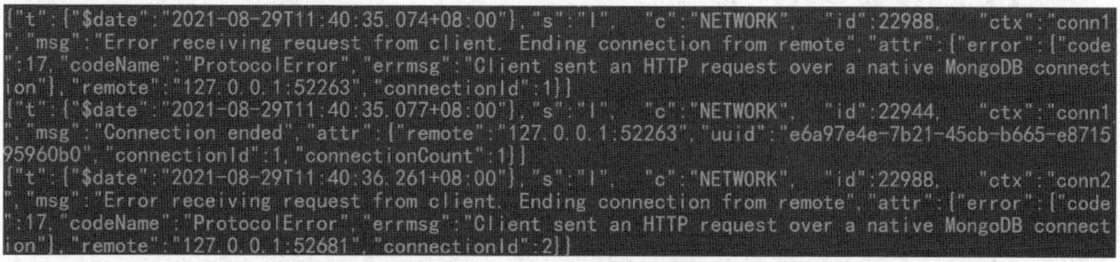

图 7-2　MongoDB 连接成功

下一步的操作是安装 MongoDB 服务：

```
C:\mongodb\bin\mongod.exe --config "C:\mongodb\mongod.cfg" --install
```

配置好之后，使用 net 命令执行服务：

```
//开启服务
 net start MongoDB
 // 关闭服务
net stop MongoDB
```

如果是 macOS 系统，可以直接用 brew 命令安装 MongoDB。执行命令如下：

```
brew install mongodb
```

安装完成之后，需要启动 MongoDB 服务，直接执行如下命令：

```
brew services start mongodb
```

使用 MongoDB 命令可以直接进入 MongoDB 控制台。到这里，MongoDB 的本地环境已经搭建完毕了，由于 MongoDB 和 MySQL 不是同一类型的数据库，如果要对数据库执行增、删、改、查功能应该怎么做呢？下面是简单的示例。

首先创建一个 user 数据库并在其中插入两条数据：

```
// 创建 user 数据库
 use user
 // 在 user 中插入两条数据
> db.user.insert({name:'aaa'})
WriteResult({ "nInserted" : 1 })

> db.user.insert({name:'bbb',age:22})
WriteResult({ "nInserted" : 1 })
```

上面的代码比较接近面向对象的写法，通过实例对象的方法来操作数据库。如果要查看 user 数据库中的数据，find 方法不传参的话，则可以查看数据表中的所有数据，传参表示根据条件查询数据库中的数据：

```
 // 展示全部的数据
> db.user.find()
{ "_id" : ObjectId("59bf7bde5d6768f6ee06de2b"), "name" : "aaa" }
{ "_id" : ObjectId("59bf7d045d6768f6ee06de2c"), "name" : "bbb", "age" : 22 }
// 条件查询
> db.user.find({name:'bbb'})
{ "_id" : ObjectId("59bf7d045d6768f6ee06de2c"), "name" : "bbb", "age" : 22 }
```

还有修改和删除的操作：

```
> db.user.updateOne({name:'aaa'},{$set:{age:11}})
{ "acknowledged" : true, "matchedCount" : 1, "modifiedCount" : 1 }

> db.user.find();
{ "_id" : ObjectId("59bf7bde5d6768f6ee06de2b"), "name" : "aaa", "age" : 11 }
{ "_id" : ObjectId("59bf7d045d6768f6ee06de2c"), "name" : "bbb", "age" : 22 }

// 删除数据库中的数据;
> db.user.deleteMany({name:'aaa'})
{ "acknowledged" : true, "deletedCount" : 1 }

> db.user.find()
{ "_id" : ObjectId("59bf7d045d6768f6ee06de2c"), "name" : "bbb", "age" : 22 }
```

updateOne 方法用来修改数据，传 name 条件参数表示修改 name 属性是'aaa'的数据。deleteMany 方法用于删除数据，传 name 条件参数表示删除 name 属性是'aaa'的数据。最后用 find 函数显示数据库中的数据。最后介绍一下如何在项目中引入 MongoDB，类似于在项目中直接引用 MySQL。在 node 环境下使用 MongoDB 需要安装 Mongoose 作为 MongoDB 的驱动程序。在创建数据库时，可以使用 Schema 来创建对象模型，使用模型来操作数据表。

【示例 7-15】定义 UserSchema。

```
01  var UserSchema = new Schema({
02      phoneNumber: {
03      unique: true,
04      type: String
05      }
06    areaCode: String,
07    verifyCode: String,
08    verified: {
09      type: Boolean,
10      default: false
11      }
12    accessToken: String,
13    …
14    meta: {
15      createAt: {
16        type: Date,
17        dafault: Date.now()
18      }
19      updateAt: {
20        type: Date,
21        dafault: Date.now()
22      }
23    }
24  })
```

userSchema 创建的是用户模型表，对模型的增、删、改、查操作也直接封装到 model 文件夹中，和前面使用 ORM 框架封装 MySQL 的步骤类似。

7.2.2 Redis 数据库

后端很多的服务都是用 Redis 来处理的，例如，用户登录的会话，登录信息会使用 Redis 进行存储，群聊的在线人数也可以用 Redis 来处理，Redis 数据库在后端的服务中应用非常广泛，了解 Redis 的用法有助于提高后端开发能力。

虽然 Redis 用的是内存存储，但是 Redis 数据库是支持数据持久化的，也就是说在内存中的数据可以保存到磁盘中，等到重启的时候可以再次使用。Redis 的读写性能非常高，其读的速度可达 110 000 次/s，写的速度可达 81 000 次/s。Redis 支持丰富的数据类型和二进制格式的 Strings、Lists、Hashes、Sets 及 Ordered Sets 数据类型操作。还有很重要的一点，Redis 的操作都是原子性的，操作的结果要么成功，要么失败，没有其他状态，这一点对于开发者来说是非常友好的。

介绍完 Redis 数据库的优势，接下来就来应用 Redis，在应用之前需要在本地安装好 Redis 环境。下面还是以 Windows 环境和 macOS 环境为例进行讲解。

在 Windows 操作系统中安装 Redis 的步骤如下。

首先到 Redis 官网下载安装包，解压之后进行安装。在终端用 cd 命令定位到 Redis 安装的位置，执行如下命令：

```
redis-server.exe redis.windows.conf
```

结果如图 7-3 所示，表示安装成功。

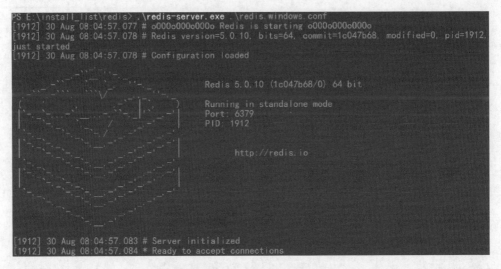

图 7-3　Redis 安装成功

连接成功以后，这个终端不要关闭，再打开一个新的终端，因为终端关闭的话连接将无法保持，就无法和 Redis 数据库通信了。打开新的终端页之后在 Redis 数据库中设置键值对，如图 7-4 所示。

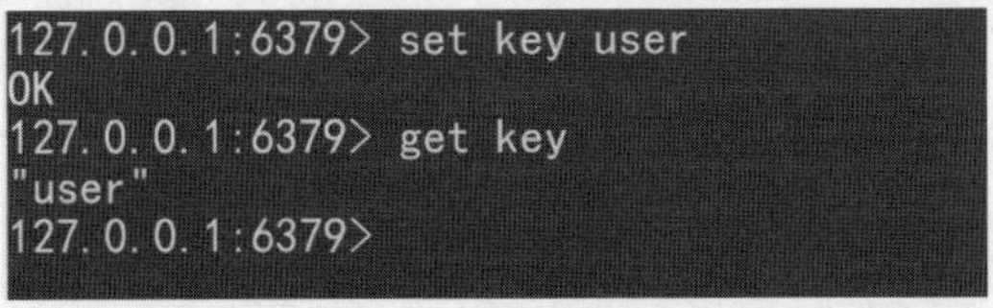

```
127.0.0.1:6379> set key user
OK
127.0.0.1:6379> get key
"user"
127.0.0.1:6379>
```

图 7-4　Redis 的键值对

Redis 存储的是键值对的形式，因此在终端上也是利用键值对的方式进行设置。对于 macOS 系统，安装 Redis 的步骤与安装 MongoDB 类似，也是用 brew 命令进行安装，执行如下命令：

```
brew install redis
```

如果出现如图 7-5 所示的提示则表示安装成功。

图 7-5　使用 brew 命令安装 Redis

Redis 的安装和简单使用就介绍完了，当在项目中使用 Redis 时，如何封装 Redis 数据库的 model 层呢？

这里的项目环境依旧是 Node，在项目中使用 Redis 时首先要通过 npm 命令安装 Redis 驱动：

```
npm install redis
```

接下来需要配置 Redis。Redis 的配置信息同样存储在 config 文件中，在 model 文件中引入 config 文件读取配置信息。

【示例 7-16】Redis 的配置。

```
01      var redis = require('redis'),
02      config = require('./config/config'),
03      dbConfig = config.redis,
04      RDS_PORT = dbConfig.port,              //端口号
05      RDS_HOST = dbConfig.host,              //服务器 IP
06      RDS_PWD = dbConfig.pass,               //密码
07      RDS_OPTS = {auth_pass: RDS_PWD},
08      client = redis.createClient(RDS_PORT, RDS_HOST, RDS_OPTS);
09
10      client.on('ready',function(res){
11          console.log('ready');
12      });
13
14
15      client.on('connect',function(){
16          console.log('redis connect success!');
17      });
18
19
20      client.on('end',function(err){
21          console.log('end');
22      });
23
24      client.on('error', function (err) {
25          console.log(err);
26      });
```

首先定义 client 对象，将配置项以参数的方式传入 createClient 函数。之后的操作是监听 client 对象，监听 ready、connect、error 和 end 等状态，在不同的状态下执行不同的逻

辑。如果想在代码中操作 Redis 的键值对，应该怎么做呢？其实很简单，直接调用 set 和 get 函数即可：

```
01  client.set('name', 'zyc', function (err, res) {
02      // todo..
03  });
04
05  client.get('name', function (err, res) {
06      // todo...
07  });
```

这里使用了 client 对象的 set 和 get 函数，用 set 函数来设置键值对，用 get 函数来获取值。在终端的显示如图 7-6 所示。

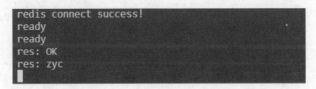

图 7-6　Redis 连接示意

Redis 特有的数据结构决定了某些场景非常适用。Redis 的存储方式是键值对形式，可以用 Redis 统计微博的粉丝数，此时 key 存储的是用户信息，value 存储的就是用户对应的粉丝数量。

另外，Redis 支持 Map 数据结构，一般的用户信息都是有多个属性的，如某个用户有年龄、姓名和昵称等属性，使用 Map 数据结构的话，key 直接对应用户 ID，value 需要用 Map 将各个属性存储起来，选用这种方式还解决了重复存储数据的问题，也不会带来序列化和并发修改控制的问题。key-value 的表示方式如图 7-7 所示。

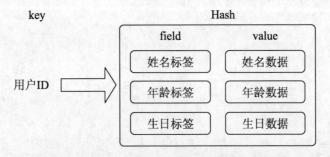

图 7-7　key-value 的表示形式

在 Hash 部分中，用 field 和 value 表示用户部分的详细信息。注意，在 Hash 部分数据量较少的情况下，直接使用一维数组来表示可减少内存空间的使用。Redis 还支持 List 数据结构，List 是双向列表，支持反向查找和遍历的操作，可以用 push 或者 pop 命令在尾部添加或弹出元素，这样的数据结构适合作为日志收集器或者缓存。例如，展示微博消息，最先取的数据是 Redis 中的缓存数据，当用户选择查看更早的数据时，才会调取数据库中的数据。

也就是说，在需要进行数据缓冲的场景下，Redis 适合存储用户信息及消息，因为其有合适的数据结构同时兼顾了读写速度。

总结一下，Redis 最大的特点是使用内存来存储数据，存储的形式是键值对形式。

7.2.3　初步认识 GraphQL

本小节主要介绍 GraphQL 的基础用法，按照其官方文档说明，GraphQL 是一个用于 API 的查询语言。"用于 API 的查询语言"乍一看不好理解，API 是后端定义好的，为什么还需要查询呢？举一个例子来解释这句话。例如，开发者需要一个游戏名的接口，后端直接将游戏列表、游戏说明、游戏玩法等信息一并返回给你，这么做可能为了兼容不同的平台或减少请求等原因，从而导致接收的数据比较杂乱。

那么，是否能将接口查询从静态变为动态呢？答案是可以的，这就是 GraphQL 做的事情。

一个 GraphQL 服务通过定义类型和类型字段来创建，给每个类型字段提供解析函数，就可以得到对应的数据。例如，GraphQL 服务告诉我们当前登录的用户是 me，这个用户的名称可能定义如下。

【示例 7-17】GraphQL 定义。

```
01   type Query {
02     me: User
03   }
04
05   type User {
06     id: ID
07     name: String
08   }
```

每个类型都有解析函数用于解析返回的数据。

【示例 7-18】类型解析。

```
01   function Query_me(request) {
02     return request.auth.user;
03   }
04
05   function User_name(user) {
06     return user.getName();
07   }
```

声明好类型解析函数之后，一旦一个 GraphQL 服务运行起来，就可以接受 GraphQL 查询并验证和执行解析函数了。首先确保解析函数引用了已定义的类型和字段，然后运行指定的解析函数生成结果。例如下面的查询：

```
{
  me {
    name
  }
}
```

会输出下面的结果：

```
{
  "me": {
    "name": "王磊"
  }
}
```

也就是说，开发者可以自定义查询的字段来查询 API。前面是从语法层面介绍 GraphQL 的使用，接下来用 Express 和 GraphQL 搭建一个入门程序，看一下如何在 Node 框架中使用 GraphQL。

在 Express 环境下，搭建完整的 GraphQL 服务需要安装 express、express-graphql 和 graphql 这 3 个 npm 包。GraphQL 定义在新建的 schema.js 文件里，在 Node 服务的入口文件 app.js 中引用 schema.js 文件。在 schema.js 文件中，首先定义 queryObj 对象，看下面的例子。

【示例 7-19】定义 queryObj 对象。

```
01   const {
02     GraphQLSchema,
03     GraphQLObjectType,
04     GraphQLString,
05   } = require('graphql');
06
07   const queryObj = new GraphQLObjectType({
08     name: 'myFirstGraphQuery',
09     description: 'hello world',
10     fields: {
11       hello: {
12         name: 'a hello world query',
13         description: 'a hello world demo',
14         type: GraphQLString,
15         resolve(parentValue, args, request) {
16           return 'hello world !';
17         }
18       }
19     }
20   });
```

定义好之后，通过 module.exports 命令导出并在 app.js 文件中引用，引用方式可以参考下面的例子。

【示例 7-20】schema 的引用。

```
01   const schema = require('./schema');
02   app.use('/graphql', expressGraphql({
03     schema,
```

```
04       graphql: true
05    }));
```

写好入口文件之后，在项目根目录下运行 node app.js 命令，通过 Node 服务的方式执行 GraphQL 查询，这时候打开 localhost:8000 链接，会在页面上显示 index。如果在 URL 上添加/graphql，则会显示 GraphQL 的运行页面，如图 7-8 所示。

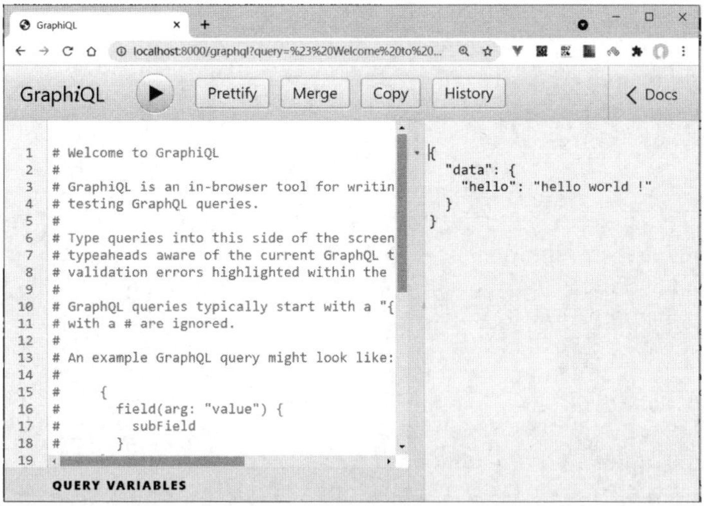

图 7-8　GraphQL 的运行页面

图 7-8 的右侧部分显示的就是查询 API 的结果，右侧显示的结果会根据左侧查询条件的变化而变化。

本小节用 Express 框架演示了在 Node 环境下如何使用 GraphQL。下一小节将介绍在项目中如何应用 GraphQL。

7.2.4　在项目中应用 GraphQL

前面介绍了 GraphQL 的基础知识以及在程序中如何使用 GraphQL，本小节将介绍如何在项目中应用 GraphQL，我们将在 Koa 搭建的后端服务中使用 GraphQL。

很多开发者在学习 GraphQL 的时候可能会利用组合技术栈的方式，如 Koa+GraphQL+MongoDB 搭建一个管理学生信息的系统，因为管理学生信息涉及对学生信息的增、删、改、查操作，对于练习使用 GraphQL 来说非常有帮助。接下来我们看一下 GraphQL 在项目中的实际使用。

GraphQL 是作用在 API 上的，因此我们在项目的入口文件中设置对 GraphQL 的引用，让其作用在全局：

```
01  const { typeDefs, resolvers } = require('./graphql/schema')
02  const app = new Koa()
```

```
03   const router = new Router()
04   const apollo = new ApolloServer({ typeDefs, resolvers })
```

typeDefs 定义在 graph 和 schema 对象上，typeDefs 的定义见下面的例子。

【示例 7-21】typeDefs 的定义。

```
01   const { gql } = require('apollo-server-koa')
02   const typeDefs = gql`
03     type Course {
04       title: String
05       desc: String
06       page: Int
07       author: String
08     }
09   …
10     type Query {
11       getCourse: [Course]
12       getStudent: [Student]
13       getStudentInfo(id: ID): Info
14       getInfo: [Info]
15     }
16     type Mutation {
17       addCourse(post: CourseInput): Course,
18       addStudent(post: StudentInput): Student
19       addStudentInfo(id: ID, height: String, weight: String, hobby:
     [String]): Info
20       changeStudentInfo(id: ID, height: String, weight: String, hobby:
     [String]): Info
21     }
22     input StudentInput {
23       name: String
24       sex: String
25       age: Int
26     }
27   `
```

这部分代码省略了很多 type 的定义，但不会影响代码的阅读，在 type 中定义了处理实体信息的方法。注意，apollo-server-koa 是 GraphQL 在 Koa 上的服务端集成，可以直接提供 GraphQL 的 Server 环境。

为了演示 GraphQL 的作用，需要使用数据库存储的信息，这里后端数据库使用 MongoDB，用 schema 模板语法定义的模型存放在 model 文件中。下面是封装课程信息的模板语法。

【示例 7-22】封装课程信息的模板语法。

```
// 课程信息
01   const CourseSchema = new Schema({
02     title: String,
03     desc: String,
04     page: Number,
05     author: String,
```

```
06    meta: {
07      createdAt: {
08        type: Date,
09        default: Date.now()
10      },
11      updatedAt: {
12        type: Date,
13        default: Date.now()
14      }
15    }
16  })
17  mongoose.model('Course', CourseSchema)
```

在 schema 中定义课程信息模型，该模型包含读者 title、decs、page 和 author 等字段，模型关联数据库的操作这里就不再介绍了，读者可以复习前面的章节。如何看到使用了 GraphQL 的效果呢？通常情况下，在请求接口的时候，请求获取的数据也是一致的，如果在请求 API 上添加条件限制，就用到了 GraphQL，也就看到了效果。

GraphQL 是作用在 API 上的，在项目中可以选择使用 apollo-server-koa，这样 GraphQL 可以集成到 Koa 端，在入口文件的地方引用 GraphQL 对象，开发者就可以自定义请求参数对同一个 API 接口执行不同的输出。

7.3　设计符合业务的数据库

设计数据库的出发点是从业务需求出发，拆解业务需求并换成对数据库的描述，然后是对数据表的设计。设计必须遵守全面性和可扩展性等要求。下面来看一下如何设计符合业务需求的数据库。

7.3.1　设计数据字典

一般地，在软件工程中，设计数据库时需要考虑需求分析、概念结构设计、逻辑结构设计、物理结构设计、数据库实施和数据库运行维护等因素，在小型工程中有些步骤可能会合并。本小节我们将设计一个小型的电商后台管理系统数据库。

首先是需求设计。因为是小型的电商后台管理系统，所以计划覆盖基本的需求即可。后台管理系统需要支持用户登录和退出，同时支持角色管理，只有管理员可以添加普通成员，不支持注册功能。同时需要划分不同的角色，方便后期扩展功能时可以添加权限设置，即有些功能只有管理员可以使用，普通用户使用的话，需要向管理员申请权限。

需求阶段需要生成数据字典，数据字典其实是一个文档，为了减少篇幅，下面只给出数据字典的表格设计样例。首先是用户表，以 MySQL 数据库为例，如表 7-1 所示。

表 7-1 用户表

小型电商后台管理系统	数据表名称：用户表
主键：id	其他排序字段：用户名
索引字段：id	数据表名称缩写：user表

用户表的数据字典用于展示用户表的字段设计及对字段的详细描述，如表 7-2 所示。

表 7-2 用户表说明

No	字段	字段说明	数据类型	允许为空	唯一	主/外键	默认值	在本系统中的含义
0	id	用户id	Varchar	否	是	User表主键	无	用户id
1	Name	用户名	Varchar	否	是	无	无	用户名
2	Password	用户密码	Varchar	否	否	无	无	用户密码
3	role	用户角色	nvarchar	是	否	User表的外键	null	用户有的角色，可以多个

用户表设计好之后，接下来设计商品表。管理系统管理的对象就是商品，包括商品的名称、商品的分类、商品数量和商品有效期等信息。电商系统涉及商品买卖，优惠券活动会导致商品价格的变化，这些操作都会影响商品表，因此商品表要设计得详细一些。同样按照用户表的设计规则，商品表如表 7-3 所示。

表 7-3 商品表

小型电商后台管理系统	数据表名称：商品表
主键：id	其他排序字段：商品名称
索引字段：id	数据表名称缩写：goods表

表 7-4 是商品表的详细设计说明，由于商品表的字段最多，在表格说明部分对应添加了 SQL 脚本语句，数据入口和数据出口部分。商品表设计完成后，接下来设计商品一级分类和二级分类表。电商系统的商品都是有分类的，基本分为服装、家电和食品几大类，服装又细分为男装、女装和儿童装等，男装还可以往下分，一件商品的类别属性通常是多个的，而且标签是一级一级缩小的，本系统计划做到二级分类即可。

表 7-4 商品表详细设计说明

No	字段	字段说明	数据类型	允许为空	唯一	主/外键	默认值	在本系统中的含义
0	id	商品id	Varchar	否	是	Goods 表主键	无	商品id
1	name	商品名称	Varchar	否	是	Goods 表的外键	无	商品名称
2	Price	商品价格	Number	否	否	无	无	商品价格

No	字段	字段说明	数据类型	允许为空	唯一	主/外键	默认值	在本系统中的含义
3	startDate	商品生产日期	Date	是	否		null	商品的生产日期
4	endDate	商品结束日期	Date	否	否		无	商品的有效期
5	Activity	商品参加的活动	varchar	是	否		" "	商品参加的活动
6	secondCategory	商品二级分类	varchar	是	是		" "	商品二级分类
7	firstCategory	商品一级分类	varchar	否	是		无	商品一级分类
SQL脚本	\begin{tabular}{l} Create table goods (\\ \quad id varchar(200) not null, \\ \quad name varchar(100) not null, \\ \quad Price number not null, \\ \quad startDate date , \\ \quad endDate date , \\ \quad activity nvarchar , \\ \quad secondCategory varchar(100) , \\ \quad firstCategory varchar(100) not null, \\ \quad primary key id \\ ); \end{tabular}							

```
Create table goods (
    id varchar(200)  not null,
    name varchar(100)  not null,
    Price number  not null,
    startDate  date ,
    endDate date ,
    activity nvarchar ,
    secondCategory  varchar(100) ,
    firstCategory  varchar(100) not null,
    primary key id
);
```

数据入口	添加商品、出售商品
数据出口	显示商品

商品一级分类表如表 7-5 所示。

表 7-5 商品一级分类表

小型电商后台管理系统	数据表名称：一级分类表
主键：id	其他排序字段：分类名称
索引字段：id	数据表名称缩写：category表

商品一级分类表说明如表 7-6 所示。

表 7-6 商品一级分类表说明

No	字段	字段说明	数据类型	允许为空	唯一	主/外键	默认值	在本系统中的含义
0	id	分类id	varchar	否	是	一级分类表主键	无	分类id

续表

No	字段	字段说明	数据类型	允许为空	唯一	主/外键	默认值	在本系统中的含义
1	name	分类名称	varchar	否	是	一级分类表的外键	无	分类名称
2	date	分类创建日期	Date	否	否	无	无	分类创建日期
3	creator	分类创建者	varchar	否	否		无	分类创建者

| SQL 脚本 | ```Create table category (
    id varchar(200) not null,
    name varchar(100) not null,
    date date not null,
    creator varchar(100),
    primary key id
);``` |
|---|---|
| 数据入口 | 添加商品分类、删除商品分类 |
| 数据出口 | 显示商品分类 |

对于商品分类，我们计划在数据库中存储创建者和创建日期两个关联信息，可以根据创建日期筛选出一定时间创建的商品分类，另外根据创建者也是一样可以筛选出商品分类。

介绍完商品一级分类表，接下来继续介绍商品二级分类表，如表 7-7 所示。

表 7-7　商品二级分类表

小型电商后台管理系统	数据表名称：二级分类表
主键：id	其他排序字段：分类名称
索引字段：id	数据表名称缩写：secondCategory表

二级分类表和一级分类表类似，也要展示一级分类表需要展示的字段，二级分类表说明用于展示字段所属的分类，当联表查询时通过字段关联一级分类表，如表 7-8 所示。

表 7-8　商品二级分类表说明

No	字段	字段说明	数据类型	允许为空	唯一	主/外键	默认值	在本系统中的含义
0	id	分类id	varchar	否	是	一级分类表主键	无	分类id
1	name	分类名称	varchar	否	是	一级分类表的外键	无	分类名称
2	date	分类创建日期	Date	否	否	无	无	分类创建日期
3	creator	分类创建者	varchar	否	否		无	分类创建者
4	bigCategory	一级分类	nvarchar	否	是	无	无	二级分类所属的一级分类

No	字段	字段说明	数据类型	允许为空	唯一	主/外键	默认值	在本系统中的含义
SQL 脚本	Create table secondCategory (　　id varchar(200)　not null, 　　name varchar(100)　not null, 　　date　date　not null, 　　creator　varchar(100), 　　bigCategory　varchar(100), 　　primary　key id);							
数据入口	添加商品二级分类、删除商品二级分类，修改商品二级分类							
数据出口	显示商品二级分类							

　　二级分类因为从属于一级分类，所以要定义一个从属的一级分类并存入数据库中作为外键。剩下的操作，如删除二级分类，添加二级分类，修改二级分类等，和对一级分类的操作是一致的，这里就不再赘述。

　　到这里，我们已经设计了用户表、商品表、一级分类表和二级分类表 4 张表，并且给出了 SQL 语句，电商后台管理系统的基本功能通过这 4 张表就可以实现了。可能有读者会问，是否需要添加一张店铺表，毕竟店铺是电商平台的重要部分，而且直接关联商品和商品分类。这个功能确实可以扩充，这里就不详细展开了，有兴趣的读者可以按照上述流程自己实现。

　　数据字典其实非常规范，遵守其规范就可以产出数据字典。首先是给出数据表名称，然后给出数据表的详细字段、如何通过 SQL 语句创建数据表、该数据的入口和出口在哪里等基本要素，最后列出在项目中涉及的所有数据表，这样一个比较完整的数据字典就创建完成了。

7.3.2　数据库逻辑结构设计

　　7.3.1 小节我们设计了一个数据库字典，完成了需求分析的工作，本小节我们继续进行数据库的逻辑结构设计。这里先介绍一下什么是实体。实体，通俗地理解，是客观对象抽象出的概念。例如，用户可以视为一个客观对象，要将用户信息纳入数据库，需要知道怎样表示用户、用哪些字段表示，以及字段之间的关系，这些要素确定之后，大致上一个用户实体对象也就定义好了。另外，用户表和其他表的对应关系，也是通过实体之间的对应关系来表示的，如是一对一还是一对多。

　　结构设计的核心是用 ER 图表示出实体之间的关系。在 ER 图中，需要表示出实体对象的键值属性甚至派生属性，然后通过动作和其他的实体建立联系，表示出实体之间的关联动作。

首先看一下用户和商品关系的 ER 图，如图 7-9 所示。

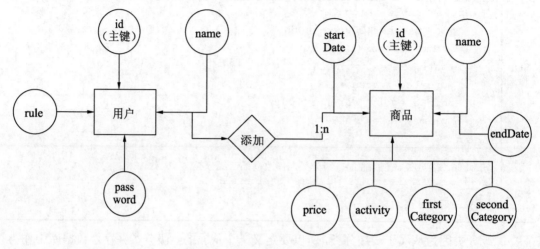

图 7-9　用户和商品关系 ER 示意

画 ER 图的时候，首先画出实体对象，前面已经给出数据字典，参照字典在实体对象上表示出所有的关联属性，主键和外键可以标注出来。画好一个实体对象后，与之有关系的另一个实体对象也可以按照同样的方式画出来，实体对象之间的关系可以通过动作进行实现，如图 7-9 所示的是用户添加商品这个动作，这样两个实体就关联起来了。如果有多个实体，可以继续按照同样的流程展示出这些实体之间的关系，最后，数据库就设计好了。

因为在数据字典中还有一级分类表、二级分类表没有在数据库结构中展示出来，并且一级分类和二级分类都是和商品、用户有关联的，所以下面继续补充这些实体之间的 ER 图，如图 7-10 所示。

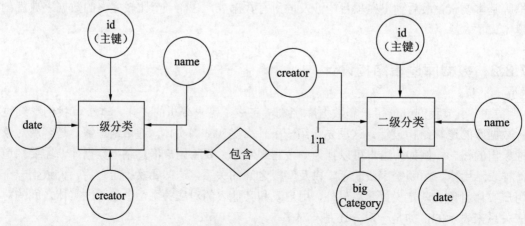

图 7-10　一级分类和二级分类的关联示意

在设计上，一级分类是包含二级分类的，并且一级分类可以包含多个二级分类，是 1：n 的关系。两个实体之间通过包含动作联系。一级分类、二级分类、商品实体和用户实体之间的联系如图 7-11 所示。

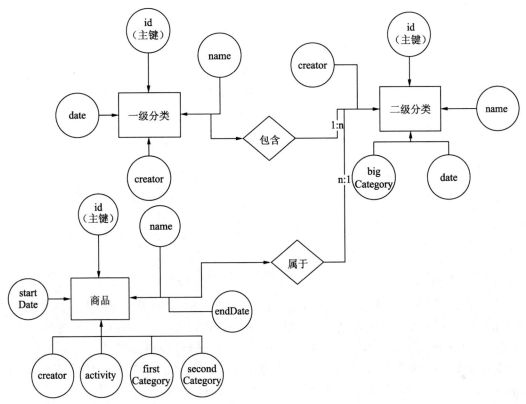

图 7-11　一级分类、二级分类、商品实体和用户实体的关系

商品有一级分类和二级分类的属性，最小的粒度是二级分类，在实体层面上，首先商品实体和二级分类构建联系，因为二级分类被包含在一级分类中，所以商品实体也通过二级分类和一级分类建立了联系，最终三个实体对象之间都建立了联系。其实用户实体和这三个实体也是有联系的，我们没有一下子将这 4 个实体用一张图展示出来，而是使用拆解合并的方式介绍数据库逻辑结构设计的步骤，主要为了便于读者的理解。

在图 7-11 的基础上添加用户实体的任务就交给读者去实现了，通过数据字典厘清 4 个实体之间的关系，将这些关系通过 ER 图展示出来，最后会得到 4 个实体的 ER 图，读者在学习完本小节的内容之后一定要自己去实现完整的 ER 关系图。

7.3.3　数据库物理结构设计

数据库物理结构的设计即数据在磁盘上的存储设计，需要考虑容灾、性能和服务器利用资源等因素，这些因素也是大型工程项目需要考虑的问题。例如，在淘宝、京东和拼多多的电商系统中，这些因素是考虑的重点。因为我们介绍的是一个小型系统，所以在物理结构设计上，重点是描述数据表的字段类型、外键的设计、联表查询操作等。

　　数据库的物理结构设计包括选择合适的数据库引擎，因为该系统使用的是 MySQL 数据库，所以我们从 MySQL 的 4 种数据库引擎中选择一个合适的引擎，如图 7-12 所示。

功能	MyISAM	Memory	InnoDB	Archive
存储限制	256TB	RAM	64TB	None
支持事物	No	No	Yes	No
支持全文索引	Yes	No	No	No
支持数索引	Yes	Yes	Yes	No
支持哈希索引	No	Yes	Yes	No
支持数据缓存	No	N/A	Yes	No
支持外键	No	No	Yes	No

图 7-12　MySQL 数据库引擎

　　MySQL 的默认引擎是 InnoDB，InnoDB 在回滚、提交、崩溃恢复能力和并发控制这些方面有良好的表现。如果数据表主要用来插入和查询记录，则 MyISAM 引擎的处理效率更高。如果是临时存放数据，数据量不大并且不需要较高的数据安全性，则可以使用 Memory 引擎，MySQL 使用该引擎作为临时表，存放中间查询的结果。如果只有 insert 和 select 操作，可以选择 Archive，Archive 支持高并发的插入操作，但是本身不是事务安全的。Archive 非常适合存储归档数据，如记录日志信息。

　　商品表涉及的插入、修改、删除操作最多，同时数据量也最多，因此首先排除 Archive 引擎，因为它只支持 insert 和 select 操作。对商品的操作不需要实时性较高的功能，因此 Memory 引擎也不适合。剩下的两个引擎其实都可以满足要求，其中的 MyISAM 引擎主要用来插入和查询操作，因此我们选择 InnoDB 引擎作为数据库引擎。

　　接下来是数据表字段类型的选择。字段的数据类型选择其实比较简单，因为这 4 张表中没有复杂的字段。第一个是用户表，用户表有 id、name、password 和 role 这 4 个字段。对于 id 字段，随着用户数量不断增加，如果使用整型类型，当数据量多的时候会触及整型变量的上限。如果使用字符类型，则方便扩容，支持的数量更大。同样，name 和 password 字段也使用字符串 varchar 类型来表示。role 字段表示用户的角色，而通常用户都是有多个角色的。在 MySQL 数据库中没有数组这个类型，因此 varchar 和 nvarchar 都是支持可变长度的。nvarchar 是基于 Unicode 编码的，而数据库内部都是基于 Unicode 编码的，因此使用 nvarchar 可以减少编码转换，节省时间，从效率上来看，使用 nvarchar 来表现用户角色是更好的选择。

继续看商品表，在商品表的 id、name、startDate、endDate、price、activity、firstCategory 和 secondCategory 这些字段中，id 和 name 用 varchar 表示，自然，startDate 和 endDate 用 date 表示，因为二者都属于日期属性。price 这里表示商品价格，用 float 表示，价格用浮点数表示比较合适。activity、firstCategory 和 secondCategory 用 varchar 或者 nvarchar 表示都可以。

一级分类表和二级分类表的字段的数据类型就交给读者完善了，这两张表有很多字段相同，并且有一些字段可以采用前面字段的数据类型。

对于数据库的物理结构设计，首先要完成的事情是选择合适的数据库，然后选择合适的数据库引擎，在选择数据库引擎的时候，应根据业务特点进行选择。之后重新设计每张表的字段类型，根据业务需求选择合适的字段类型。

7.3.4　数据库实施

目标设计好并做好前期的准备工作之后，接下来的工作便对应到数据库层面上了。

在数据库实施阶段，需要做的工作有以下几步：

（1）建立实际的数据库结构。

（2）导入实验数据，检查数据库的运行情况。

（3）导入实际数据，建立实际的数据库。

第一步主要是通过 SQL 语句创建。第二步使用的实验数据即模拟数据，观察数据库在模拟数据环境下的运行情况。第三步导入实际数据后，观察数据库上线后的运行状态以及数据库的空间使用情况等。

我们看一下该阶段的示意图，如图 7-13 所示。

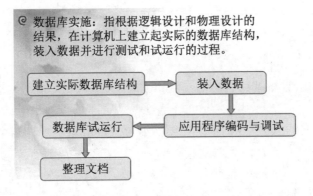

图 7-13　数据库实施阶段

数据库实施阶段首先要建立实际的数据库结构，一般推荐使用 DDL（Data Definition Language，数据定义语言），DDL 的作用是创建数据库和表结构（但不限于创建数据库和表结构）。常用的关键字是 CREATE、ALTER 和 DROP。

用 CREATE 语句创建电商后台管理系统数据库：

```
CREATE DATABASE onlineRetailers
```

创建好数据库之后，接下来的工作是用 SQL 脚本创建数据表并在其中插入模拟数据。

【示例 7-23】创建用户数据的 SQL 脚本。

```
01  create table user (
02    id varchar(100),
03    name varchar(100),
04    password varchar(100),
05    role nvarchar(50)
06  )
```

上面是创建用户表的脚本,如果想插入数据的话,可以在 user 表中插入一条数据代码,如果要创建多条数据,可以用循环语句的方式插入。

【示例 7-24】插入用户数据的 SQL 脚本。

```
01  insert into user (
02    id ,
03    name,
04    password,
05    role)
06  values(
07   'A001',
08   'wang lei',
09   '123456',
10   'admin'
11  )
```

以上是插入一条数据，如果要插入多条数据，则可以参照下面的例子。

【示例 7-25】创建用户数据的 SQL 脚本。

```
01  drop procedure if exists my_procedure;
02
03  delimiter //
04  create procedure my_procedure()
05  begin
06    DECLARE n int DEFAULT 1;
07    WHILE n < 101 DO
08      insert into user (id,name,password,role) value
09  (n,CONCAT('wanglei',n),CONCAT('pwd123',n),'normalUser');
10      set n = n + 1;
11    END WHILE;
12  end
13  //
14
15  delimiter ;
```

以上是对用户表的操作，对商品表的操作也类似，第一步是创建数据表。

【示例 7-26】创建 goods 表的 SQL 脚本。

```
01  create table goods (
```

```
02      id varchar(100),
03      name varchar(100),
04      date date,
05      creator varchar(50)
06  )
```

第二步是在表中插入数据。

【示例 7-27】在 goods 表中插入数据的 SQL 脚本。

```
01  insert into goods (
02      id ,
03      name,
04      date,
05      creator)
06  values(
07   'A001',
08   'wang lei',
09   2021-09-03,
10   'admin'
11  )
```

后面可以采用循环插入方式将数据插入 goods 数据表，SQL 语句和循环插入 goods 表的方式一致。

对于一级分类表和二级分类表，这里就不再过多演示其数据创建过程了，方法和创建用户表和商品表一致，读者自己实现即可。待所有的表都导入模拟数据之后，在程序中执行对数据库的操作，观察数据库的性能表现和使用空间，看一下有没有异常情况出现，持续观察一段时间之后，如果没有问题，下一步的工作就是数据库上线了，上线之后观察在实际应用场景下数据库的表现，这一阶段称为试运行，检测数据库在生产环境中的表现。

数据库实施阶段的工作首先是创建数据库和数据表，然后是填充模拟数据，观察数据库在使用模拟数据下的运行状态，如功能是否正常，存储空间是否足够。都正常的情况下，再使用真实数据在生产环境中试运行数据库，然后将整个过程整理成文档，包括出现的问题及流程等，作为数据库上线的依据。

7.3.5　数据库运行与维护

前面介绍了数据库字典设计，数据库逻辑结构设计、物理结构设计和数据库实施方面的内容，数据库实施环节是数据库上线前的准备和上线后的观察。数据库运行与维护阶段则需要使用工具来管理和维护数据库。

在数据库运行环境中，发挥重大作用的是 DBMS（数据库管理系统），如图 7-14 所示为典型的数据库运行环境。

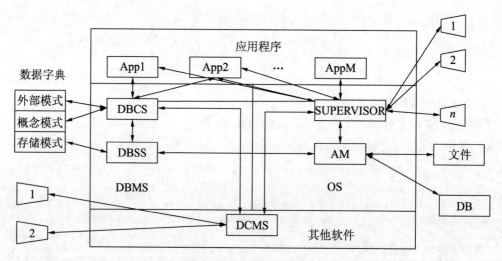

图 7-14　数据库运行环境

DBCS（数据库控制系统）是各用户程序 App 模块的接口，应用程序和 DBMS 都在操作系统的管理工具 Supervisor 的管理下工作。DBSS（数据库存储系统）在操作系统和 DBMS 之间进行通信。

在运行环境下，系统初起动时，应用程序和 DMBS 都没有活动。当有事务到达系统时，操作系统会调用相关的程序来处理事务，当有程序要求存储数据的时候，会向 DBMS 发出请求，由 DBSS 处理请求并经过操作系统调度最终实现数据库的存储和数据 I/O。

数据库的运行环境和用户环境是紧密相关的，数据库的运行环境大致可以分为两种，一种是为单个用户或者少数用户专门建立服务，另一种是针对整个组织建立数据库。第一种运行环境比较简单，在指定时刻满足用户的存储需求即完成当前的存储任务。在后一种运行环境下会有多个程序同时操作数据库，会出现并发执行的情况，因此要求 DBMS、DBCS 和操作系统支持并发执行。

在多并发环境中执行用户的请求，也有多种处理方式。最简单的是批处理请求，是指用户一次性提交任务的输入数据、程序及说明信息，应用程序使用 DBMS 存储数据库，直至执行完整个任务后输出结果。较为普遍的处理方式是联机交互式，就是说，在请求处理期间，用户一直保持与数据库系统的联系，不断与数据库进行"会话"以交换信息。联机交互式处理又分为单任务处理和多任务处理，单任务处理的时候在同一时刻只有一个程序处理数据，这种方式一般适合个人数据库系统，如果有多个用户时，则会出现等待时间较长的情况。

多任务处理允许同时有多个程序处理数据，DBMS 就采用这种处理方式。多任务处理的结构如图 7-15 所示。

在多任务管理系统中，各个事务往往由一个事务处理监听器（TPM）来管理，事务处理监听器本身由操作系统控制。当用户消息到达系统中时，TPM 根据消息标示符查找每一个用户消息与所使用的程序的对照表，从而在程序中找出相应的程序并建立一个事务来处理消息。数据库运行阶段通过 DBMS 和各方合理交互，到数据库维护阶段后，维护的事情主要交给 DBA 来处理。

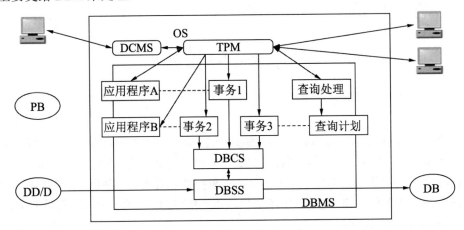

图 7-15　多任务处理示意

在数据库上线之后，因为应用环境在不断变化，并且在数据库运行过程中物理存储也在不断地变化，所以数据库的维护是一件长期的工作。其中，数据库的转储和恢复是最重要的工作。因为线上出问题的时候，一定要及时对数据进行恢复工作，以减少对数据库的破坏。

除了数据恢复之外，对数据库的安全性和完整性控制也是非常重要的。例如，在线上运行的过程中，用户环境是不断变化的，有的数据开始是机密的，经过一段时间后就变成可以查询的数据了，但是新加入的数据可能又是加密的，因此数据的安全性是在不断变化的。这些情况都需要 DBA 对数据的安全性进行修改，以满足用户的要求。

在数据库运行过程中，监督系统的运行，对监测数据进行分析，找出改进系统性能的方法是 DBA 的另一个重要的任务。DBMS 产品提供了一些性能分析工具，DBA 可以利用这些工具分析系统的运行状况并进行相应的系统改进。

除了出现问题进行修复之外，正常地对数据库增、删、改、查操作之后，也会使数据库的物理存储情况变坏，降低数据的存储效率，导致数据库性能下降，此时需要 DBA 对数据库进行重新组织，重新组织的过程不是修改原有的逻辑和物理结构，而是部分修改数据库的模式。因为数据库在运行过程中会改变数据项的类型，所以增加表和删除表的操作都会改变数据的模式。

数据库运行和维护的工作是理论和实践结合的环节，开发者在实际中灵活应用即可。

第8章 小试身手——搭建中台前端页面

互联网公司的中台系统大都是综合性的，可配置观察各种业务，针对不同的业务，可分为各种中台系统，如互联网公司内部使用的配置平台，用来配置各种通用的业务，配置平台其实也可以看作中台系统，因此，中台在业务中承担着非常重要的角色。本章将要实现一个中台系统页面，因为中台和业务密切相关，所以本章实现的是一个通用的、简单的中台系统。

本章的主要内容如下：

- 中台前端页面设计。
- 常用的数据库介绍。
- 如何设计符合业务的数据库。

8.1 总 体 设 计

本节主要聚焦于中台的总体设计，将从技术选型、内容设计和架构设计三个角度来讲解。技术选型主要介绍中台实现使用的技术栈，内容设计主要介绍中台呈现的内容，架构设计则是关注中台文件夹的布局，下面我们就从这三个方面来介绍中台系统。

8.1.1 技术选型

技术选型是从业务角度出发，优先考虑的是如何稳定快速地上线业务，这里有两个关键点，一个是稳定，另一个是快速。在很多情况下，技术的选择大多依靠的是公司积累的技术生态，业务的技术实现则是依靠技术生态的拓展来满足。举个例子，一家互联网公司的业务统一使用 Vue 技术栈，而且底层封装的脚手架及内部的物料和组件库都是基于 Vue 生态的，因此新的业务实现时需要依赖 Vue 生态，技术选型自然就使用 Vue 框架了，这样做的好处是可以稳定、快速地上线业务。

前面我们学习的都是 Vue 相关的技术栈，在实现中台系统时自然选择 Vue 框架。另一块重要的知识区域是前端数据流的处理。众所周知，Vue 官方推荐的数据流工具是 Vuex，有的开发者就会选择 Vuex，这种选择方式虽然在大多数情况下确实是没有问题的，但是作为开发者，我们需要认真地思考一下。这里提两点，第一点是要明白 Vuex 数据流的管理方式，Vuex 的核心是维护一个单一状态树，也就是说，使用 mutation 变更数据的地方，对应 state 的数据也会随之发生变化，此时我们要结合业务去思考是否有跨页面的数据流，跨页面可以使用 Vuex，也可以使用路由传值，因此还要比较这两种方式对于业务的可拓展性，如果使用路由传值会导致后期更新迭代的时候代码变得难以维护，那么这时候就应该使用 Vuex 来管理前端数据流。这就涉及第二个问题，Vuex 官方文档显示，如果不使用 Vuex 就可以实现所需的功能，则不推荐使用 Vuex，不是跨页面的数据流或者全局共享的数据流，就不必使用 Vuex 管理数据流，否则会增加管理负担。

以上是针对前端数据流我们应该思考的内容，再一次回到我们这个中台项目中，因为中台的基本功能是对用户权限的管理，所以可以使用 Vuex 来全局管理我们的用户信息，以方便全局使用。

路由管理比较简单，Vue-Router 可以帮助我们解决路由有关的需求，稍微复杂一点的情况可以利用路由守卫钩子函数进行业务逻辑判断，Vue-Router 也是可以满足的。

我们的中台系统基本不涉及后端的请求，后端的请求将在下一章介绍。通过公共接口获取的配置信息来展示中台系统的左侧菜单栏，其余页面的显示部分都是用静态数据来代替。

内容呈现部分需要使用组件库，而且是 PC 端的，因为我们的技术选型是基于 Vue 生态的，所以这里选择 Ant Design Vue 这个高质量的组件库作为页面开发的组件库。Ant Design Vue 集成了很多有用而且场景覆盖非常广的一些组件，如 Layout 布局提供了经典的中台布局样式，我们的系统可以直接复用该部分代码。menu 组件也提供了多种样式，而且内置了很多配置，因此选择 Ant Design Vue 是一个非常不错的选择。这里我们看一下经典的中台 Layout 布局，如图 8-1 所示。

图 8-1　Layout 布局

经典的中台布局其菜单栏在左侧，单击菜单栏右侧的符号可以收缩菜单栏，中间部分用于呈现数据及其信息，顶部用于展示提示信息及用户信息，侧边栏的顶部可以加上 Logo 作为标识，后面会按照这个布局设计我们的中台。

最后还需要选择脚手架，为了方便开发，我们使用 Vue 官方提供的脚手架 Vue CLI，其集成了很多开箱即用的配置，同时其内置的 vue-cli-service 支持自定义配置。本小节和读者分享了在进行技术选型时应该考虑的问题，希望读者可以把这种思考运用到平时的业务实践中。

8.1.2 内容设计

本小节需要思考我们要开发的这个中台系统应具有哪些功能，应该如何设计项目文件夹。接下来我们将针对这两个问题给出答案。

第一个问题——中台系统具有哪些功能。首先这不是一个开放性的问题，中台系统是依托于业务而存在的，而我们这个中台系统主要是为了复习前面学习的知识点，因此没必要很复杂，具备数据看板和用户权限管理功能即可。数据看板是为了练习 Ant Design Vue 组件库的使用和熟悉数据可视化，中台系统的 Dashboard 主页面基本上布满了各种各样的数据，因此数据化的图表是必不可少的。中台系统至少是面对整个事业部使用的，必然涉及用户权限，区分哪些用户有 master 权限，哪些用户只有普通权限等。因此以上两大功能是必须要实现的。

明确了中台系统应具备的功能，接下来就要思考功能实现的形式。例如 Dashboard 页面，基本的思路是将其放置到中台首页，用户进入中台系统后首先看到的是各种项目数据，应清楚地展示所有项目的进度及数量等指标，用户权限用于判断当前用户需要在左侧导航栏显示哪些栏目，这部分的处理直接通过 menu 组件和路由来实现。下面看一下页面效果，首先是 Dashboard 页面，如图 8-2 所示。

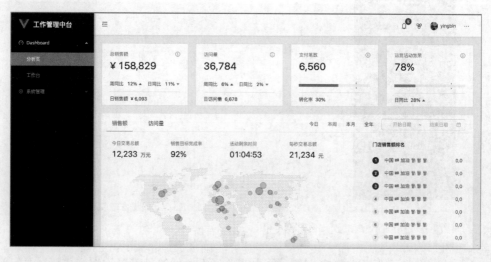

图 8-2　Dashboard 页面

Dashboard 页面的顶部是费用和产出等一些关键信息，中间部分结合区域图给出区域的详细信息。Dashboard 页面比较简单，重点在于组件的选择及数据可视化使用方面。中间部分的数据可视化是用 ECharts 工具完成的。

另一个基础部分是用户权限的展示，页面效果如图 8-3 所示。

图 8-3　用户权限管理

在用户权限管理页面中，顶部是对用户的搜索查询功能，应该考虑到关联的人数众多，不仅是一个事业部的人员，还包括整个公司的人员。表格中是用户信息的搜索结果，同时支持 Action 的操作，Action 操作包括查看和配置，单击表格每一行的加号，可以展开用户的详细信息，方便使用者查看。用户权限页面的实现比较简单，在顶部添加搜索功能，主体部分使用表格来展示数据，基本上就完成了用户权限管理功能。

基础功能、呈现方式讲解完了，接下来回到我们的工程上，考虑具体的实现方式。首先是文件夹的布局，因为我们需要使用 Vuex、Vue-Router，所以要在 src 目录下新建 store 和 router 文件夹。当然，这是在使用 Vue CLI 初始化工程之后要做的事情。除了上面的两点之外，还需要基本的 views、utils 和 components 文件夹，最终的工程布局如图 8-4 所示。

源码布局在 src 文件夹中，其中几个比较重要的文件夹在这里说明一下。components 文件夹用来放置组件，layouts 文件夹是页面的整体布局，在 layouts 中同时会引用 components 文件夹中的组件，在 router 中放置的是路由文件，在 views 中放置的则是页面单文件，在 store 中放置的是和 Vuex 相关的配置。这个布局是 Vue 工程的经典布局，文件夹职能划分明确，管理起来

图 8-4　工程文件夹布局

方便。

因为我们现在做的中台系统主体部分不涉及和后端的交互，所以具体的功能细节就不介绍了。本小节的内容涉及具体技术的应用、界面样式的呈现和工程文件夹的布局，希望读者仔细阅读本章节内容。

8.1.3 架构设计

架构设计的侧重点是对工程的整体设计，开发过程是否流畅、是否有完整的开发工作流、代码采用的是哪一套规范、文档是否完备等，这些都是需要考虑的问题。对于我们的中台系统来说，重点是工程的配置和代码规范。

关于工程的配置，我们直接用 Vue CLI 脚手架，省去了对脚手架配置的工作，但是还需要配置一些 npm 包。例如，菜单栏内容的获取涉及接口交互，因此需要安装 Axios 包。路由管理和 Store 管理，需要使用 Vue-Router 和 Vuex 包。这里补充一个 vue-router-sync 包，这个包可以将 Store 注入所有的路由中，这样就可以方便地在所有的路由中获取信息。除了以上提到的包之外，还需要使用 Antdv G2 和 Ant Design Vue 这两个包进行数据可视化开发和组件调用。

【示例 8-1】生产环境的 package.json 依赖包。

```
01    "dependencies": {
02    "@antv/g2": "^3.2.7",
03    "ant-design-vue": "^1.1.2",
04    "axios": "^0.18.0",
05    "numeral": "^2.0.6",
06    "vue": "^2.5.17",
07    "vue-i18n": "^8.1.0",
08    "vue-router": "^3.0.1",
09    "vuex": "^3.0.1",
10    "vuex-router-sync": "^5.0.0"
11    }
```

【示例 8-2】开发环境的 package.json 依赖包。

```
01    "devDependencies": {
02    "@vue/cli-plugin-babel": "^3.0.3",
03    "@vue/cli-plugin-eslint": "^3.0.3",
04    "@vue/cli-service": "^3.0.3",
05    "babel-plugin-import": "^1.9.1",
06    "less": "^3.8.1",
07    "less-loader": "^4.1.0",
08    "svg-sprite-loader": "^3.9.2",
09    "vue-template-compiler": "^2.5.17"
10    }
```

考虑架构设计的代码规范问题，如果使用 VSCode 作为开发 IDE 的话，那么建议配置 ESLint 进行代码格式校验，这样保存的时候会自动执行 ESLint 校验。如果想适配低版本的浏览器，cli-plugin-babel 封装了 Babel，可以将 ECMAScript 6 代码转化为 ECMAScript 5 代码，这样工程就可以在低版本的浏览器上运行了。因为工程中使用 less 文件作为样式文件，所以打包的时候使用 less-loader 将样式文件打包到生产环境中，这样生产环境就可以生效了。

【示例 8-3】在工程根目录下新建 babel.config.js 并配置相关内容。

```
01  module.exports = {
02    "presets": [
03      '@vue/app'
04    ],
05    "plugins": [
06      ["import", { "libraryName": "ant-design-vue", "libraryDirectory":
    "es", "style": true }]
07    ]
08  }
```

这里在 plugins 插件中配置 import，是使用 babel-plugin-import 包对 Ant Design Vue 组件库按需引用，以免在打包的时候全量对该组件库进行打包。

除了项目运行时的配置之外，还需要考虑工程初始化的配置，因为我们使用的是 Ant Design Vue 组件库，该组件库有丰富的配置主题，包括侧边栏的样式主题、主题皮肤更换等，因此在新建该工程的时候，保留了一份默认主题，单独放到一个配置文件中，这样在运行的时候首先加载的是默认主题。

【示例 8-4】默认主题配置。

```
01  export default {
02    navTheme: 'dark',              // 侧边栏的主题色
03    primaryColor: '#1890FF',       // 主题色
04    layout: 'sidemenu',            // 侧边菜单的位置
05    contentWidth: 'Fluid',         // 内容布局的方式
06
07    fixedHeader: false,            // 固定的头部
08    autoHideHeader: false,         // 头部是否自动隐藏
09    fixSiderbar: false,            // 是否固定左侧侧边栏
  }
```

默认配置包含菜单颜色、Ant Desing 的默认主题色，以及一些底部的配置等，这个配置是在哪里应用的呢？是在入口文件 main.js 中通过 Store 来注入：

```
//加载默认设置
store.commit('global/UpdateDefaultSettings', defaultSettings)
```

这样，一份公共的配置就导入全局样式了，因为是放置到 Store 中，所以可以在各个页面中同时获取到这份公共样式，修改配置的时候直接使用 Vuex 的 mutation 即可。在 8.1.2 小节没有对样式配置展开介绍，在这里补充对配置的说明。在 Dashboard 页面中，右侧的主题色由 Drawer 组件配置，如图 8-5 所示。

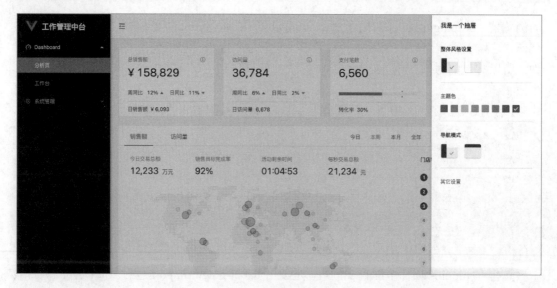

图 8-5　使用默认配置

也就是说默认配置左侧的菜单栏颜色是暗色主题，抽屉组件支持两种主题的配置，第二种是亮色主题的配置，显示的效果如图 8-6 所示。

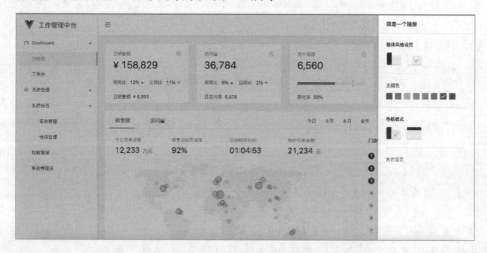

图 8-6　亮色的主题配置

架构设计的焦点是工程整体的设计，上面通过抽屉组件设置了不同主题的关键代码，页面部分的关键代码还是需要阅读的，抽屉组件的部分代码见下面的例子。

【示例 8-5】抽屉组件。

```
01    <Drawer
02      title="我是一个抽屉"
03      placement="right"
04      closable={false}
```

```
05      onClose={this.togglerContent}
06      visible={collapse}
07      width={300}
08  >
09      <div class="setting-drawer content">
10          <Body title={this.$t('app.setting.pagestyle')}>
11              <BlockChecbox
12                  list={[
13                      {
14                          key: 'dark',
15                          url:
16  'https://gw.alipayobjects.com/zos/rmsportal/LCkqqYNmvBEbokSDscrm.svg',
17                          title: this.$t('app.setting.pagestyle.dark'),
18                      },
19                      {
20                          key: 'light',
21                          url:
22  'https://gw.alipayobjects.com/zos/rmsportal/jpRkZQMyYRryryPNtyIC.svg',
23                          title: this.$t('app.setting.pagestyle.light'),
24                      },
25                  ]}
26                  value={navTheme}
27                  onChange={e=>{this.changeSetting('navTheme',e)}}
28              />
29          </Body>
30              <Divider />
31              <ThemeColor
32                  title={this.$t('app.setting.themecolor')}
33                  value={primaryColor}
34                  onChange={e=>{this.changeSetting('primaryColor',e)}}
35              />
36
37              <Divider />
38
39              <Body title={this.$t('app.setting.navigationmode')}>
40                  <BlockChecbox
41                      list={[
42                          {
43                              key: 'sidemenu',
44                              url:
45  'https://gw.alipayobjects.com/zos/rmsportal/JopDzEhOqwOjeNTXkoje.svg',
46                              title: this.$t('app.setting.sidemenu'),
47                          },
48                          {
49                              key: 'topmenu',
50                              url:
51  'https://gw.alipayobjects.com/zos/rmsportal/KDNDBbriJhLwuqMoxcAr.svg',
52                              title: this.$t('app.setting.topmenu'),
```

```
53                                style: {paddingLeft: '18px'}
54                            },
55                        ]]
56                        value={layout}
57                        onChange={e=>{this.changeSetting('layout',e)}}
58                    />
59            </Body>
60
61            <Divider />
62            <p>其他设置</p>
63            </div>
64        </Drawer>
```

代码量较多，这里对整体的代码进行拆解，抽屉部分分为多个功能区，首先最上面是暗色主题和亮色主题的选择，这里使用 checkbox 组件来完成，因为只有两种单选主题，对应上部分的\<Body\>区块代码。中间部分是主题色，这里直接使用 ThemeColor 组件来完成，最后一部分是菜单的展示位置，有两种展示方式，一种是左侧菜单，另一种是顶部菜单，这种情况其实和主题的更换是一致的，因此直接复用 checkbox 的代码即可。这样整个抽屉组件的布局就完成了，具体的业务逻辑部分则交给后期代码编写的环节来处理，这里不再介绍。

对于架构设计，除了介绍对工程的整体设计之外，还以抽屉组件的设计为例介绍了具体组件的设计过程，因为我们的中台系统并不复杂，所以架构设计层面如 API 的设计，项目文档的设计，数据库的设计等都没有考虑，下一节则主要聚焦于代码编写层面，也就是到了具体的实现层面，欢迎继续阅读下一节内容。

8.2 代码编写

8.1 节主要关注的是工程的设计，本节则是聚焦于代码编写层面，深入代码编写的细节即业务开发的实现环节。

8.2.1 实现 Dashboard 页面

Dashboard 页面是工程首页，前面也对 Dashboard 有过介绍，Dashboard 页面主要用来对重要数据进行可视化展示，因为是首页，所以在 Dashboard 页面中显示的都是非常重要的数据。我们的中台系统布局分为上下两部分，效果如图 8-7 所示。

上半部分的可视化显示可以直接使用 Card 组件来实现，并用数据填充整个 Card。上半部分的 4 个 Card 同时用的是同一个组件，因此这里只展示最左边的 Card 的代码。

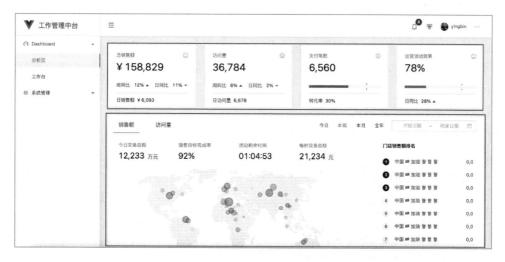

图 8-7　首页布局

【示例 8-6】Card 布局。

```
01        <a-col :xs="24" :sm="12" :md="12" :lg="12" :xl="6" :style=
"{marginBottom: '24px'}">
02         <a-chart-card    :loading="loading"
03        contentHeight="46px" :total="yuan(158829)" :title="$t('app.
analysis.total-sales')">
04           <a-tooltip placement="top" slot="action">
05            <span slot="title">
06               <span v-html="$t('app.analysis.introduce')"></span>
07            </span>
08            <a-icon type="info-circle-o" />
09           </a-tooltip>
10           <a-field slot="footer" :label="$t('app.analysis.day-
11 sales')" :value="yuan(6093)" />
12           <a-trend flag="up" :style="{marginRight: '16px'}">
13             {{$t('app.analysis.week')}}
14             <span class="trendText">12%</span>
15           </a-trend>
16           <a-trend flag="down">
17             {{$t('app.analysis.day')}}
18             <span class="trendText">11%</span>
19           </a-trend>
20         </a-chart-card>
       </a-col>
```

整体使用栅格布局，在最外层使用<a-col>组件，里面的<a-chart-card>则是实现卡片的主体，在代码中使用:label 和:value 进行传值，并且$t 函数是用字符串替换实现了翻译功能。右边的两个卡片有进度条展示功能，进度条是通过 Process 组件实现的。

```
<!-- <a-mini-bar /> -->
<a-mini-progress :percent="55" :strokeWidth="8" :target="80" color="#975FE4" />
```

这样 Dashboard 页面的上半部分就完成了，接下来分析下半部分。下半部分上部是一个 Tab，要支持销售额和访问量的切换，销售额部分需要展示不同地方的销售数据，这里化繁为简，使用一张图来代替，当然，在实际项目中需要通过可视化方案将接口数据展示出来。

【示例 8-7】Card 数据展示。

```
01    <a-mini-progress :percent="55" :strokeWidth="8" :target="80"
02  color="#975FE4" />
03    <a-row>
04      <a-col :md="6" :sm="12" :xs="24">
05        <a-number-info
06          subTitle="今日交易总额"
07          suffix="万元"
08          :total="numeral(12233).format('0,0')"
09        />
10      </a-col>
11      <a-col :md="6" :sm="12" :xs="24">
12        <a-number-info subTitle="销售目标完成率"
13  total="92%" />
14      </a-col>
15      <a-col :md="6" :sm="12" :xs="24">
16        <!-- <NumberInfo subTitle="活动剩余时间"
17  total={<CountDown target={targetTime} />} /> -->
        <a-number-info subTitle="活动剩余时间" total="01:04:53"/>
18  </a-col>
19  <a-col :md="6" :sm="12" :xs="24">
20    <a-number-info subTitle="每秒交易总额"
21      suffix="元"
22      :total="numeral(21234).format('0,0')"/>
23    </a-col>
24  </a-row>
```

顶部的今日交易总额、销售目标完成率、活动剩余时间和每秒交易总额数据暂时通过组件化的方式以静态数据形式来展示，目的是专注于视图层的表现。右边的销售排名也是使用这种方式。

【示例 8-8】交易总额数据展示。

```
01  <a-col :xl="8" :lg="12" :md="12" :sm="24" :xs="24">
02    <div class="salesRank">
03      <h4 class="rankingTitle">
04        {{$t('app.analysis.sales-ranking')}}
05      </h4>
06      <ul class="rankingList">
07        <li v-for="(item,i) in 10" :key="i">
08          <span class="rankingItemNumber " :class="{'active':i<3}">
09          {{i + 1}}
10          </span>
11          <span class="rankingItemTitle">
12            中国 CN 加油 🔋  🔋   🔋
```

```
13              </span>
14              <span class="rankingItemValue">
15                0,0
16              </span>
17          </li>
18        </ul>
19      </div>
20    </a-col>
```

由于样式一致，可以直接使用 v-for 循环遍历数据并在 DOM 中直接展示。

至此，Dashboard 静态页面的实现已经全部介绍完了，回溯前面的内容，首先是将 Dashboard 页面分为上半部分和下半部分。上半部分主要以卡片展示为主，下半部分展示方式多一些，使用了 Tab 组件和遍历数据结合 DOM 展示的方式。因为 Dashboard 整体是静态页面，所以实现起来比较简单，厘清了实现的思路，基本上就可以将静态页面的代码写出来了。

8.2.2　侧边菜单设计

前面介绍的 Dashboard 静态页面基本不涉及任何的后端交互。侧边菜单将会和后端交互，通过接口请求数据来获取侧边菜单栏，选择不同菜单项可以切换路由，从而渲染不同的页面组件。

首先来看一下侧边菜单项的层级，如图 8-8 所示。

侧边菜单有两级，单击菜单项可以展开二级菜单，这些功能可以通过 Ant Design Vue 的 Menu 组件来实现。

Menu 组件完美适配侧边多级菜单栏，通过内嵌菜单的方式来实现多层级，Ant Design Vue 官网给出的实例如图 8-9 所示。

图 8-8　侧边菜单

图 8-9　Ant Design Vue 侧边菜单

直接使用如图 8-9 所示的菜单布局，可以完美适配中台的侧边菜单需求，代码部分可以直接参考 Ant Design Vue 给出的参考代码。

我们看一下侧边菜单的代码，见下面的例子。

【示例 8-9】侧边菜单的静态布局。

```
01        <Spin spinning={this.loading} class="baseMenuLoadding">
02         <a-menu
03          defaultOpenKeys={openKeys}
04          selectedKeys={[path]}
05          key="Menu"
06          mode={this.mode}
07          theme={this.theme}
08          collapsed={this.collapsed}
09          style={this.styles}
10         >
11
12          {this.getNavMenuItems(this.menuData)}
13         </a-menu>
14        </Spin>
```

可能有的读者会发现，在 Menu 的最外层使用了 Spin 包裹，因为菜单项是从接口获取的，数据获取需要时间，使用 Spin 是添加遮罩效果从而获得更好的交互体验。里面的 Menu 才是侧边栏实现的实体，你会发现，在 Menu 中有很多配置，如 defaultOpenKeys、selectedKeys、mode 和 theme 等，这些参数都是控制 Menu 的配置，defaultOpenKeys 是默认展开的菜单项，selectedKeys 是展开后选中的菜单项。具体配置的含义读者可以参考官方文档。

在 Menu 中，展示的内容直接通过 this.getNavMenuItems(this.menuData)函数获取，getNavMenuItems 函数包含将数据填充到 DOM 中的操作。

【示例 8-10】获取菜单数据。

```
01      getNavMenuItems(menusData, parent) {
02
03       if (!menusData) {
04        return [];
05       }
06       return menusData.map(item => {
07        if (item.name) {
08         return this.getSubMenuOrItem(item, parent);
09        }
10        if (item.menus) {
11         return this.getNavMenuItems(item.menus, parent);
12        }
13       });
14      },
```

getNavMenuItems 函数在 Menu 中执行的是一个递归，其作用是遇到二级菜单时继续执行，直到全部解析出所有的菜单项。下面继续看 getSubMenuOrItem 函数。

【示例 8-11】getSubMenuOrItem 函数定义。

```
getSubMenuOrItem(item) {
  if (
    item.menus &&
    item.menus.some(menu => menu.name)
  ) {
    const name = this.$t(item.locale);
    return (
      <a-sub-menu
        title={
          item.icon ? (
            <span>
              {this.getIcon(item.icon)}
              <span>{name}</span>
            </span>
          ) : (
            name
          )
        }
        key={item.path}
      >
        {this.getNavMenuItems(item.menus)}
      </a-sub-menu>
    );
  }
  return (
    <a-menu-item key={item.path}>{this.getMenuItemPath(item)}</a-menu-item>
  );
},
```

getSubMenuOrItem 是在 Menu 组件上添加 submenu 和 menu 选项的函数，即用来展示二级菜单项的函数。菜单项静态 DOM 的样式到这里已经完备了，接下来是数据获取环节，前面已经说过，在工程中引入了 Vuex，因此侧边菜单数据可以存储到 State 中，在页面渲染的时候展示出来。

【示例 8-12】menuData 的引用。

```
computed: {
  ...mapGetters({
    loading: "global/nav/loading",
    menuData: "global/nav/getMenuData",
  }),
},
```

在 getter 函数中获取 menuData。Store 对 menuData 处理的基本思路是，首先在 Action 中获取异步数据，在 Vuex 的 mutation 中定义对异步获取数据的调用，当 computed 钩子函数触发的时候，直接在 State 中更新 menuData。

【示例 8-13】使用 Action 定义异步函数。

```
01  const actions = {
02    ['getMenuNav']({ commit, state }, config) {
03      state.loading = true
04      return new Promise((resolve, reject) => {
05        menuNav().then(response => {
06          // console.log(mock);
07          commit('setMenuNav', mock)
08          state.loading = false
09          resolve()
10        }).catch(error => {
11          state.loading = false
12          reject(error)
13        })
14      })
15    },
16  }
```

在 getter 中定义 getMenuData 函数。

【示例 8-14】数据的格式化处理。

```
01  const getters = {
02    ['getMenuData'](state) {
03      if(state.menuNav.data){
04        return formatter(state.menuNav.data)
05      }
06      return [];
07    }
08  }
```

formatter 函数用于对获取数据的格式化，这样在页面中通过 mapGetter 就可以得到 menuData 了。

这里再补充一下 formatter 函数，其用来格式化菜单数据。

【示例 8-15】使用 formatter 函数进行数据格式化。

```
01  function formatter(data, parentPath = '', parentName) {
02    return data.map(item => {
03      let locale = 'menu';
04      if (parentName && item.name) {
05        locale = `${parentName}.${item.name}`;
06      } else if (item.name) {
07        locale = `menu.${item.name}`;
08      } else if (parentName) {
09        locale = parentName;
10      }
11      const result = {
12        ...item,
13        locale
14      };
15
16      if (!item.leaf) {
```

```
17              const menus = formatter(item.children, `${parentPath}
${item.path}/`, locale);
18              // Reduce memory usage
19              result.menus = menus;
20          }
21          delete result.children;
22          return result;
23      });
24  }
```

formatter 函数在本质上是对数组进行 map 操作，在该函数内部封装了对数据的操作，通过 export 导出该函数在其他地方调用。

至此，侧边菜单栏视图部分和数据部分的实现都已经介绍完了，视图部分借助 Ant Design Vue 的 menu 组件即可实现，数据部分借助 Vuex，在 store 中存储数据，setMenu 函数将通过接口异步获取的数据存储到 State 中，getMenuData 函数用于获取菜单数据，在页面中调用 mapGetter 即可触发这些操作来获取数据。侧边菜单栏的设计是一个非常有益的实践，涉及 Vuex 的常见用法及组件库等，建议读者独立去完成实践。

8.2.3　实现用户权限管理页面

用户权限管理页面几乎是每个中台系统都会涉及的需求，它是对公司的所有用户设置不同的权限，对一些重要功能进行权限划分。例如，电商公司某些运营活动，为了防止非业务人员误操作设置好的活动，可以通过设置不同的权限来维护业务秩序。大部分公司内部的中台系统的用户权限管理还是挺复杂的。和 Dashboard 页面一样，用户权限管理页面不涉及和用户权限相关的真正交互，同样还是以静态页面来展示数据。

用户页面的布局如图 8-10 所示。

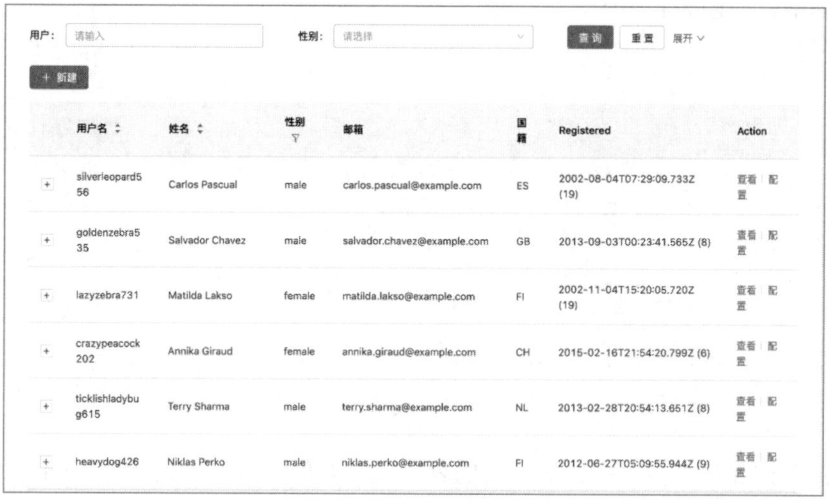

图 8-10　用户页面展示

我们用一个表格来展示全部用户的信息，这些信息包括用户名、姓名、性别、邮箱、国籍、注册时间及对应的配置。在实际项目中，配置功能包含对用户权限的设置，这里我们不去实现，只进行展示。

注意，表格每一行的最左侧有一个加号，单击后将显示用户的详细信息，如图 8-11 所示。

图 8-11　用户的详细信息

单击加号的操作就是将用户信息展开，显示用户的详细信息。这是对用户配置的必要操作，防止配置错误用户。以上就是用户权限管理的视图部分，用表格作为展示数据的主体，同时包含单击加号显示表格详细信息的功能。其实 Ant Design Vue 的表格组件也提供了类似的功能，如图 8-12 所示。

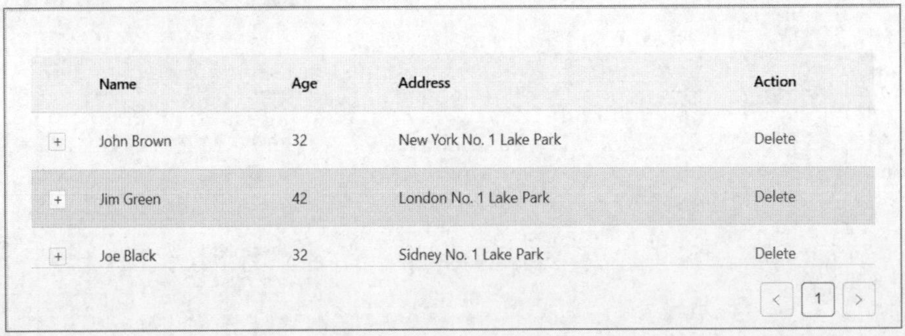

图 8-12　表格展示

视图部分的操作大多集中在对表格的表头及内容的更换方面，视图部分的代码见下面的例子。

【示例 8-16】展示表格数据。

```
01  <a-table
02    :columns="columns"
03    :rowKey="record => record.login.uuid"
04    :dataSource="users.data"
05    :pagination="users.pagination"
06    :loading="loading"
07    @change="handleTableChange"
08  >
09    <template slot="login" slot-scope="login">
10      {{login.username}}
11    </template>
12    <template slot="name" slot-scope="name">
13      {{name.first}} {{name.last}}
14    </template>
15    <template slot="registered" slot-scope="registered">
16      {{registered.date}} ({{{registered.age}}})
17    </template>
18    <template slot="action" slot-scope="text, record">
19      <a href="javascript:;">查看</a>
20      <a-divider type="vertical" />
21      <a href="javascript:;">配置</a>
22    </template>
23  </a-table>
```

最外层是 Table 组件，这里没有给出表格中加号按钮部分的代码。表格部分的代码很好理解，每一个 Template 作为视图来展示其中的数据。接下来继续看一下加号按钮部分的代码。

【示例 8-17】加号按钮的代码。

```
01  <template slot="expandedRowRender" slot-scope="record"
02  style="margin: 0">
03      <p :style="[sya,syb]">
04          <a-avatar :src="record.picture.large" shape="square" :size="128"/>
05      </p>
06      <p :style="[sya]">
07      Personal
08    </p>
09  <a-row>
10      <a-col :span="6">
11          <a-description-item title="Name" :content="record.name.first+'
12  '+record.name.last"/>
13      </a-col>
14      <a-col :span="6">
15          <a-description-item 16title="Account" :content="record.login.
    username"/>
17      </a-col>
18      <a-col :span="6">
19          <a-description-item title="City" :content="record.location.city"/>
20      </a-col>
```

```
21        <a-col :span="6">
22         <a-description-item
23  title="Postcode" :content="record.location.postcode"/>
24        </a-col>
25      </a-row>
26      <a-row>
27        <a-col :span="6">
28         <a-description-item title="Country" :content="record.nat"/>
29        </a-col>
30        <a-col :span="6">
31         <a-description-item title="Birthday" :content="record.dob.date+'
32  ('+record.dob.age+')'"/>
33        </a-col>
34        <a-col :span="12">
35         <a-description-item
36  title="Timezone" :content="record.location.timezone.description"/>
37        </a-col>
38      </a-row>
39      <a-row>
40        <a-col :span="12">
41        </a-col>
42        <a-col :span="12">
43        </a-col>
44      </a-row>
45      <a-divider/>
46         <p :style="[sya]">
47           Contacts
48         </p>
49        <a-row>
50         <a-col :span="6">
51          <a-description-item title="Email" :content="record.email"/>
52         </a-col>
53         <a-col :span="6">
54          <a-description-item title="Cell" :content="record.cell"/>
55         </a-col>
56          <a-col :span="6">
57            <a-description-item title="Phone" :content="record.phone"/>
58         </a-col>
59          <a-col :span="6">
60             <a-description-item
61  title="Coordinates" :content="record.location.coordinates.latitude+'
62  '+record.location.coordinates.longitude"/>
63          </a-col>
64        </a-row>
65        <a-row>
66          <a-col :span="12">
67            <a-description-item
68  title="Registered" :content="record.registered.date+' ('+record.
    registered.age+')'"/>
69          </a-col>
```

```
70        </a-row>
71     </template>
```

上面是借助作用域插槽来显示数据，通过 row 和 col 布局组件指定数据的布局。

视图部分完成之后，接下来就是数据获取环节。和菜单数据的获取方式一样，通过执行 Vuex 的 Action 部分的异步函数来获取成员数据，调用 getUser 函数将数据存储到 State 中，并在页面的 computed 生命周期钩子函数中监听 mapState 函数来获取数据。

【示例 8-18】异步数据的获取。

```
01    async asyncData({ store, route }, config = { results: 15 }) {
02      await store.dispatch("frontend/openapi/getUsers", {
03        ...config,
04        path: route.path
05      });
06    },
```

【示例 8-19】调用 getUsers 函数获取数据，在 computed 中接收数据。

```
01    computed: {
02      ...mapGetters({
03        users: "frontend/openapi/getUsers"
04      })
05    },
```

在 Table 组件中通过 dataSource 属性接收传递的 users 数据并直接展示。因为这部分数据流的处理和 menuData 获取的方式一致，所以对于 Vuex 部分就不再展开讲解了。

用户权限管理的设计和实现到这里就介绍完了，用户权限管理的视图设计主要是以表格组件作为静态页面，使用 Vuex 处理异步接口获取数据流并最终展示到视图层上。这样设计也符合当前 MVVM 框架的理念，即通过数据展示视图。

本小节的重点是视图层和数据结合的处理，读者可以多练习 Vuex 和 Ant Design Vue 组件库的使用，后端接口层面的实现暂时可以不用不关注。

第 9 章　移动端电商网站开发实战

前面学习了 Vue 的重要知识点，本章将利用前面学到的知识搭建一个移动端电商网站。本章的主要内容如下：
- 如何设计移动端电商网站。
- 如何搭建后端工程。
- 如何设计符合业务的数据库。

9.1　系　统　设　计

本节主要从整个系统层面来设计，首先进行需求分析，需求分析在业务中通常是产品经理的工作，因此本节我们将从产品经理的角度对系统进行需求分析。然后进行 UI 界面设计，虽然我们不会用高级的 UI 工具，但是我们可以借助现有的工具省略一些复杂的步骤，用画原型图的方式代替视觉稿，并且这些现成的在线工具提供了丰富的组件，因此完成原型图也不难。接下来是设计数据库，包括设计数据字典、逻辑结构设计和物理结构设计。最后的环节是确定技术方案，该环节一般要经过参与该工程的所有技术人员的评审，评审通过之后才会作为最终的技术方案。

系统设计的主要步骤就是上面提到的这些环节，下面针对这几个部分展开介绍。

9.1.1　需求分析

在开发产品之前，产品经理首先需要调研市场，明确该产品应具备哪些功能，这个产品面向的用户群体是哪些人，明确这些问题之后，确定产品的定位，之后再告知开发人员，按照计划开发该款产品。

如果没有需求分析这一环，只凭借开发人员来把握产品的设计，极有可能设计出来的产品无法找到合适的目标人群。本来是想通过产品来服务某一类人，但是产品上线之后经过一段时间的运行才知道缺少了部分功能，虽然付出了很多时间打磨产品，但是却没有取得很好的收益，这就是没有进行需求分析的弊端。可见，需求分析的价值在于如何更好地服务目标人群，从而通过产品来获取客户。

接下来将对需求分析这个环节进行具体介绍。

　　通常一个完整的需求分析过程包括：明确对方诉求→挖掘真实需求→提供解决方案→分析验证。明确对方的需求是第一步。例如，顾客去眼镜店配眼镜，服务员会问顾客需要配一副什么价位的眼镜，对眼镜框有什么喜好，是喜欢宽边的还是窄边的等，服务员问的这些问题都是为了清楚用户的需求，只有先清楚用户的需求，才能精准地为顾客服务。

　　上面举的是一个眼镜店服务员获取用户需求的场景。在很多场景下，其实我们并不是直接面对用户的，那么该怎样准确地获取用户的需求呢？对于这个问题，需要引入一个很重要的思维方式——同理心。在大部分场景下，从同理心出发，站在用户的角度去思考问题，才能输出与业务方真实需求相匹配的解决方案，提高需求分析的价值。

　　同理心是站在对方角度考虑问题，而非自己的角度，意味着需要感同身受，将自己置身于情境中才能体会到对方的所思所想。然而，我们往往无法做到完全的感同身受，更多的是凭借自身的见识、认知和理解去匹配对方的实际感受和想法。

　　也就是说，需求分析需要同理心+经验+方法：

- 经历过且了解对方。
- 挖掘对方的真实需求。
- 引导给出解决方案。
- 实际运用情境验证。

　　使用这套方法论，在需求分析这个环节可以取得很好的效果。回到移动端电商网站项目上，该怎么将这套理论应用到我们的项目中呢？

　　移动端电商网站服务的用户是想通过电商网站售卖自己产品的用户，也就是说，电商网站设计的初衷是服务好想用该网站销售商品的店家和个人。从用户层面上讲，用户想通过该系统让更多的人知道自己的店铺，增加店铺的销量。从使用层面上讲，该产品首先需要让用户的体验比较好，才可以留住用户，并针对用户需求的变化不断对产品进行迭代。

　　要想实现前面说的用户需求，需要给出一套合理的解决方案。为用户的产品增加销量，可以通过广告推广、二维码推广的方式提高用户店铺的曝光度，在使用层面上，通过高效的互联网技术，提升产品的使用体验，增加用户的黏性。基于以上分析，大致的用户需求分析流程如图 9-1 所示。

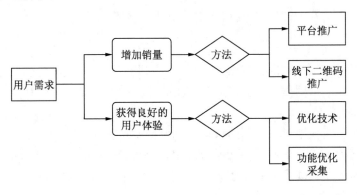

图 9-1　用户需求分析流程

本小节从产品经理的视角出发，对用户需求进行了分析，并将这个方法应用到移动端电商系统上，将理论落地。

9.1.2 UI 界面设计之商品购买流程

在产品经理明确需求之后，接着要确定交互方式。交互方式简单地说就是页面之间如何跳转，包括某些信息的展示形式，用弹窗展示还是用 Tip 展示。交互部分给出的是大致的页面，页面的尺寸、字体大小、颜色、ICON 的选取等这些细节则交给视觉工程师来完成。

视觉工程师一般使用 Sketch 工具完成,前端开发者可以用一些在线原型图工具快速生成原型图，以代替制作视觉稿的步骤。常见的原型图绘制工具有墨刀，墨刀绘制原型图的页面如图 9-2 所示。

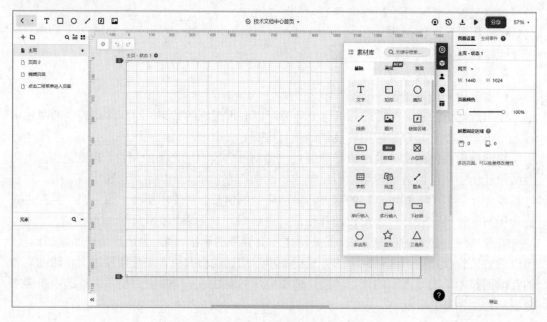

图 9-2　墨刀绘制工具页面

从绘制页面中可以看到，左侧是要绘制的页面，中间部分是舞台，右侧为绘制素材。墨刀最强大的功能是可以提供多种类型的素材，包括组件、高级组件和页面，常用的组件库如 Element UI，墨刀同样也提供，因此在绘制原型图的时候，可以利用这些大量的素材便捷地绘制出原型图。

如图 9-3 所示为使用墨刀绘制的移动端电商网站首页。

首页的顶部是一个搜索栏，可以搜索商品，下面是轮播图，轮播店铺中的招牌产品，接着是模块，每一个模块下面有属于该模块的商品，下半部分用来展示商品信息，底部是导航部分，可以切换不同的页面。

在首页点击搜索栏搜索商品，显示结果如图 9-4 所示。

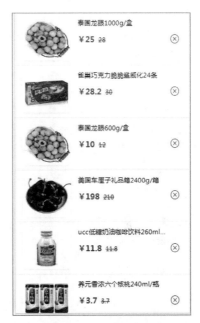

图 9-3　移动端电商网站首页　　　　　　　　图 9-4　搜索结果

　　搜索商品的时候是按照商品标题模糊搜索的，搜索结果会列出名称中带有搜索关键词的商品。点击商品将进入商品详情页面，如图 9-5 所示。

图 9-5　商品详情页面

商品详情页面用来显示商品的详情，商品详情图上部是与该商品有关的评价、推荐等，可点击链接分别跳转到对应的页面，中间部分用大图显示商品，下面是"立即购买"和"加入购物车"按钮。商品详情页面可以显示商品的大量信息，相当于商品的细节展示。

用户购买商品的时候会有一个订单页面，用来展示用户订单详情和收货地址，还可以点击"提交订单"按钮，如图 9-6 所示。提交订单后就会进入支付页面，如图 9-7 所示。

图 9-6　订单详情

图 9-7　订单支付

从购买的生命周期流程上看，到支付成功页面就表示购买流程结束了，该流程的原型图基本上也全部给出了。底部导航其实还有很多选项，如个人中心，该页面负责管理商品已发货、物流详情、收货地址等重要信息

UI 设计部分的商品购买流程中重要的原型图已经给出了，代码按照原型图给出的逻辑编写即可，页面布局按照原型图进行设计，页面的细节可以调整，如商品详情页面，商品评论区不作为一个 Tab 单独展示，可以将评论区放置到页面的下部等。

9.1.3　UI 界面设计之用户相关页面

在移动端电商系统中另一个非常重要的流程是跟用户相关的，即用户操作流程，包括如用户登录注册、购物车操作等，该流程和用户的体验紧密相关，从设计角度上讲，需要将用户操作的细节都考虑进去。

如图 9-8 所示为个人中心的原型图。个人中心相当于个人在电商系统中所有操作的入口。首先来看订单管理入口，用户的操作基本上是对商品的操作，商品的操作又是通过订单来表现的，因此我们将订单管理的入口放置到个人中心页面顶部的位置，同时将与订单相关的选项，如"待付款""待发货""待收货""已完成"和"评价"都归属在订单管理下。

下半部分是除了商品购买之外的一些操作，包括"收藏商品""地址管理"和"最近浏览"。点击地址管理进入的页面如图 9-9 所示。

图 9-8　个人中心页面

图 9-9　地址管理页面

上述操作就是在个人中心页面中完成的。此外，退出登录也是在该页面中操作的。与用户操作有关的一个重要页面是登录注册页面，如图 9-10 和图 9-11 所示。

注册和登录页面是在 Web 工程中最常见的页面，也是和用户信息关系最密切的页面。注册页面用来收集用户信息，一般要收集用户的账号和密码，如果添加密码找回功能，可以添加输入手机号或者邮箱账号一项。注册页面一般有登录页面的跳转链接。

在登录页面中，用户将自己的信息输入，在鉴定正确的情况下执行登录成功的操作。登录页面包含第三方登录确认，常见的有微信账号登录和微博账号登录等，第三方登录极大方便了用户的登录，提高了交互的友好体验。

登录注册页面介绍完成之后，和用户操作有关的还有购物车页面。用过电商 App 的读者对购物车页面一定不陌生，购物车用来存放用户想购买的商品，因此其展示的是商品信息及合计价格，如图 9-12 所示。

图 9-10 登录页面　　　　　　　　图 9-11 注册页面

选中商品进行结算，选中商品的操作支持全选和单选，在页面中要体现这两种选择方式。点击"结算"按钮会跳转到支付页面进行商品支付。

图 9-12 购物车页面

UI 设计个人模块的页面到这里差不多已经设计好了，这一部分包括登录注册、地址管理及个人中心和购物车页面，包含的页面比较多，在页面布局上要注意细节设计，细节设计到位，会给用户带来好的体验。

9.1.4　UI 界面设计之其他页面

这里说的其他页面是除了用户页面和商品流程页面之外的一些页面，这些页面比较少，有的具有一些说明作用，将它们集中在本小节来说明。

例如，用户在购买商品时，一般会看一下商品评价，基本上都是好评的话，用户购买该商品的概率就大一些。评论页面的作用只是展示用户对商品的评价，如图 9-13 所示为商品评论页面。

用户评论通过列表的方式来展示。除了可以查看其他用户对商品的评价之外，用户还可以对自己购买的商品进行评价，填写评价后通过表单提交的方式发布，页面如图 9-14 所示。

图 9-13　商品评价页面 1

图 9-14　商品评价页面 2

展示评价和发表评价是一个小的流程。除了评价商品，还有一个重要的部分是地址管理，涉及用户修改收货地址操作，同时，如果用户修改了自己的位置，后端会给用户推送对应地区的活动或者优惠信息。要实现上述的功能，需要一个收货地址修改的页面和定位信息修改的页面。先给出收货地址修改的页面，如图 9-15 所示。

除此之外，在个人页面中还有一个查看和编辑个人信息的页面，用户可以在该页面中编辑基本信息，如用户名、邮箱、性别和生日信息，但不能修改密码，其原型图展示内容如图 9-16 所示。

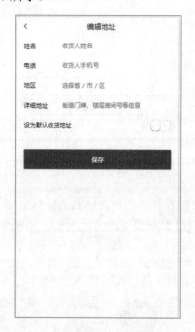
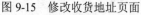

图 9-15　修改收货地址页面　　　　图 9-16　个人信息编辑页面

　　原型图中包含用户信息修改功能，点击"保存"按钮即可保存修改的内容。其他页面的原型图展示基本上完成了，整个项目的关键原型图都已经给出了，下一步应该进行前端编码，但是这个项目的前后端都是我们自己来完成，因此接下来需要进行后端部分的设计，包括数据库的设计、接口文档的设计等。

　　视觉稿从工程角度讲是视觉设计师的工作，但是开发者借助一些提高效率的工具也可以产出基本原型图。

9.1.5　数据库设计之数据字典设计

　　在前面的数据库设计章节中讲到，设计数据库的步骤包括设计数据字典、数据库的逻辑结构设计、数据库的物理结构设计及数据库的实施和维护。虽然我们设计的这个电商项目并不投入生产，但是为了体验实际的开发流程，我们将会在数据库设计阶段"走"一遍规范的数据库设计流程。

　　数据库设计的第一步是设计数据库字典，因为数据库字典是后续进行数据库设计环节的重要参考。

　　在电商系统中，最重要的两个表是用户表和商品表，在电商系统中的多类操作本质上是对这两张表的操作。因此设计好这两张表，对于后续操作的实现及系统的功能扩充都是至关重要的。

首先看用户表。当用户进行注册的时候需要填写用户名、密码、手机号和邮箱等相关信息，这些信息都是作为字段存在于数据库中的，设计数据字典的时候这些信息要显示出来。用户表的数据字典见表 9-1。

表 9-1　用户表的数据字典

No	字段	字段说明	数据类型	允许为空	唯一	主/外键	默认值	在本系统中的含义
0	username	用户名	varchar	否	是	User表主键	无	用户名
1	password	密码	varchar	否	否	无	无	密码
2	mobilephone	手机号	varchar	否	是	无	无	手机号
3	email	邮箱	varchar	是	是	无	null	邮箱
4	gender	性别	varchar	否	否	无	未知	性别
5	birth	出生日期	date	否	否	无	无	出生日期
6	createAt	账号创建时间	date	否	否	User表的外键	无	创建日期

其中，用户密码不是明文存储，使用哈希算法对密码加密并存储在数据库中。在用户表中除了存储用户的基本信息之外，还存储了账号创建时间，在很多活动中，发放优惠券是根据用户的账号创建时间作为依据的。例如，店铺为了回馈老用户，会给他们发放指定数额的优惠券或者进行满减的活动，这些都是根据这个字段拓展出来的业务，这也是在用户表中除了记录用户的基本信息之外，还记录 createAt 字段的原因。

用户表的数据字典给出了，接下来就是商品表的用户字典，商品表存储的信息比较多，如表 9-2 所示。

表 9-2　商品表的数据字典

No	字段	字段说明	数据类型	允许为空	唯一	主/外键	默认值	在本系统中的含义
0	id	索引ID	varchar	否	是	goods表主键	无	索引ID
1	shopId	店铺ID	varchar	否	是	goods表的外键	无	店铺名
2	subId	子类ID	varchar	否	否	无	无	商品子类ID
3	name	商品名称	nvarchar	否	否	无	null	商品名称
4	presentPrice	当前价格	number	否	否	无	无	商品当前的价格
5	oldPrice	原来的价格	number	否	否	无	无	商品原来的价格
6	amount	数量	number	否	否	无	0	商品数量
7	detail	说明	varchar	是	否	无	Null	商品细节说明
8	createTime	创建时间	date	否	否	无	无	商品创建时间
9	updateTime	更新时间	date	否	否	无	无	商品更新时间
10	image	图片	varchar	是	是	无	默认图片	商品图片

续表

No	字段	字段说明	数据类型	允许为空	唯一	主/外键	默认值	在本系统中的含义
11	imagePath	图片链接	varchar	是	是	无	默认图片链接	商品图片的链接
12	goodsNumber	商品编号	varchar	否	是	无	无	商品编号
SQL脚本								

```
Create table goods (
    id varchar(200) not null,
    shopId varchar(100)  not null,
    subId  varchar(100)  not null,
    name  varchar(300) not null,
    presentPrice  number  not null,
    oldPrice  number not null,
    amount   number  not null,
    detail    varchar(300) ,
    createTime  date not null ,
    updateTime  date not null ,
    image  varchar(200) not null,
    imagePath  varchar(200),
    goodsNumber  varchar(200) not null
);
```

数据入口	添加商品，删除商品，编辑商品
数据出口	显示商品

商品是关联店铺信息的，因此在表 9-2 中要添加 shopId 字段，可以作为商品表的外键，联表查询的时候可以关联商品信息和店铺信息。同理，添加 subId 字段也是可以的。对商品的修改编辑操作都是以时间作为衡量尺度的，因此 updateTime 字段可以用来判断商品的更新时间，进而判断是否可以参加某些活动等。商品外拓的很多业务需求，要通过添加字段表现出来。

除了商品表之外，地址和订单也需要一张表来记录和管理。首先给出地址表的数据字典，如表 9-3 所示。

表 9-3　地址表的数据字典

No	字段	字段说明	数据类型	允许为空	唯一	主/外键	默认值	在本系统中的含义
0	userId	用户ID	varchar	否	是	地址表的主键	无	地址对应的用户ID（一个用户ID可以对应多个地址）
1	name	收货人姓名	varchar	否	是	地址表的外键	无	收货人
2	phone	收货人电话	varchar	否	否	无	无	电话
3	province	省份	nvarchar	否	否	无	无	地址中的省份

续表

No	字段	字段说明	数据类型	允许为空	唯一	主/外键	默认值	在本系统中的含义
4	city	城市	varchar	否	否	无	无	地址中的城市
5	Country	地区	varchar	否	否	无	无	地址中的地区
6	addDetail	详细地址	varchar	否	否	无	无	地址中最后的详细地址
7	areaCode	地址编码	Number	是	否	无	000000	地址编码
8	isDefault	是否为默认地址	Bool	否	否	无	False	是否为默认地址
9	Address	合并地址	varchar	否	否	无	无	各部分的地址信息合并后的地址
10	createAt	创建	date	是	是	无	无	地址创建时间
SQL 脚本								

```
Create table address (
    userId varchar(200) not null,
    name varchar(100)  not null,
    phone varchar(100)  not null,
    province  varchar(300) not null,
    city varchar(50)   not null,
    Country varchar(50)   not null,
    addDetail  varchar(100)  not null,
    areaCode   number  not null,
    isDefault  Bool not null ,
    Address  varchar(100)  not null,
    createAt  date  not null
);
```

数据入口	添加地址信息，编辑地址信息
数据出口	用户中心页面显示地址信息，支付订单显示地址信息

　　地址和用户是多对一的对应关系，一个用户可以添加多个收货地址，在多个地址中，需要在页面上显示一个默认地址，在表 9-3 中添加 isDefault 字段作为该地址是否为默认地址的依据。收货地址格式一般是在省、市、区后面再加一个详细地址，在地址表中每个部分用一个字段来表示，最后再合并成一个详细地址作为最终的地址。

　　地址表的数据字典完成了，最后来实现订单管理表的数据字典。订单的主体内容是商品，当前用户下可以有多个订单，在数据字典中需要说明订单的状态，如果下单未支付超过一定时间，则系统会将其判为无效订单。订单表的数据字典如表 9-4 所示。

表 9-4　订单表的数据字典

No	字段	字段说明	数据类型	允许为空	唯一	主/外键	默认值	在本系统中的含义
0	userId	用户ID	varchar	否	是	订单表的主键	无	用户ID

No	字段	字段说明	数据类型	允许为空	唯一	主/外键	默认值	在本系统中的含义
1	phone	电话	varchar	否	否	无	无	电话
2	allPrice	订单总价	number	否	否	无	无	订单总价
3	address	地址	varchar	否	否	无	无	订单地址
4	status	订单状态	number	否	否	无	无	订单状态（支付、未支付、待发货、待收货、已完成）
5	createAt	创建时间	date	否	否	无	无	订单创建时间
6	orderList	订单内容	nvarchar	否	否	无	无	订单内容

SQL 脚本	`Create table order (`
	`userId varchar(200) not null,`
	`phone varchar(100) not null,`
	`allPrice number not null,`
	`address varchar(50) not null,`
	`status number not null,`
	`createAt date not null,`
	`orderList nvarchar not null`
	`);`

数据入口	创建订单，支付订单
数据出口	显示订单信息

订单同样需要关联到用户 id，用户 id 作为订单表的主键，除了订单总价和地址等字段之外，订单表需要用 status 字段表示订单的状态，订单状态有已支付、未支付、待发货、待收货和已完成这 5 种状态，这几种状态类似于订单的生命周期，必须要设置订单的状态，因为涉及收款事项。

订单的内容是商品，因此用 orderList 这个字段表示订单的内容。订单表的数字字典已经给出了，到这里，主流程关联的数据表的数据字典都已给出了，其他的流程关联的如商品评论表的设计就交给读者去设计了，商品评论表需要关联的字段是用户 id 和商品 id，以及评论的内容和日期等基本信息，通过前面的学习，相信读者可以将其他表的数据字典设计出来。

9.1.6 数据库设计之逻辑结构设计

数据库的数据字典设计好之后，接下来需要设计数据库的逻辑结构，在这一步中需要设计出移动端电商系统各个表的 ER 图，展示出各个表之间的逻辑关系。实际上，在数据库逻辑结构设计阶段，业务需求已经明确了，就是通过数据表的逻辑结构关系展示出来的。

首先来看用户表和商品表。在电商系统里，用户购买商品流程会衍生出很多子流程，因而涉及很多的数据表，我们需要先厘清用户购买商品的流程。

用户和商品的 ER 图如图 9-17 所示。

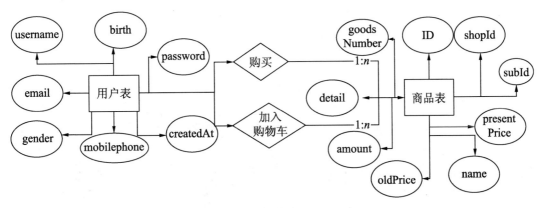

图 9-17　用户和商品的 ER 图

用户对于商品的操作包括购买商品和将商品加入购物车，这两个操作是用户对商品的直接操作，除此之外，购买商品还关联到订单表，如果将商品加入购物车的话，则与用户 ID 关联的商品会记录在购物车表中。用户对商品的这两个直接操作，都是 $1:n$ 的关系，因为用户是可以购买多个商品的。

给出了用户表和商品表的 ER 关系图，接下来给出订单表和商品表的关系图。订单表的内容都是商品，一个订单可以对应多个商品，一个商品可以在多个订单中，二者是多对多的关系。商品表和订单表的逻辑关系如图 9-18 所示。

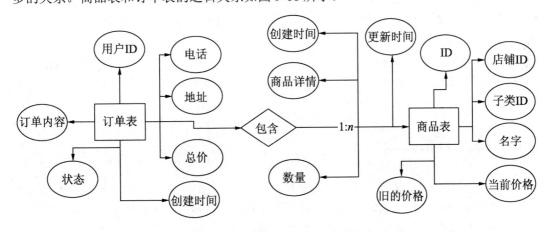

图 9-18　商品表和订单表的逻辑关系

用户操作订单这个动作其实也是用户表和订单表的关联，订单操作包括在订单中增加商品、减少商品及取消订单，取消订单改变的是订单的状态，实际商品不需要改变。在一些特殊的情况下，如商品参加某些活动时，计算订单总价或商品总数时还需要将其计算在内。

除了订单表和商品表的关联操作，地址表也是用户的操作范围。例如，用户添加地址、修改地址及提交订单填写的地址都会关联到地址表。在考虑地址表、用户表和订单表之间的操作关系时，应该将这些情况考虑周全。这里举一个简单的例子，订单表和地址表的逻辑关系如图 9-19 所示。

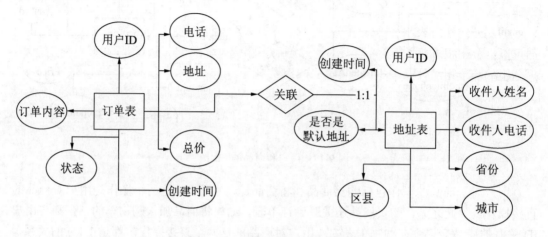

图 9-19　订单表和地址表的逻辑关系

订单和地址是一一对应的关系，因为当前用户的一个订单只能有一个地址，地址表和订单表的关系还是比较简单的。

其他的如商品评论表、用户收藏表和用户购物车表，这些表和商品表的关联就不在这里说明了，这些表直接关联的就是商品，而且它们之间的关系也不复杂，因此这三张表的数据字典的实现就交给读者去完成了。

至此，数据库的逻辑结构设计基本上已经完成了，逻辑结构的设计其实就是拆解业务逻辑，映射到数据库表上的操作。某一个业务涉及的表要通过逻辑结构设计展现出来，为接下来的数据库的物理设计打下基础。

9.1.7　技术方案确定

技术方案需要确定前端工程使用的框架、UI 组件库的选取、数据库的设计等。在本章的开始部分介绍了移动端电商的原型图，其实从设计角度看，原型图给出了各个页面包含的内容，以及每一部分对应的功能，细节部分还需要判断页面某个模块的呈现方式。有了原型图，可用它作为依据选择合适的工程框架，本书默认使用 Vue 作为前端框架，有的公司的前端开发团队为了统一技术栈，也会默认使用一个技术栈。

前面除了介绍原型图之外，还介绍了设计数据库的一些步骤。从数据库的设计角度来讲，首先给出的是数据字典，在数据字典中详细说明了字段的名称和各种属性，在创建数据库的时候对编写 SQL 语句有非常大的帮助，基本上可以按照数据字典轻松地写出 SQL

语句了。

　　数据库设计除了数据字典的设计之外，还有数据库的逻辑结构设计，这部分包含后端的业务逻辑操作部分。例如，用户表和商品表的关系，用户购买商品这个动作包含在用户表和商品表的关系中，购买行为需要后端提供接口，因此逻辑结构设计可以参照业务逻辑设计。

　　前面介绍的内容都是为技术选型打基础。前端页面部分使用 Vue 框架来实现，每个页面可以拆分出很多小的模块，这些小的模块可以用组件化的方式来处理，在多页面工程中，拆分组件和复用组件是工程提效的主要手段之一。

　　在原型图中提到的购物车页面，前面在介绍 Vuex 时是以购物车为例讲解的，因此这里我们对数据流处理的技术选型也用 Vuex。前端还有一个非常重要的任务是调用后端给出的接口，因为 Axios 是功能强大的 AJAX 库，所以这里调用接口的时候选用 Axios 库。到这里整个前端工程的重要部分已经介绍完毕了，工程的 View 层用 Vue 框架和 Vant UI 组件库，全局状态管理使用 Vuex，和后端交互的部分交给 Axios 去完成。整个前端工程的架构图如图 9-20 所示。

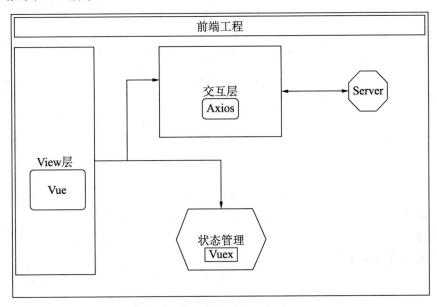

图 9-20　前端工程架构

　　前端工程打包选择 Webpack，因此在初始化的时候需要对 Webpack 进行配置，配置入口、出口及需要使用的文件处理器。如果读者觉得麻烦的话，那么可以使用 Vue CLI 脚手架作为初始化工具，Vue CLI 集成了开发环境和打包工具，减少了配置成本，上手非常快，可以作为一个不错的方案。

　　前端这一部分基本定下来后，接下来是数据库的选择，因为该项目只作为演示，不会实际上线，因此直接使用 MongoDB 数据库就可以了，不需要考虑并发、容灾这些后端要考虑的问题。前端选择数据库的出发点比较简单，而且 MongoDB 数据库有比较完善的 Node 驱动，用它作为数据库一是方便使用，二是可以学习一个新的技术。

在前面的章节中介绍了用 Koa 框架搭建后端服务的过程，采用了 MVSC 的设计方式，从文件结构上看，有清晰的分层结构，这样接口函数的实现就被划分到 Controller 层和 Module 层，结构非常清晰。另外，Node 框架对于前端开发者来说可以无缝衔接，在生产环境中需要考虑接口异常返回的兜底处理及在并发场景下的请求分发等问题，这里是不需要考虑的。因此，搭建后端服务使用 Koa 框架即可全部实现，路由、模型管理和视图等都可以在 Koa 中完全表现出来。

后端架构如图 9-21 所示。

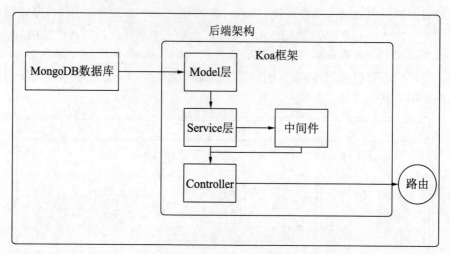

图 9-21　后端架构

整个后端设计统一交给 Koa 框架进行处理。连接、封装数据库模型，定义 Service 层服务及暴露的 Controller，这些分层次的操作统一用 Koa 框架封装。

整个后端的架构、前端的架构及数据库的设计都已经给出具体的设计方案了，接下来分别实现前端和后端部分。

9.2　后端工程搭建

在实现层面上，首先搭建后端工程，后端工程不涉及页面的交互细节，因此本节将会着重介绍页面设计及其实现。工程初始化的时候，花费精力比较多的是工程公共部分的建设，只有公共基础搭建好，才能更好地支持业务逻辑，方便后面的代码迭代。

下面将介绍如何搭建完整的后端工程。

9.2.1　初始化后端工程

搭建完整的后端工程的第一步是初始化后端工程，初始化工作包括规划文件夹分布，以及封装数据库模型和中间件。为了更好地布局后端工程文件夹，这里按照 MVSC 的方式将文件夹分为 middleware、models、service 和 views 等，如图 9-22 所示。

图 9-22　后端工程文件夹

接下来针对每一个层级，说明如何进行设计。前面说到，数据库使用的是 MongoDB，因此需要在 models 文件夹中定义模型，用模型来操作数据表。

【示例 9-1】创建用户 Schema。

```
01  const mongoose = require('mongoose');
02  const Schema = mongoose.Schema;
03  const bcrypt = require('bcryptjs');
04  const SALT_WORK_FACTOR = 10;
05  // 用户数据模型
06  const userSchema = new Schema({
07    userName: { type: String, unique: true }, // 用户名 | unique 表示唯一
08    password: String,                          // 密码
09    mobilePhone: String,                       // 手机号码
10    email: { type: String, default: '' },      // 邮箱
11    gender: { type: String, default: '男', enum: [ '男', '女', '保密' ] },
                                                 // 性别
12    avatar: { type: String, default:
13  'http://img4.imgtn.bdimg.com/it/u=198369807,133263955&fm=27&gp=0.jpg' },
                                                 // 头像
14    year: { type: Number, default: new Date().getFullYear() },
15    month: { type: Number, default: new Date().getMonth() + 1 },
16    day: { type: Number, default: new Date().getDate() },
17    createAt: { type: Date, default: Date.now() }, // 创建数据的时间
18  });
```

在 Schema 中定义数据表的字段和类型，在 Service 层可以用 Mongoose 定义好的 API

来操作 Schema 对象，从而操作数据库。看到这里，读者一定会注意到连接数据库的操作并没有封装到 Model 中。是的，连接数据库的操作单独封装到了 utils 文件夹中，在工程的入口使用 use()函数引入，在入口处做了连接的操作。

【示例 9-2】入口文件 app.js 中连接数据库。

```
01   // 导入数据库连接文件
02   const { connect } = require('./utils/connect');
03   // 立即执行函数
04   (async () => {
05     await connect();                    // 执行连接数据库任务
06   })();
```

在本工程中数据库的封装主要有两部分：一部分是数据库模型的封装；另一部分是使用模型 API 去实现上层的业务接口。对于用户模型这部分来说，前面给出的是创建用户模型的代码，接口的实现是建立在对数据库模型的操作上。对于用户模型操作这一部分，这里给出更新用户信息接口的示例代码。

【示例 9-3】更新用户信息。

```
     /**
       * 更新用户信息
       * @param {String} mobilePhone 用户手机号
       * @param {Object} needUpdateInfo 需要更新的信息
       */
01   async updateUserInfo(mobilePhone, needUpdateInfo) {
02     try {
03       let userDoc = await UserModel.findOne({ mobilePhone });
04       if (userDoc) {
05         if (needUpdateInfo.userName === userDoc.userName) {
06           await UserModel.updateOne({ _id: userDoc._id }, needUpdateInfo);
07                                   // 更新用户信息
08           const newUserInfo = await UserModel.findById({ _id: userDoc._id },
09   PROJECTION);              // 查询用户信息并返回所需数据
10           return newUserInfo;
11         } else {
12           let user = await UserModel.findOne({ userName:
13   needUpdateInfo.userName });
14           if (user) return { code: 1, msg: '用户名已存在' };
15           await UserModel.updateOne({ _id: userDoc._id }, needUpdateInfo);
16                                   // 更新用户信息
17           const newUserInfo = await UserModel.findById({ _id: userDoc._id },
18   PROJECTION);              // 查询用户信息并返回所需数据
19           return newUserInfo;
20         }
21       } else {
```

```
22        return { code: 0, msg: '您还未注册账号' };
23      }
24    } catch(error) {
25      console.log(error);
26    }
27  }
```

在更新用户信息的接口中，首先通过模型的 findOne 方法找到满足条件的信息，正常情况下找到用户之后再更新用户信息。异常情况下如用户没有注册账号，则返回用户尚未注册账号的信息。可以看到，底层是数据表模型，上层是对数据表模型的处理，这种分层的设计实现起来非常方便。介绍完接口的逻辑部分，接下来介绍如何将接口暴露给前端开发者使用，也就是说，需要继续思考怎么设计后端路由。

由于我们设计的系统有多个模块，如用户模块、商品模块、订单模块，因此通常的做法是对路由也进行模块划分，结果如图 9-23 所示。

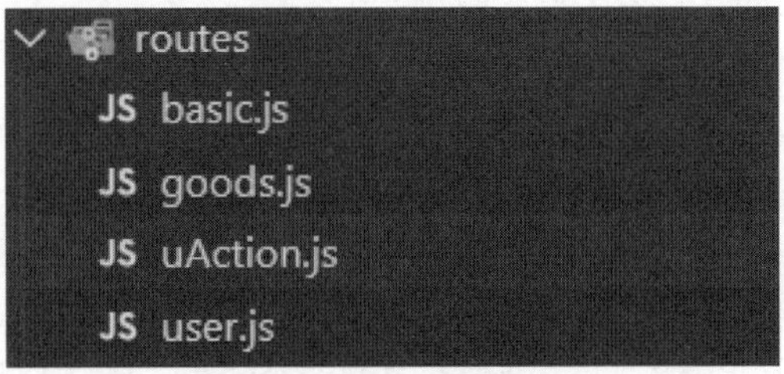

图 9-23　路由模块分类

上面提到的用户和商品的系统有两个大的模块，即用户和商品，其他模块放置到基本操作类别下，这是路由的分类，那么路由内部是怎么处理的呢？

例如，在电商系统中，用户点击某个商品会显示商品的详细信息，此时需要调用获取商品详情的接口。

【示例 9-4】获取商品的详细信息。

```
/**
 * 获取商品的详细信息
 */
01  router.get('/goodsDetails', async (ctx) => {
02    const { goodsId } = ctx.request.query;
03
04    try {
05      let goods = await goodsService.getGoodsDetails(goodsId);
06      if (goods) {
07        ctx.body = { code: 200, result: goods };
08      } else {
09        ctx.body = { code: 404, message: '暂无该商品信息' };
10      }
11    } catch(error) {
```

```
12      ctx.body = { code: 500, message: error };
13    }
14  });
```

Service 层封装了接口的实现，因此暴露服务就需要通过 Router 对象，规则是在 Router 中定义请求的方式、自定义路由和需要调用的 Service 层方法，这样前端就可以使用后端暴露的接口了。

后端的主要流程基本上"走"通了，其他的操作流程基本是一致的，只是具体的细节需要根据实际的业务去调整。

最后还有一点需要考虑的是，后端的所有请求会涉及用户的状态，即用户的 Token 信息是否过期，在请求的过程中都需要进行判断，此时可以封装中间件来检测用户的 Token 信息。可以新建一个 middleware 文件夹，将中间件封装在其中，最后再将其应用到后端路由请求中，即在需要的地方加一个中间件的限制。

【示例 9-5】将商品加入购物车。

```
/**
 * 加入购物车
 */
01  router.post('/addToShopCart', checkUserStat, async (ctx) => {
02    if (ctx.userInfo) {
03      const userId = ctx.userInfo._id;           // 取用户 id
04      const { goodsId } = ctx.request.body;
05      try {
06        const resResult = await uActionService.addToShopCart(userId,
    goodsId);
07        ctx.body = resResult;
08      } catch(error) {
09        console.log(error);
10      }
11    }
12  });
```

在 POST 方式中添加了 checkUserStat 中间件判断用户的 Token 信息。整个后端的初始化基本上就结束了，后面将从细节处对这些流程进行介绍。

9.2.2 配置和封装数据库

前面介绍了在工程中封装数据库的基本流程，但是缺少了很多细节的介绍，如 MongoDB 的安装及 MongoDB 的连接测试，这些细节将会在本小节中一一介绍。

对数据库操作之前，首先要判断一下本地是否有 MongoDB 环境。如果已经将 MongoDB 安装好的话，那么可以直接运行 MongoDB，如图 9-24 所示。

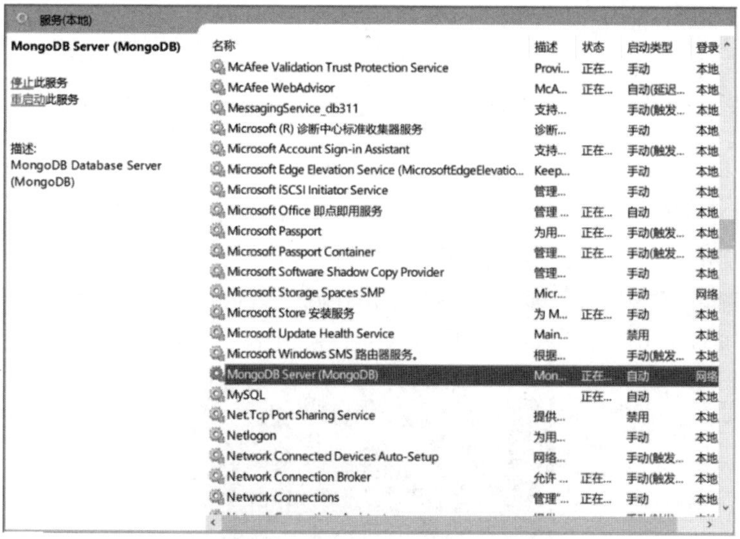

图 9-24　MongoDB 服务

我们通过命令行测试一下连接，如图 9-25 所示。

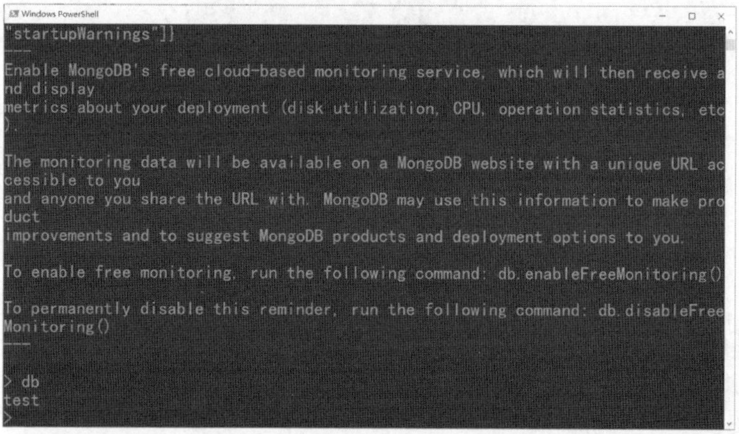

图 9-25　命令行测试 MongoDB 连接

如果本地没有安装 MongoDB 数据库，可以参看前面的介绍，在本地安装 MongoDB。
环境搭好之后，可以通过一个 Node 程序来测试连接 MongoDB 的服务器，代码如下：

```
01  /*1. 连接数据库*/
02  // 1.1. 引入 Mongoose
03  const mongoose = require('mongoose');
04  // 1.2. 连接指定的数据库(URL 只有数据库是变化的)
05  mongoose.connect('mongodb://localhost:27017/test');
06  // 1.3. 获取连接对象
07  const conn = mongoose.connection;
```

```
08   // 1.4. 绑定连接完成的监听(用来提示连接成功)
09   conn.on('connected', function () {          // 连接成功回调
10     console.log('数据库连接成功, YE!!!')
11   });
```

在工程中新建一个 app.js，将上面这段代码复制到 app.js 中，运行命令：

```
node ./app.js
```

在连接成功的情况下，控制台提示数据库连接成功，说明连接数据库测试通过。数据库的准备工作差不多做完了，接下来的工作是初始化数据模型，这里的重点是要对每一张表初始化一个模型，即它们是一一对应的关系，models 文件结构如图 9-26 所示。

图 9-26　models 文件结构

定义的模型有地址管理、商品收藏、商品评论、商品、订单管理和用户模型等，布局之后，接下来就需要在模型内部定义模型的基本属性。上一小节介绍后端架构的时候我们介绍了 User 模型内部的定义，这里除了在模型中直接定义模型属性之外，还会对模型的属性做进一步处理。例如，用户表会存储密码这个字段，但不能将密码明文直接存在数据库中，需要进行加密处理，此时就需要在模型中定义函数来实现。

对用户的密码采用哈希加密的方法进行处理，参见下面的例子。

【示例 9-6】用户密码加密。

```
/**
 * 对密码进行加密
 * 使用 pre 中间件在用户信息存储前执行
 */
01   userSchema.pre('save', function(next) {
02     // 进行加密，产生一个 salt
03     bcrypt.genSalt(SALT_WORK_FACTOR, (err, salt) => {
04       if (err) return next(err);
05       // 结合 salt 产生新的 Hash
06       bcrypt.hash(this.password, salt, (err, hash) => {
07         if (err) return next(err);
08         // 使用 Hash 覆盖明文密码
09         this.password = hash;
```

```
10        next();
11      });
12    });
13  });
```

在存储密码的时候触发钩子函数对其加密，存入数据库的就是加密后的用户密码。

在大部分情况下，定义好数据库模型就可以了，之后的操作就是在 Controller 层调用 Model 层定义的模型，接口逻辑封装在 Service 层，最后通过路由暴露给前端，这样以封装数据库为起点的链路就"走通"了。

事实上，对于数据库的封装工作大量集中在对数据库模型的定义和连接的测试上，准备工作要充分，后面接口调用数据库的操作是建立在对数据库模型的定义和连接测试这两点上的。这两点做好了，后面的工作会很顺利。

9.2.3　实现后端接口

在平时的开发流程中，写接口的任务都是交给后端开发者，这里我们来了解一下后端接口的实现过程。

后端接口的实现是后端工作的重点，因为后端的服务都是通过接口方式实现的。那么，接口完整的实现流程是怎样的呢？在前面的章节中，封装了数据表的模型层，接口是将模型层作为数据的底层，因此模型层是接口的起点，封装模型层的下一步是封装业务逻辑。业务逻辑是封装在 Controller 层里。举个例子，用户接口实现更新用户信息的功能，在逻辑上首先要找到更新的用户，找到的话，再将新的信息覆盖旧的信息，这是正常的情况。除此之外，还需要添加异常判断，例如，没有找到该用户，提示"查无此人"，更新失败，提示"操作失败"。

【示例 9-7】更新用户信息。

```
/**
 * 更新用户信息
 * @param {String} mobilePhone 用户手机号
 * @param {Object} needUpdateInfo 需要更新的信息
 */
01  async updateUserInfo(mobilePhone, needUpdateInfo) {
02    try {
03      let userDoc = await UserModel.findOne({ mobilePhone });
04      if (userDoc) {
05        if (needUpdateInfo.userName === userDoc.userName) {
06          await UserModel.updateOne({ _id: userDoc._id }, needUpdateInfo);
07                                    // 更新用户信息
08          const newUserInfo = await UserModel.findById({ _id: userDoc._id },
09  PROJECTION);                       // 查询用户信息并返回所需数据
10          return newUserInfo;
11        } else {
```

```
12          // 查询是否已存在同用户名
13          let user = await UserModel.findOne({ userName:
14 needUpdateInfo.userName });
15          // 如果存在则直接返回
16          if (user) return { code: 1, msg: '用户名已存在' };
17          // 如果不存在则更新数据
18          await UserModel.updateOne({ _id: userDoc._id }, needUpdateInfo);
19 // 更新用户信息
20          const newUserInfo = await UserModel.findById({ _id: userDoc._id },
21 PROJECTION);                          // 查询用户信息并返回所需的数据
22          return newUserInfo;
23        }
24      } else {
25        return { code: 0, msg: '您还未注册账号' };
26      }
27    } catch(error) {
28      console.log(error);
29    }
  }
```

接口实现代码也是按照这种逻辑去处理的。**UserModel** 是用户表的模型，数据表在有数据的前提下，调用 findOne 接口判断用户信息与要修改的用户信息是否一致，最后再通过 **findById** 找到该用户，执行信息的更新。看到这里，读者应该可以理解，在大多数情况下，接口做的事情是改变数据库中的数据，开发者需要思考如何在符合业务逻辑的情况下改变数据库中的数据。

写好接口之后，该怎么将接口的服务暴露给用户使用呢？通常的解决方式是使用服务的形式暴露给前端使用。

这个服务在后端是通过路由实现的，在路由中定义请求的方式。我们看一下更新用户信息的接口。

【示例 9-8】更新用户信息的接口。

```
/**
 * 更新用户信息
 */
01 router.post('/updateUserInfo', checkUserStat, async (ctx) => {
02   if (ctx.userInfo) {
03     const { mobilePhone } = ctx.userInfo;
04     const needUpdateInfo = ctx.request.body;
05     try {
06       let newUserInfo = await userService.updateUserInfo(mobilePhone,
07 needUpdateInfo);
08       ctx.body = (newUserInfo.code === 1 || 0)
09         ? newUserInfo
10         : { code: 200, msg: "修改成功", token: jwt._createToken(newUserInfo) };
11     } catch(error) {
```

```
12        console.log(error);
13      }
14    }
15  });
```

首先 post 函数定义了调用该接口用 POST 的方式，前面在介绍 Koa 的时候也介绍了 ctx 对象，该对象可以获取请求的数据，因为是 POST 的方式，在 ctx 中可以获得需要更新的用户信息，这样再调用接口的服务并将接口判断的结果返回给用户。接口部分的流程到这里已经"跑通"了，接下来开发者需要在本地测试一下接口。可以用 Postman 测试接口逻辑是否正确，判断返回的数据是否正常。

例如，用 Postman 测试获取首页商品推荐数据的接口。Postman 是一款接口测试工具，它的功能很多，在日常开发中使用最多的功能是测试接口是否正常。使用的时候，首先输入请求的 URL，然后再确定用 GET 方法还是 POST 方法，使用的例子如图 9-27 所示。

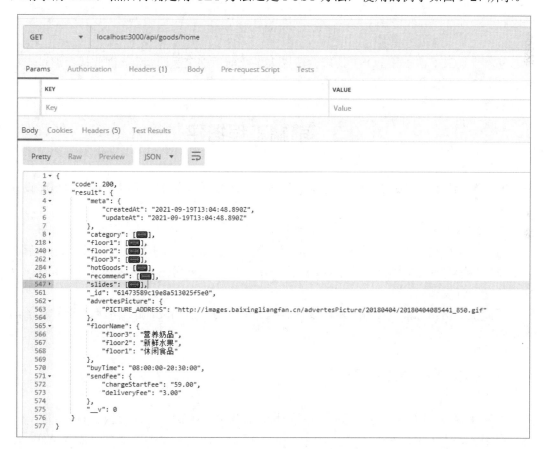

图 9-27　返回数据结果

选择方式为 GET，单击 Send 按钮，在正常情况下，可得到接口返回的数据。GET 请求是直接获取数据，如果接口需要提交信息，那么就用 POST 方式，如图 9-28 所示。

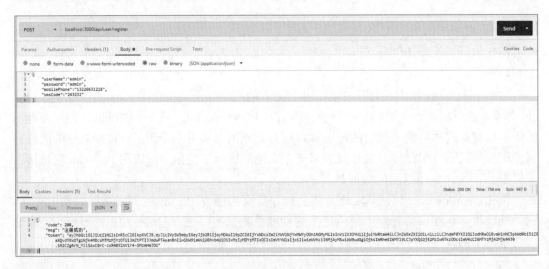

图 9-28　POST 请求接口

基本上，GET 请求和 POST 请求会覆盖大多数前后端交互的情况，因此接口通过本地测试之后，后端工程在本地即搭建完成。

9.3　前端工程搭建

9.2 节介绍了搭建后端工程的过程，关键环节是数据库设计和接口封装。数据库设计要考虑合理支持业务层，而且好的数据库设计可以减少接口层的工作量，当系统需要进行功能扩充时，如果在数据库设计时考虑了拓展性的话，就可以很好地支持系统的外扩。

通过搭建后端工程这个示例来看，前期在设计上如果有良好的拓展性的话，那么后面的实现也会变得轻松。因此在搭建前端工程时，开发者需要考虑如何达到更好的设计，带来更便捷的开发体验。

下面就从初始化前端工程、路由设计和状态管理等角度出发，介绍如何搭建完备的前端工程。

9.3.1　初始化前端工程

和搭建后端工程一样，第一步是对工程进行初始化，前端框架技术选型时用的是 Vue，可以用 Vue CLI 脚手架初始化前端工程。Vue CLI 是官方的脚手架，运行时依赖 Webpack 构建，初始化时有合理的 Webpack 配置，能够为开发者节省很多时间。

安装 Vue CLI 非常简单，直接在全局执行如下命令：

```
npm install -g @vue/cli
# OR
```

```
yarn global add @vue/cli
```

然后运行以下命令验证是否安装成功。

```
vue --version
```

接下来使用 Vue CLI 初始化工程，运行如下命令：

```
vue create vue-mall
```

之后命令行会给出选择哪一个版本的 Vue 的提示信息，如图 9-29 所示。

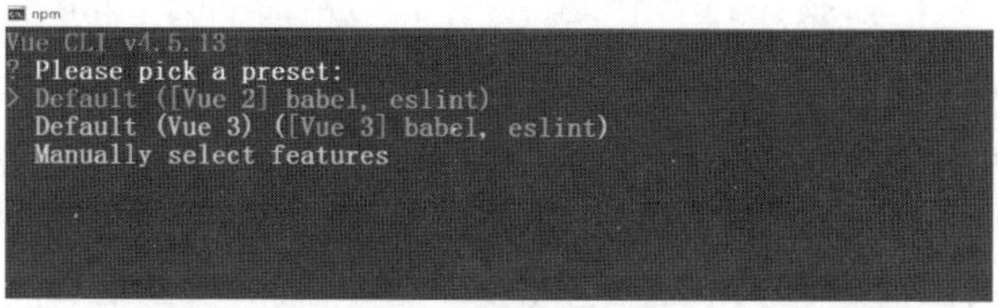

图 9-29　Vue 版本选择

这里选择使用 Vue 2 进行初始化，先下载依赖，如图 9-30 所示。

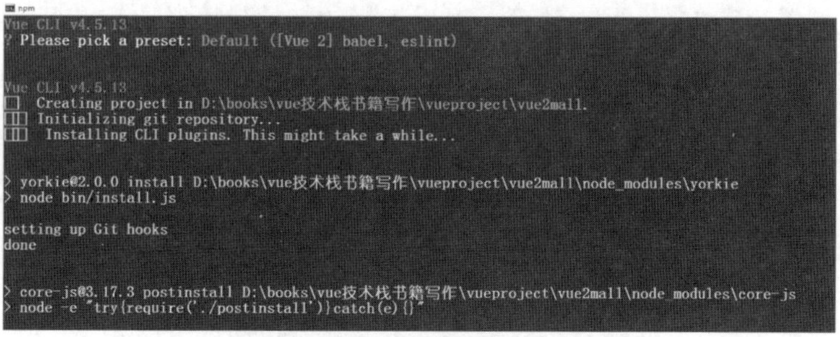

图 9-30　依赖下载

最后通过 cd 命令回到初始化文件夹下，执行 npm run serve 命令将工程在本地运行起来，如图 9-31 所示。

图 9-31　初始化工程

　　在前面介绍 Vue 的章节中提到了 Vue 的安装和初始化，这里将展示完整的创建链路。初始化工程是一个单页应用，整个工程是由单个页面构成的，因为我们的应用是多页的，所以需要用 Vue-Router 进行路由管理。在工程的 src 文件夹下新建 route 文件夹作为路由管理的入口文件，并通过 use 函数应用到整个工程中。

　　除了路由管理之外，项目中的公共资源可以单独新建 assets 文件夹进行统一管理，公共资源包括图片、样式文件及公共的 JS 文件，方便集中管理。按照这样的封装思路，多页面的公共组件也可以单独放置到一个文件夹中，通常命名为 components，对应的页面文件就放置到 pages 文件夹中。

　　前面提到的商品工程需要对数据状态进行管理。举一个常见的场景，当切换地址信息的时候，不同的页面需要共享地址信息，由于多个页面会同时用到地址信息，这时候需要借助状态管理，可选择 Vuex 作为状态管理的工具。此时可以新建一个 store 文件夹，存放各种数据及变更数据用到的动作函数，新建 store 文件夹用于进行工程的状态管理，这种处理方法已在前面介绍过了。

　　从最开始只有一个单页应用，到现在用新建的 router 文件夹进行路由管理，以及 components 文件夹进行组件管理和 Vuex 状态管理，对于工程的初始化已经比较完备了，可以说，整个工程的架构已经搭建完成。我们看一下搭建好的文件结构，如图 9-32 所示。

图 9-32　文件夹结构

　　工程中增加了 store、router、pages 和 components 文件夹，除此之外，多页面应用涉及很多请求接口，因此新建 API 文件夹来统一存储用到的请求接口。不同的职能文件夹都统一布局在 src 文件夹下作为源码目录。

前端工程初始化的工作到这里就结束了，回顾整个流程，首先使用 Vue CLI 搭建可运行的单页应用，然后根据工程的需要添加路由管理、状态管理和组件管理等文件夹，即按需添加不同职能的文件夹，以实现代码解耦，如工程有新的需要的话，在必要的场景中可以创建新的文件夹来支持需求。

9.3.2　编写前端页面代码

在 9.3.1 小节中我们初始化了前端工程，从开始的运行单页应用，到之后按需添加路由管理、状态管理和组件管理等，此时前端工程的架构已初见雏形，接下来就是编写业务代码，俗称写页面。写页面属于技术细节，这一部分应该怎样做才能更高效呢？下面举一个例子来细致讲解。

我们以商品详情页面举例，了解一下写页面的基本"套路"。当拿到视觉稿的时候，先分析页面的组成并将组成的部分抽离为组件，基本的拆分结果如图 9-33 所示。

图 9-33　页面拆分

将页面拆分成三部分，第一部分是带有导航的 Tab 组件，通常这个 Tab 组件是以业务组件的形式封装的，可以供多个页面调用。第二部分是容器部分，这部分是内容呈现区域，该区域呈现方式不只是图片，还可以是视频，因此容器要考虑兼容性，当然，当前页面只是商品图片。第三部分是操作的区域，商品详情页面底部的基本操作包括加入购物车、查看店铺和立即购买，这些可以封装到组件中，也可以直接在页面中实现。商品详情页面因为与交易相关，所以对于代码要求还是非常高的。

我们将整个页面分成了三部分，接下来需要按照这三部分去搭建整个页面。在实现过程中的细节问题如中间的图片展示，可以用轮播的方式来提升用户的体验，也可以使用视频展示商品时视频静默播放。关于轮播，读者可以参考下面的代码。

【示例 9-9】商品轮播。

```
<!-- 商品图片轮播图 -->
01 <van-swipe class="goods-
02  swipe" :autoplay="3000" :duration="1500" :touchable="false" @change=
    "onChangeSwipe">
03          <van-swipe-item v-for="n in 4" :key="n">
04            <img v-lazy="goodsInfo.image" @click="previewImg" />
05          </van-swipe-item>
06          <!-- 自定义指示器 -->
07          <article class="custom-indicator" slot="indicator">
    {{ currentImg +
08  1 }}/4</article>
        </van-swipe>
```

van-swipe 组件提供了即插即用的配置和方便的 API。van-swipe 组件可以控制轮播的间隔，也支持监听 onchange 事件，还可以对要轮播的图片执行懒加载，借助 onchange 事件可以扩展更多的功能来支持更多的需求，最后再用 div 将上面的代码包裹起来作为容器。商品详情页面的展示部分就介绍完了。接下来实现页面的顶部和底部功能。

页面的底部是业务逻辑最复杂的地方，如商品加入购物车的时候，需要用弹窗显示添加购物车的设置，包括商品数量和立即购买等选项，下面是购物车的代码。

【示例 9-10】商品信息弹出层展示。

```
<!-- 立即购买弹出层 -->
01      <transition name="bounce-drawer">
02        <div v-show="showBuyDrawer" class="drawer-buy">
03         <!-- 商品信息 -->
04         <section class="drawer-goods-info">
05           <img v-lazy="goodsInfo.image_path" />
06           <div class="goods-info">
07             <p class="goods-name">{{ goodsInfo.name }}</p>
08             <p class="goods-pic">
09               <span>¥</span>
10               <span>{{ (goodsInfo.present_price * buyCount) | toFixed }}
    </span>
11             </p>
12           </div>
13         </section>
14         <!-- 购买数量 -->
15         <section class="drawer-goods-count">
16           <div class="buy-total">
17             <p>购买数量: <span>{{ buyCount }}</span></p>
18             <span>剩余 {{ goodsInfo.amount }} 件</span>
```

```
19              </div>
20              <div class="change-total">
21                <van-stepper v-model="buyCount" disable-input />
22              </div>
23          </section>
24          <!-- 立即购买 -->
25          <section class="drawer-buy-now" @click="nowBuy">立即购买</section>
26      </div>
27    </transition>
```

　　单击立即购买按钮会触发弹出层，在弹出层中需要展示商品图片，以及供用户选择的商品数量，同时需要显示剩余的商品数量，单击"立即购买"按钮的时候会触发购买函数，底部其他区域如查看店铺等功能如果使用的商品详情底部组件不支持的话，则需要开发者去单独实现。

　　看到这里，实现前端页面的主要思路是拆分页面，并针对拆分的每一个部分去单独实现，在需要的时候封装组件，最后一步是将整个页面搭建起来。尽管页面可能都不一样，但是搭建页面的流程基本上是一致的，了解了这一点，后面在继续开发其他页面的时候就简单多了。

　　以上是商品详情页面的实现流程，我们再以个人中心的页面来练练手。个人页面顶部需要展示用户头像和订单管理选项，中间部分用列表展示商品的信息和用户的操作记录，底部是操作区域，可直接复用公共的底部导航区域，由此我们将个人中心页面拆分为上中下三个部分，如图 9-34 所示。

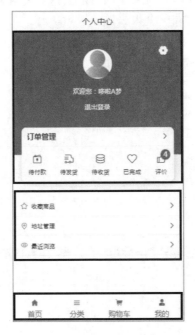

图 9-34　个人中心页面

底部用的是公共导航组件，中间的列表用于进行点击跳转和显示选项名称，页面最上面框出的订单展示部分展示的区域比较多，所以页面样式需要一些工作量。不知道读者是否发现，不管是实现一个复杂的页面还是实现一个简单的页面，通常是将页面拆分为上、中、下三部分，这不是巧合，因为移动端页面的布局方式就是从顶部到底部垂直布局的，对应的功能区块也是按照这个方向设计的，自然，按照功能区拆分的拆分方式就是从上到下进行拆分。在大多数情况下，移动端页面的中间部分用来显示大部分信息，拆分的时候会将中间部分作为一个单独区域拆分出来，这样整个页面就拆分成了上、中、下三个部分。

本小节介绍了移动端页面的代码实现方式，第一步首先要拆分页面，将页面拆分为上、中、下三个部分，每一部分单独实现，实现的过程就是编码的过程，大多数情况下是使用组件，因为组件提供了丰富的 API，有助于提升开发效率。本系统是由多个页面组成的，在所有的页面都实现之后，系统的前端部分也就实现了。接下来是前后端联调的阶段，这部分将在下一小节介绍。

9.3.3　前后端联调

在大多数情况下，前端部分开发和后端部分开发是并行的，因此当前端人员开发完一个页面的时候，后端人员也需要同时提供接口，这个时候前端人员需要和后端人员配合，在本地环境测试接口是否正常，以及返回的数据是否符合逻辑等。

特殊情况下，当全栈工程师开发某个项目的时候，前端人员和后端人员会一起负责，这种情况下前后端联调会交给同一个人去做。

在联调阶段，后端一般会给出接口文档及返回的展示数据，前端将 Mock 数据的接口更换为后端给出的接口。后端的接口文档如图 9-35 所示。

图 9-35　后端的接口文档

接口文档指明了请求的 URL、请求方式、传递的参数和返回的参数，按照这个文档，前端开发者将某个页面的 Mock 接口全部换成后端给出的本地接口，点击前端页面的控件调用接口，第一个检查是看接口返回的数据是否正常，第二个检查是判断页面的显示是否正常，即业务逻辑是否为需求文档中指明需要实现的。

以商品列表页面为例，进入商品列表页面，首先通过接口获取商品数据，因为商品数据很多，所以需要分页获取，联调时还需要判断向下滑动的时候是否触发了加载商品数据的接口。

商品列表页面加载数据的结果如图 9-36 所示。

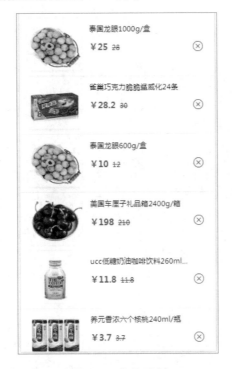

图 9-36　商品列表

在前后端联调的时候首先要判断商品的图片是否存在、商品的名称是否正确，以及价格是否显示正常，还需要滑动页面看一下请求翻页数据是否正确。

如果遇到异常情况，如接口返回异常，则需要根据错误码来告知后端排查错误，如果遇到页面显示错误，如图片没有显示，除了排查接口返回数据之外，还要回溯前端代码是否有问题，如果是价格显示异常，则有可能是数字处理不恰当导致的。

总之，前后端联调阶段，前端开发者需要判断接口是否返回正常，页面的交互和显示是否符合需求。如果出现异常情况，则需要相关负责人员来解决。

以上是前后端联调的主要流程，接下来通过代码来演示一下前后端联调的过程。

首先看接口请求的代码。

【示例 9-11】接口汇总。

```
01  const mockUrl = "http://localhost:7000";        // 数据 mock 的服务器地址
02  export const Url = {
03    homeDataApi: mockUrl + '/api/goods/home',        // 商城首页的所有数据
04    ipLocation: mockUrl + '/api/ipLocation',         // IP 定位
05    searchApi: mockUrl + '/api/search',              // 搜索
06
07
08    registerApi: baseURL + '/api/user/register', // 用户注册
09    loginApi: baseURL + '/api/user/login',       // 用户登录
10    sendSMSCodeApi: baseURL + '/api/user/sendSMSCode', // 发送短信验证码
11    sendPicCodeApi: baseURL + `/api/user/sendPicCode?mt=${ Math.random() }`,
12    // 发送图形验证码
13    userInfoApi: baseURL + '/api/user/userInfo', // 用户信息
14    updateUserInfoApi: baseURL + '/api/user/updateUserInfo',
                                                    // 更新用户信息
15    collectionListApi: baseURL + '/api/user/collectionList',
                                                    // 用户收藏列表
16
17    goodsListApi: baseURL + '/api/goods/goodsList',  // 分类商品列表
18    goodsDetailsApi: baseURL + '/api/goods/goodsDetails', // 单个商品详情
19
20  }
```

本地的模拟环境需要后端来支持，后端开发端口返回模拟数据，通常前端在写页面的时候会用到模拟数据，静态页面搭建好之后再统一将端口切换为后端端口，前面新建的封装接口请求文件可以直接更换后端接口。

我们看一下页面调用接口的方式，建议读者通过修改变量的方式调用接口。商品详情页面的代码见下面的例子。

【示例 9-12】获取商品详情。

```
    /**
     * 商品详情
     */
01    async _goodsDetails(goodsId) {
02      try {
03        let res = await ajax.getGoodsDetails(goodsId);
04        if (res.code === 200 || 404) {
05          this.goodsInfo = res.result;
06          this.loadingStatus = false;
07        }
08        if (this.goodsInfo) {
09          document.title = this.goodsInfo.name;
10          // 在浏览历史中添加该商品
11          setTimeout(() => {
12            this.setBrowseHistory(this.goodsInfo);
13          }, 300);
14        }
```

```
15        } catch (error) {
16          this.loadingStatus = false;
17          (error.code === 404) && this.$toast(error.message);
18          console.log(error);
19        }
20      },
```

ajax.getGoodsDetails 函数调用接口获取数据，然后根据获取的数据执行业务逻辑，最后将调用接口的函数统一封装在一起，看下面的封装：

```
   // 获取商品详情
01  getGoodsDetails(goodsId) {
02    return get(Url.goodsDetailsApi, { goodsId });
03  }
```

Url 对象存储所有的接口，GET 和 POST 方法通过 Utils 封装，这样涉及接口请求的 URL 和请求动作都统一封装好了，在进行接口调用时，直接在代码中导入需要的变量和函数，替换接口时直接更换变量即可。

将页面中的模拟接口更换为后端接口之后，这里需要再补充一点，在联调过程中，后端返回的数据如果异常，可能是下面这种情况。

【示例 9-13】在异常情况下返回的数据。

```
01  {
02      "status":{
03          "code":1002,
04          "message":"service error"
05      },
06      "result":{
07          "data":null
08      }
09  }
```

在正常情况下返回的数据见下面的例子。

【示例 9-14】在正常情况下返回的数据。

```
01  {
02      "status":{
03          "code":0,
04          "message":"ok"
05      },
06      "result":{
07      "data":[
08          {
09              "name":"烟台苹果",
10              "price":12,
11              "imgUrl":"https://gecicdn.com/121212ji.png"
12          }
13      ]
14      }
15  }
```

比较正常情况的返回数据和异常情况的返回数据可以看出，status 字段是公共的校验字段，校验接口是否返回正常，在获取数据的代码部分中还需要添加一层对公共字段的校验，如果校验不通过则给出对应的提示信息，如果校验通过则执行下一步处理。关于返回的接口信息，需要遵守接口规范，这样可以避免出现由于返回信息不一致所导致的各种问题，这一点在前后端联调中非常重要。

前后端联调部分到这里基本就介绍完了，最后总结一下，联调正向的流程是将本地的 Mock 接口更换为后端给出的接口，如果本地没有 Mock，只将固定数据写入页面的话，还需要对页面数据进行一些处理，用变量存储后端返回的数据并展示在页面中。对于后端返回的数据，一般是统一进行封装处理，并且还要判断异常状态或正常状态，之后再执行相应的操作。

建议将接口请求函数封装在一起，请求 URL 和请求方法单独封装，这样在修改请求 URL 和请求方法时直接更换一个变量即可实现全部的修改。前后端联调是开发人员的工作，这一步通过之后，接下来的工作就交给测试人员了，下一小节将对工程进行测试。

9.3.4　测试阶段之开发自动化测试

在前后端联调阶段，前端开发者已经把页面搭建好了，后端接口也已经开发完毕，这时候对应到开发流程上就到了测试阶段。一般在交付测试的时候，前端需要将工程发布到日常环境中，后端将接口也部署到日常环境中，测试人员在日常环境中进行测试，不会影响线上数据。

为了保证项目的稳定性和质量，项目部署环境一般分成日常环境、预发环境和线上环境。日常环境使用日常的数据库来测试业务逻辑和接口数据，不会对线上数据造成任何影响。日常环境测试通过之后会在预发环境中，预发环境用到的数据其实就是线上的数据，这一步需要测试项目在真实环境下的运行情况。除此之外，视觉开发人员还需要检查页面和视觉稿是否一致，如果出现不一致的情况，还需要进行修改。日常环境、预发环境的测试通过之后，接下来就是上线的工作，将项目部署到线上真实环境中。

因为我们测试的是单一环境，测试页面的业务逻辑和接口数据通过测试之后再考虑部署到服务器上。

这里补充一下对测试环节的认识，测试环节并不全是测试工作，例如，后端人员写完接口需要"跑"一下自动化测试用例，这个过程属于开发自测阶段，同样，前端人员在进行页面开发时也需要执行自动化测试工作。测试在整个开发流程中所处的环节如图 9-37 所示。

测试分为两部分，第一部分是通过自定义的自动化测试用例运行基础的测试，达到规定的测试覆盖率并通过所有的自动化测试之后，测试人员再运行测试用例。接下来对这两个部分分别介绍。

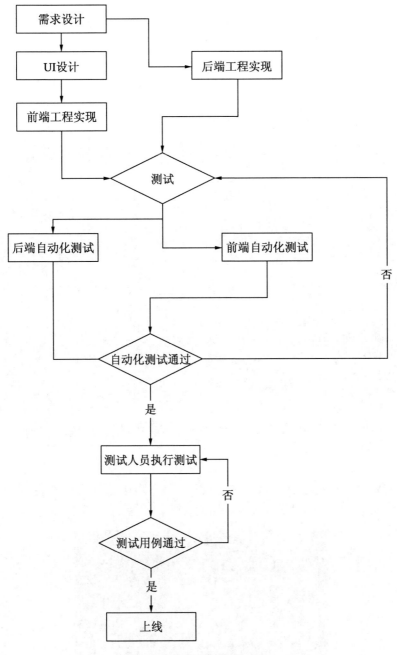

图 9-37 开发流程

首先是添加自动化测试用例。后端测试除了对接口测试之外，还需要对函数执行测试，当前的系统是由后端以接口的形式提供服务，因此自动化测试的部分就只对接口进行测试。

后端代码是用 Koa 写的，因此一般使用 SuperTest 执行自动化测试，SuperTest 主要用来测试 HTTP 请求，使用之前需要先用 npm 安装 SuperTest：

```
npm install supertest --save-dev
```

在写自动化测试用例之前，先举一个简单的例子来熟悉下 SuperTest 的用法。先新建一个 app.js，该文件用于启动服务，测试用例也包含其中。

【示例 9-15】Koa 启动文件。

```
01   const request = require('supertest');
02   const express = require('express');
03
04   const app = express();
05
06   app.get('/user', function(req, res) {
07     res.status(200).json({ name: 'john' });
08   });
09
10   request(app)
11     .get('/user')
12     .expect('Content-Type', /json/)
13     .expect('Content-Length', '15')
14     .expect(200)
15     .end(function(err, res) {
16       if (err) throw err;
17     });
```

上面的代码用来测试 GET 请求，先用 request 变量接收 SuperTest 实例，之后再用 GET 方法请求接口，获得返回的数据后，判断返回的状态码是否正常、返回的数据是不是期望的数据。

接下来需要把 SuperTest 用到我们的工程里。第一步还是用 npm 安装 SuperTest，第二步是新建一个 test 文件夹，用于存放测试用例文件，如图 9-38 所示。

图 9-38　test 用例

这里在 user.test.js 文件中测试用户注册的接口，测试注册接口的代码见下面的例子。

【示例 9-16】测试注册接口。

```
01   import app from '../../app';
02   import request from 'supertest';
03   import { expect } from 'chai';
04
05   describe('用户接口测试', () => {
06     let server;
07     before(() => {
08       server = app.listen(5000);
09     });
10
11     after(() => {
12       if (server) {
13         server.close();
14       }
15     });
16
17     it('#用户新增测试', async () => {
18       await request(server)
19         .post('/register')
20         .send({ username: 'john', password: '123456', mobilePhone:
   '12134236678' })
21         .expect('Content-Type', /json/)
22         .expect(200)
23         .expect(res => {
24           let response = res.body;
25           expect(response.code).to.be.equal(200, '用户新增正常');
26         });
27     });
28   })});
```

　　describe 函数用来描述测试的名称，测试的时候首先启动本地的 Server 服务，然后将本地服务变量传到 request 函数中继续执行对应的请求动作函数。如果是 POST 请求，则需要传入请求数据，然后接收数据并判断数据是不是期待的结果，这里只判断状态码，因为用户注册返回的字段说明和状态码是对应的，因此判断状态码就够了。

　　最后再执行 node user.test.js 命令输出测试的结果。如果某个测试用例没有通过，则需要修改对应的后端接口代码，修复其中的逻辑错误，这是后端工程的自动化测试流程，前端工程也需要进行自动化测试，有的公司前端项目代码测试使用的是 Cypress 测试框架，该框架兼顾了 UI 和数据层，因此对于移动电商系统的前端部分的测试，我们计划采用 Cypress 测试框架。

　　可能有读者对 Cypress 不熟悉，这里介绍一下 Cypress 框架。

　　Cypress 框架是面向下一代的 Web 测试框架，适合端到端测试和单元测试。使用

Cypress 时一般会针对每个路由新建一个测试文件，其中包含对接口及 UI 展示层的测试。在工程中用 Cypress 的时候，Cypress 工程中的 integration 文件夹里存放的都是测试文件，fixtures 里存放的是请求的 URL，分层非常合理，掌握这些基础知识之后接下来我们就在工程中添加 Cypress 测试程序。

首先安装 Cypress 框架：

```
npm install cypress
```

解压和安装时间稍长一些，安装过程如图 9-39 所示。

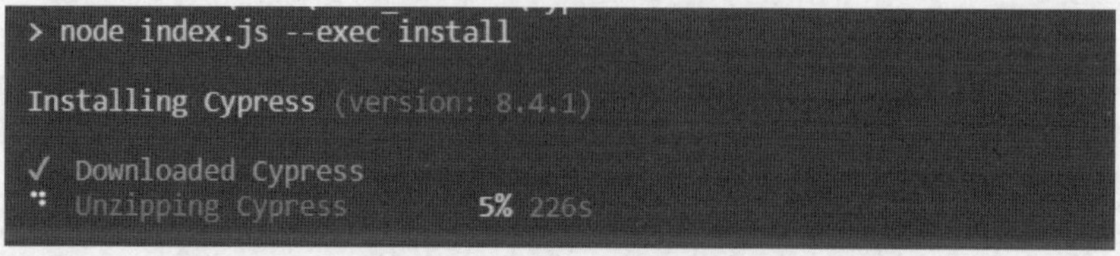

> node index.js --exec install
Installing Cypress (version: 8.4.1)
✓ Downloaded Cypress
Unzipping Cypress 5% 226s

图 9-39　Cypress 安装过程

在项目中将 Cypress 安装好之后，运行 npx cypress open 命令，由于是第一次运行 Cypress，因此会给出提示，如图 9-40 所示。

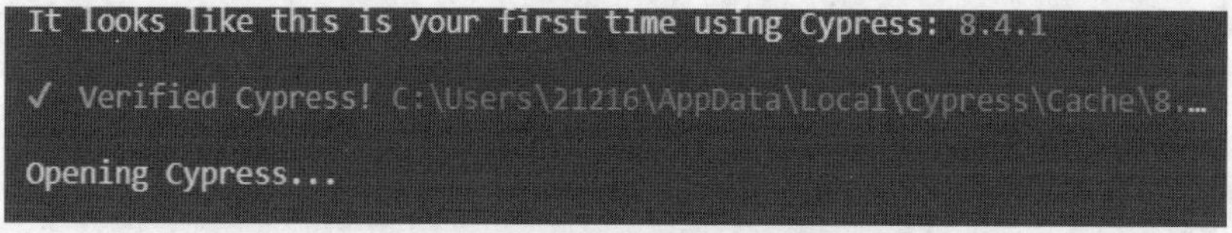

It looks like this is your first time using Cypress: 8.4.1
✓ Verified Cypress! C:\Users\21216\AppData\Local\Cypress\Cache\8.…
Opening Cypress...

图 9-40　开启 Cypress

此时 Cypress 会自动新建文件夹并在文件夹下自动写入测试用例，如图 9-41 所示。

cypress
fixtures
integration
1-getting-started
2-advanced-examples
plugins
support
JS commands.js
U
JS index.js
U

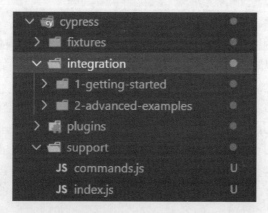

图 9-41　Cypress 初始化工程

同时，Cypress 会启动一个客户端，通过界面方式执行自动化测试，如图 9-42 所示。

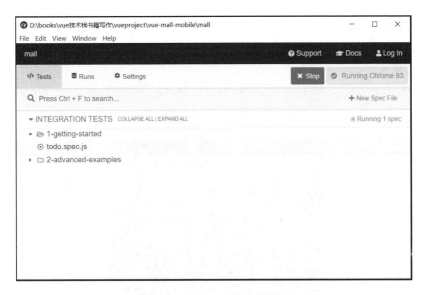

图 9-42　Cypress 自动化测试

integration 文件夹中存放的是测试用例，客户端会显示每一个测试用例，单击之后会进入测试用例的自动化执行页面，如图 9-43 所示。

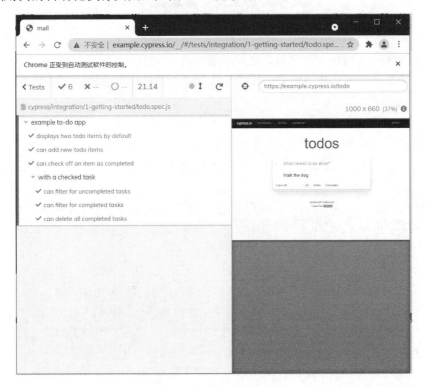

图 9-43　测试用例页面

依次执行每一个测试用例，如果测试通过，则会显示绿色的对勾，如果测试没有通过，则会显示红色的叉子，测试完成之后会给出测试报告，显示行覆盖率等关键指标。下面将 Cypress 框架用到工程中。

首先新建一个 constants 文件用来存放请求接口，然后在 fixtures 文件夹下新建与 JSON 数据相关的文件，基本的文件夹布局如图 9-44 所示。

图 9-44　Cypress 测试文件夹布局

创建好文件夹及新建文件之后，运行全部的自动化测试用例，检查测试用例是否全部通过，测试覆盖率是否达到要求等。都满足条件之后，接下来部署在日常环境中交给测试人员进行测试了。

其实，自动化测试的核心工作是写自动化测试用例。自动化测试的覆盖率不能太低，主要的业务逻辑都要覆盖，否则无法达到自测效果。执行自动化测试时，全部的测试用例都要通过测试，保证它们能正常运行，这些工作全部做完之后，接下来是执行测试用例的环节。

9.3.5　测试阶段之测试用例测试

本小节的测试环节需要测试人员介入，这里需要我们自己去做，测试用例需要覆盖各种情况，包括边界，并且需要根据测试用例测试移动端电商系统的每一个功能。

本小节除了运行测试用例之外，还要学习如何写好测试用例。在公司内部，测试给出的冒烟测试用例通常很多。实际情况下测试花费的时间和开发所用的时间基本上是 1：1 的比例，个别测试用例需要模拟指定的场景。

熟悉了测试在实际工作中的比重，接下来的工作是写该工程的测试用例。首先用思维导图设计一下测试模块，从每一个模块入手，由上向下写测试用例，如图 9-45 所示。

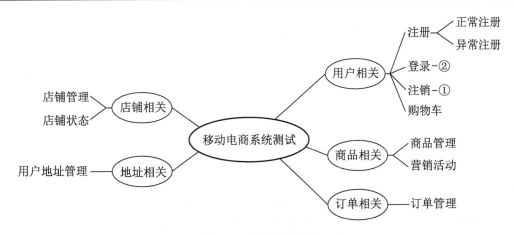

图 9-45　测试用例模块

整个工程的测试分为 5 大模块，分别是用户、商品、订单、地址和店铺。深入每一个模块，对每一个模块进行分层，例如，用户相关的模块分为注册、登录、注销和购物车等，注册又分为正常注册和异常注册两种方式，每种注册方式会有很多测试用例细节，下面一起学习一下。

一般地，公司内部都有专门管理测试用例的平台，我们可以找一个开源的测试用例管理工具对每个部分的测试用例进行集中管理。管理工具页面如图 9-46 所示。

图 9-46　测试用例管理工具

左侧的导航栏是按照测试的大模块进行分类，这里暂且只给出登录注册的测试模块，进入模块后会看到多条测试用例，这些是需要一条一条测试的用例。

运行测试用例时可单击它查看测试用例的详细描述，如图 9-47 所示。

图 9-47　测试用例说明

每个测试用例都有具体的步骤描述，例如，对于用户注册模块的测试，具体步骤是输入未注册过的用户名，然后再输入正常状态下的密码，每一步都有期望的结果，如果实际结果和期望结果不一致，则表示该条测试用例没有通过，可以算一个 Bug。最后一步的注册如果注册成功，则代表该条测试用例通过，单击右上角的"通过"按钮即可。

第一轮测试通常叫冒烟测试，目的是覆盖系统所有的功能，冒烟测试结束之后，会给出完整的测试报告，显示测试用例的通过率和阻塞率，如图 9-48 所示。

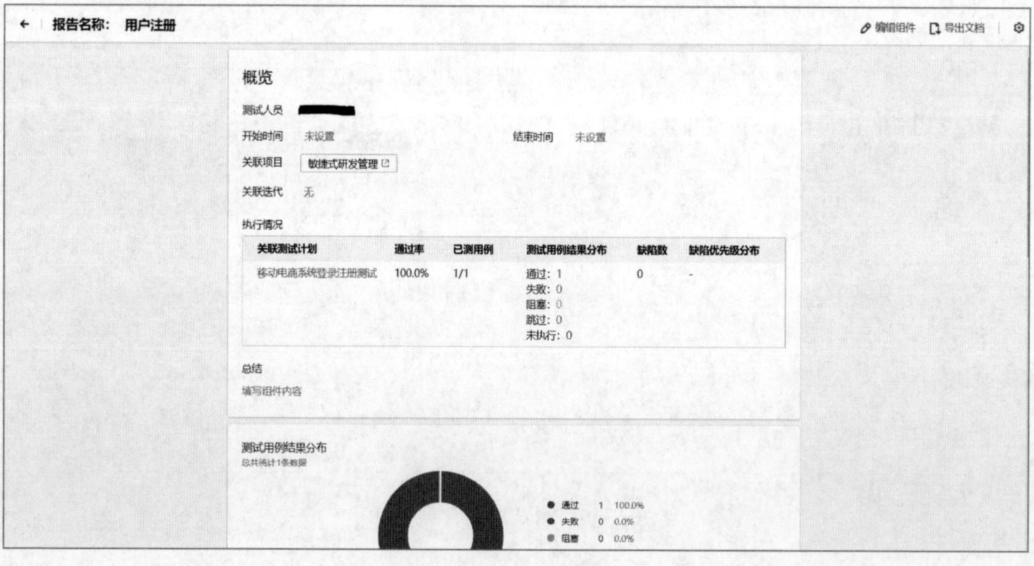

图 9-48　测试结果

　　测试结果的参数非常多，包括通过率、测试用例结果分布及缺陷数等。对于没有通过的测试用例会提出 Bug，交由测试阶段的开发人员去解决。

　　这里我们直接修改 Bug，没必要添加这些冗余的过程。Bug 修改完之后，还需要进行重新测试。测试用例全部通过之后接下来是视觉的校验，校验在真机上的效果是否和视觉稿一致。具体测试流程如图 9-49 所示。

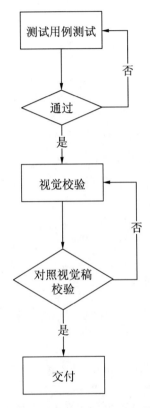

图 9-49　测试用例测试流程

　　视觉校验通过之后就可以交付上线了。自动化测试之后的流程是执行测试用例的测试，在这个过程中，如果出现 Bug 的话，则需要对代码进行修改，直到所有的测试用例通过。测试通过之后是视觉的校验，这一步一般交给视觉人员去校验是否和视觉稿一致，如果一致的话就可以考虑将项目部署上线了。

第 10 章　工　程　部　署

经过前面的需求分析、视觉设计、工程初始化、编码实现和测试环节，我们的移动电商系统到了最后一步——部署上线的环节了，如果上线成功则标志着系统可以投入使用了。

在部署上线环节中还有一个预热发布阶段，在测试环境中将 Bug 全部回归，保证线上无 Bug，达到线上发布的标准。上线的时候，由于涉及多方面，如后端、前端、算法和数据库等，需要制定一个上线计划，各个协作方按照计划上线。上线之后，还需要观察流量和数据的变化情况，以及是否有隐藏的 Bug 出现等。

而我们的系统部署上线的关键工作是搭建部署上线的环境，本章将会详细介绍。

本章的主要内容如下：

- 熟悉 LearnCloud 的使用。
- 了解如何搭建后端工程。
- 如何设计符合业务的数据库。

10.1　使用 LearnCloud 部署项目

部署环境的方式大概有两种：一种是自己搭建服务环境，配置 Web 访问入口和数据库等，项目上传到服务器上之后外界就可以访问了；另外一种是 Serverless 配置，即无本地服务器配置，不是不使用服务器，而是将后端的各种服务都托管到第三方进行处理，包括数据库、推送及各种日志检查等。

Serverless 环境减少了服务搭建的过程，从搭建的时间来看复杂度并不高，因此我们先从搭建 Serverless 环境开始。LearnCloud 对于无服务环境的支持很好，我们的系统就部署到 LearnCloud 上。

10.1.1　运行 Web 环境示例程序

我们首先运行一下示例程序，熟悉一下 LearnCloud 的基本用法，为接下来项目部署打下基础。示例程序是一个商品展示页面，包含用户登录注册功能。用户注册登录之后进入首页，如图 10-1 所示。

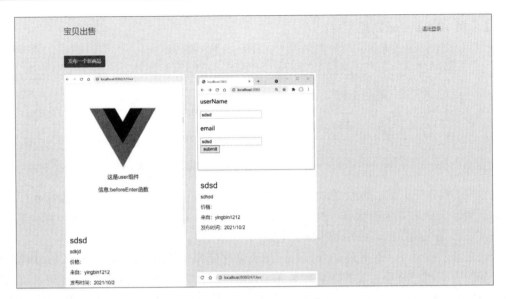

图 10-1 LearnCloud 首页

页面功能是通过卡片的方式来展示图片，使用的服务是 LearnCloud 提供的，学习示例代码的关键是熟悉 LearnCloud 基本的 API。

首先了解实现注册功能，见下面的例子。

【示例 10-1】使用 LearnCloud 实现注册功能。

```
01    var username = $('#inputUsername').val();
02    var password = $('#inputPassword').val();
03    var email = $('inputEmail').val();
04
05    // LeanCloud 注册
06    // https://leancloud.cn/docs/leanstorage_guide-js.html
07    var user = new AV.User();
08    user.setUsername(username);
09    user.setPassword(password);
10    user.setEmail(email);
11    user.signUp().then(function (loginedUser) {
12      // 注册成功，跳转到商品列表页面
13    }, (function (error) {
14      alert(JSON.stringify(error));
15    }));
```

通过 DOM 元素中的值，获取用户名、密码和邮箱，之后再用 AV.User 对象将用户名、密码和邮箱存储到 User 表中，注册成功之后会跳转到首页。可以看到，LearnCloud 提供注册接口 API，前端只需要调用即可，即不需要后端提供注册服务就可以实现注册功能。

登录部分也是通过调用 LearCloud 的接口去实现，基本方法类似下面的例子。

【示例 10-2】登录功能实现。

```
01    var username = $('#inputUsername').val();
02    var password = $('#inputPassword').val();
03    // LeanCloud 登录
04    // 用户名和密码登录
05    AV.User.logIn(username, password).then(function (loginedUser) {
06      // 登录成功，跳转到商品列表页面
07    }, function (error) {
08      alert(JSON.stringify(error));
09    });
```

获取 DOM 中的值，执行登录操作的时候将用户名和密码作为参数写入 Login 接口，之后在响应中获取登录的状态，执行登录操作或者抛出异常。从整体上来看，登录注册功能的实现还是很简单的，使用也非常方便。

在之前的设计中，针对商品专门有商品表来存储相关的商品信息，LearnCloud 通过封装对象的方式已经将新建表的逻辑封装起来，用户直接调用即可（通过几行代码就可以完成）。对于数据对象的封装，LearnCloud 提供了 AV.Object 实例，它是 LearnCloud 提供的面向对象存储模型的核心概念，以键值对的方式存储对象。

描述商品信息的 Schema 对象设计效果如图 10-2 所示。

属性名	类型	含义
title	String	商品标题
description	String	商品描述
price	Number	商品价格
owner	Pointer	所有者
image	File	封面图片

图 10-2 商品表的 Schema 对象设计效果

其中，image 对象的类型是 File 对象，该对象涉及文件对象，LearnCloud 用 AV.File 对象描述文件对象，通过 AV.file 上传的文件最终都会保存在_File 数据表中。添加商品的业务逻辑也非常简单，和注册接口类似，获取 DOM 元素中的值，之后调用 API 写入数据表中。

【示例 10-3】写入用户数据。

```
01    var title = $('#inputTitle').val();
02    var price = parseFloat($('#inputPrice').val());
03    var description = $('#inputDescription').val();
04
05    // LeanCloud 当前用户
06    // https://leancloud.cn/docs/leanstorage_guide-js.html
07    var currentUser = AV.User.current();
08
09    // LeanCloud 文件
10    // https://leancloud.cn/docs/leanstorage_guide-js.html#文件
```

```
11    var file = $('#inputFile')[0].files[0];
12    var name = file.name;
13    var avFile = new AV.File(name, file);
14
15    // LeanCloud 对象
16    // 数据类型
17    var product = new Product();
18    product.set('title', title);
19    product.set('price', price);
20    product.set('description', description);
21    product.set('owner', AV.User.current());
22    product.set('image', avFile);
23    product.save().then(function() {
24       // 发布成功, 跳转到商品列表页面
25    }, function(error) {
26      alert(JSON.stringify(error));
27    });
```

初始化 product 对象并将 title、price、description、owner 和 image 作为 value 写入，然后保存 product 对象，这样便在数据模型中添加了一条记录，这是主要思路，前期做的工作就是获取 title、price、description、owner 和 image 对象的值。

在示例程序中，商品的另一个作用是展示商品，查询过程就是调用 query 方法的过程，在 LearnCloud 中使用 AV.Query 查询 AV.Object 对象。

【示例 10-4】查询数据。

```
 // LeanCloud 查询
01    var query = new AV.Query('Product');
02    query.include('owner');
03    query.include('image');
04    query.descending('createdAt');
05    query.find().then(function (products) {
06        // 查询到商品后在前端的相应位置展示出来
07    }).catch(function(error) {
08      alert(JSON.stringify(error));
09    });
```

include 字段可以查询指定的字段，和 SQL 语句中的 where 用法一样，最后将查询到的结果展示出来。

通过上面介绍 LearnCloud 的示例项目，帮助读者了解 LearnCloud 在服务端集成的用法，为之后在搭建好的前端工程中使用 LearnCloud 打下基础。

10.1.2　设计数据模型

本小节的主要内容是介绍 LearnCloud 对象的相关概念、LearnCloud 查询方法和用户属性等，从这几个方面熟悉 LearnCloud 数据模型的设计过程。

前面说过，创建 LearnCloud 数据模型使用的是 AV.Object 对象，这其实是一个比较笼

统的说法，使用 AV.Object 的细节，如数据模型的数据类型，对对象的操作，包括构建对象、保存对象、获取对象和更新对象等这些细节都是设计数据模型时需要考虑的问题。

AV.Object 支持的数据类型包括 String、Number、Boolean、Object、Array 和 Date 等。也可以用嵌套的方式，使用 Object 或者 Array 来存储结构化的数据。AV.Object 支持 file 数据类型，也就是说，文件对象最合理的方式是用 AV.file 来存储。

【示例 10-5】对象类型。

```
// 基本类型
01  const bool   = true;
02  const number = 2012;
03  const string = `${number} 流行音乐榜单`;
04  const date   = new Date();
05  const array = [string, number];
06  const object = {
07    number: number,
08    string: string
09  };
10
11  // 构建对象
12  const MusicObject = AV.Object.extend('TestObject');
13  const musicObject = new MusicObject();
14  MusicObject.set('Number',  number);
15  MusicObject.set('String',  string);
16  MusicObject.set('Date',    date);
17  MusicObject.set('Array',   array);
18  MusicObject.set('Object',  object);
```

在上面的代码中定义了一个歌曲榜单对象模型，用于记录某个年份的音乐榜单和一些重要的信息如日期、歌曲名目等。

对象定义好了，接下来的操作是保存对象，继续对上面的歌曲榜单对象执行保存操作。

【示例 10-6】将数据保存到云端。

```
// 将对象保存到云端
01  musicObject.save().then((todo) => {
02    // 成功保存之后，执行其他逻辑
03    console.log(`保存成功。objectId: ${todo.id}`);
04  }, (error) => {
05    // 异常处理
06  });
```

保存之后，可以在云服务控制台的结构化数据里看到保存后的 JSON 数据，云服务控制台也是由 LearnCloud 提供的，目的是集中管理数据。

【示例 10-7】保存之后的 JSON 数据格式。

```
01  {
02    'Number':    "2021",
03    "String":  "歌曲榜单",
04    "Date": "2021.12.30"
```

```
05     "Array":[
06        "花海",
07        "稻香"
08     ],
09     "Object":{
10        [
11          {"author":"周杰伦","album":"摩羯座"}
12        ]
13     }
14     "objectId":  "582570f38ac247004f39c24b",
15     "createdAt": "2017-11-11T07:19:15.549Z",
16     "updatedAt": "2017-11-11T07:19:15.549Z"
17   }
```

在返回的数据中加了一些字段，如 objectId、createdAt 和 updatedAt，这是自动加入的，也就是 Object 的内置属性，内置属性的含义如图 10-3 所示。

内置属性	类型	描述
objectId	String	该对象唯一的 ID 标识。
ACL	AV.ACL	该对象的权限控制，实际上是一个 JSON 对象，控制台做了展现优化。
createdAt	Date	该对象被创建的时间。
updatedAt	Date	该对象最后一次被修改的时间。

图 10-3　内置属性

内置属性用来记录数据活动的重要信息。数据定义好并保存之后，接下来的操作是获取数据对象，因为内置对象中有 objectId 属性，所以可以通过 objectId 来获取对象。获取对象可以调用 Query 函数来完成。

【示例 10-8】调用 Query 函数插入数据。

```
01   const query = new AV.Query('MusicObject');
02   query.get('582570f38ac247004f39c24b ').then((musicObject) => {
03     // musicObject 就是 objectId 为 582570f38ac247004f39c24b 的 MusicObject 实例
04     const number = musicObject.get('Number');
05     const string = musicObject.get('String');
06     const date = musicObject.get('Date');
07     // 获取内置属性
08     const objectId = musicObject.id;
09     const updatedAt = musicObject.updatedAt;
10     const createdAt = musicObject.createdAt;
11   });
```

上述的 Query 函数是通过指定的 key 获取数据的，如果 key 不存在则会报异常。除了指定 key 之外，还可以直接获取数据对象的所有数据。

【示例 10-9】调用 Query 函数获取所有数据。

```
01   const query = new AV.Query('MusicObject');
02
03   query.get('582570f38ac247004f39c24b').then((musicObject) => {
```

```
04    console.log(musicObject.toJSON());
05    // {
06    //   createdAt: "2017-03-08T11:25:07.804Z",
07    //   objectId: "582570f38ac247004f39c24b",
08    //   number: 2021,
09    //   date: "2021.12.30",
10    //   updatedAt: "2017-03-08T11:25:07.804Z"
11    // }
12  });
```

没有指定字段的时候，在回调函数中会接收数据对象的全部数据，到这里数据的定义、保存和获取这三个重要的操作已经"打通"了，它们是对数据模型的基础操作，除此之外查询操作稍复杂一些，下面会详细讲解。

查询用 Query 函数来完成，首先从基础查询操作开始。

【示例 10-10】基础查询操作。

```
01  const query = new AV.Query('MusicObject');
02  query.equalTo('date', '2021.12.30');
03  query.find().then((musicObject) => {
04    // musicObject 是包含满足条件的 MusicObject 对象的数组
05  });
```

查询结果是输出满足条件的数据对象中的数据。因此在查询的时候可以添加查询条件，输出符合条件的结果。查询条件的写法有很多，API 在设计角度上还是非常语义化的。

【示例 10-11】多样查询方式。

```
query.notEqualTo('firstName', 'Jack');
// 限制, age < 18
query.lessThan('age', 18);

// 限制, age <= 18
query.lessThanOrEqualTo('age', 18);

// 限制, age > 18
query.greaterThan('age', 18);

// 限制, age >= 18
query.greaterThanOrEqualTo('age', 18);
```

可以对年龄添加小于 18 或者大于 18 的限制，查询时还可以添加 limit 条件，设定输出的结果数量。

【示例 10-12】使用 limit 查询。

```
01  const query = new AV.Query('MusicObject');
02  query.equalTo('number', 2021);
03  query.limit(10);
04  query.skip(20);
```

这里限制输出 10 条数据，调用 skip()函数跳过前 20 条数据。LearnCloud 提供的查询方式还有很多，如使用数组查询和使用对象查询等，这部分内容读者可以查看相关文档熟悉高级查询的用法。

本小节的最后将介绍用户系统，LearnCloud 提供的 AV.User 对象负责管理用户。用户对象相比 Object 对象多了和用户有关的属性，具体说明如下：

- username：用户名。
- password：用户密码。
- email：用户的电子邮箱。
- emailVerified：用户的电子邮箱是否已验证。
- mobilePhoneNumber：用户的手机号。
- mobilePhoneVerified：用户的手机号是否已验证。

以上属性都是关于用户属性的，如用户名、密码、邮箱等，有了这些信息，注册和登录基本功能的实现就非常方便了，用户的查询实现也非常方便。这里补充一些注册登录的内容，注册部分将介绍如何用手机号注册用户。手机号注册是常见的注册方式，输入手机号和验证码，在回调函数中监听返回的数据。

【示例 10-13】监听注册函数的回调。

```
01  AV.User.signUpOrlogInWithMobilePhone('+8618200008888', '123456').
    then((user) => {
02    // 注册成功
03    console.log(`注册成功。objectId：${user.id}`);
04  }, (error) => {
05    // 验证码不正确
06  });
```

在 signUpOrlogInWithMobilePhone 函数中传入手机号和验证码这两个参数，该函数返回的是一个 Promise 对象，因此在 then 函数中接收返回的结果。到了登录阶段，因为注册的时候支持手机号、邮箱注册，所以也可以用邮箱和手机号登录。

【示例 10-14】邮箱和手机号登录方式。

```
    // 邮箱登录
01  AV.User.loginWithEmail('tom@leancloud.rocks', 'cat!@#123').then((user) => {
02    // 登录成功
03  }, (error) => {
04    // 登录失败（可能是密码错误）
05  });
06  // 手机号登录
07  AV.User.logInWithMobilePhone('+8618200008888', 'cat!@#123').then((user) => {
08    // 登录成功
09  }, (error) => {
10    // 登录失败（可能是密码错误）
11  });
```

邮箱登录使用 loginWithEmail 函数，手机号登录使用 loginWithMobilePhone 函数，登录时需要对用户信息进行验证，为了保证用户对象的安全，LearnCloud 对用户隐私做了保护措施。

【示例 10-15】 用户登录。

```
01  const user = AV.User.logIn('Tom', 'cat!@#123').then((user) => {
02    // 试图修改用户名
03    user.set('username', 'Jerry');
04    // 密码已被加密，这样做会获取到空字符串
05    const password = user.get('password');
06    // 保存更改
07    user.save().then((user) => {
08      // 可以执行，因为用户已鉴权
09
10      // 绕过鉴权直接获取用户
11      const query = new AV.Query('_User');
12      query.get(user.objectId).then((unauthenticatedUser) => {
13        unauthenticatedUser.set('username', 'Toodle');
14        unauthenticatedUser.save().then((unauthenticatedUser) => { },
    (error) => {
15          // 会出错，因为用户未鉴权
16        });
17      });
18    });
19  });
```

AV.User.current 获取的 AV.User 总是经过鉴权的，判断某个用户是否经过鉴权，可以调用 isAuthenticated 方法，如果经过鉴权，就无须再进行检查。另外，由于用户的密码是存在云端的，没有存到本地，所以用户只能通过重置密码的方式修改密码。

用户登录功能必然要支持微信和微博等常见的第三方登录方式，常见的登录页面如图 10-4 所示。

图 10-4　第三方登录

如果要实现第三方登录，则需要提供 Access 验证，如使用微信登录，参见下面的例子。

【示例 10-16】第三方登录。

```
01  const thirdPartyData = {
02    // 必要的属性
03    openid:        'OPENID',
04    access_token: 'ACCESS_TOKEN',
05    expires_in:    7200,
06
07    // 可选属性
08    refresh_token: 'REFRESH_TOKEN',
09    scope:         'SCOPE'
10  };
11  AV.User.loginWithAuthData(thirdPartyData, 'weixin').then((user) => {
12    // 登录成功
13  }, (error) => {
14    // 登录失败
15  });
```

使用第三方登录要用到 loginWithAuthData() 函数，该函数需要使用两个参数来唯一确定一个账户，第一个参数是第三方平台的名称如 weixin，该名称是由应用层自己决定的。第二个参数是第三方平台的授权信息，就是例子中的 thirdPartyData 参数，这是由第三方确定的，常用的信息包括 uid、token 和 expires。

第三方登录的流程分为两个分支：一个分支是第三方关联已有的账户；另一个分支是第三方账户没有关联已有的账户。对待这两个分支，有不同的做法。云端会检查第三方信息是否关联之前的账户，如果存在则返回 200 ok 的状态码，同时附上用户信息，如果没有关联任何用户信息，那么就新建一个用户，自动生成 username 并附上基本信息：objectId、createdAt 和 sessionToken。

【示例 10-17】第三方登录默认保存的用户信息。

```
01  {
02    "username":      "k9mjnl7zq9mjbc7expspsxlls",
03    "objectId":      "5b029266fb4ffe005d6c7c2e",
04    "createdAt":     "2018-05-21T09:33:26.406Z",
05    "updatedAt":     "2018-05-21T09:33:26.575Z",
06    "sessionToken": "…",
07    // authData 通常不会返回，继续阅读以了解其中原因
08    "authData": {
09      "weixin": {
10        "openid":        "OPENID",
11        "access_token": "ACCESS_TOKEN",
12        "expires_in":    7200,
13        "refresh_token": "REFRESH_TOKEN",
14        "scope":         "SCOPE"
15      }
16    }
```

```
17    // …
18  }
```

在用户对象这个环节中，用户名、密码注册和第三方注册都已经给出了实现方法，掌握了这些方法，对于工程的登录注册业务实现就比较轻松了。本小节的内容比较多，这里再总结一下。

LearnCloud 简化了数据模型的设计，在编码层面只需要写入 key-value 描述数据，生成数据模型对象，每个对象是云端数据库的一条记录，记录多了就需要查询，AV.Query 是查询对象，可以查询全部数据，也可以按照条件查询数据，如满足某个条件或者输出数据的前 100 条等，这些条件的添加都可以使用现成的函数。

最后介绍了用户系统，包括用户登录注册、第三方的登录注册等，建议读者完全消化这部分内容。

10.1.3 云函数的开发

开发移动端应用时经常遇到下面的需求：
- 安卓端、苹果端和 Web 端的很多开发逻辑是一致的，这样就需要维护 3 套代码。
- 有些逻辑在客户端开发的成本比较大，如智能计算等，布置到云端可以减少资源消耗。
- 业务执行时会触发钩子函数自动执行一些业务逻辑操作。
- 定期执行任务如每天定时清理垃圾的操作。

以上这些需求都可以使用云引擎的云函数去完成，减少了客户端的工作量。读到这里，读者应该对什么时候可以使用云函数有了一个感性的认识，那么，云函数怎么去实现呢？

例如，实现一个可以展示歌曲信息的云函数，用于显示歌曲的评分和歌曲的评论信息，评分的对象数据结构如下：

```
{
  "song": "花海",
  "stars": 5,
  "comment": "旋律非常好听"
}
```

通常，在计算评分的时候需要将该歌曲所有的评分求平均值并存放到数据库中，使用云端函数的好处是这个计算可以迁移到云端进行，并将计算结果返回。云端函数看起来很方便，那么云端函数怎么实现呢？看下面的例子。

【示例 10-18】计算评分。

```
01  AV.Cloud.define('averageStars', function (request) {
02    var query = new AV.Query('Review');
03    query.equalTo('song', request.params.movie);
04    return query.find().then(function (results) {
05      var sum = 0;
```

```
06      for (var i = 0; i < results.length; i++) {
07        sum += results[i].get('stars');
08      }
09      return sum / results.length;
10    });
11  });
```

其中，request 的属性包括：

- params:Object：客户端发送的参数对象。
- currentUser?: AV.User：客户端关联的用户。
- sessionToken?: string：客户端发来的 sessionToken。
- meta: object：有关客户端的更多信息。

define 函数返回的是一个 Promise 对象，因此可以将 Promise 对象串联起来，使用 then 函数来处理 Promise 对象返回的结果。

前面提过 hook 函数，该函数本质是一个云端函数，其有特定的名称，在指定的事件场景中自动触发，不需要开发者指定触发的时机，但需要注意的是：

- 通过控制台导入数据时不会触发钩子函数。
- 使用 hook 函数要防止死循环。
- hook 函数只对当前的 class 有效，对绑定后的 class 无效。

下面用一张图来描述 save 函数中钩子函数的触发过程，如图 10-5 所示。

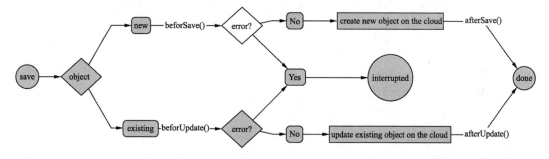

图 10-5　save 函数触发机制

其中，以 before 和 after 开头的就是钩子函数。例如，beforeSave()钩子函数常用于数据的清理或者验证，当评论歌曲时文字不能过长，否则界面显示不全，过长的文字要截断，最多只保留 140 个字符。

【示例 10-19】评论信息处理。

```
01  AV.Cloud.beforeSave('Review', function (request) {
02    var comment = request.object.get('comment');
03    if (comment) {
04      if (comment.length > 140) {
05        // 截断并添加 '…'
06        request.object.set('comment', comment.substring(0, 140) + '…');
07      }
```

```
08      } else {
09        // 不保存数据并返回错误
10        throw new AV.Cloud.Error('No comment provided!');
11      }
12  });
```

substring 函数将评论信息截断成 140 个字符，如果有异常情况则抛出异常。例如 afterSave()钩子函数在保存评论信息时自动将该歌曲下面的评论帖子数量加 1。

【示例 10-20】评论数量加 1 操作。

```
01  AV.Cloud.afterSave('Comment', function (request) {
02    var query = new AV.Query('Post');
03    return query.get(request.object.get('post').id).then(function (post) {
04      post.increment('comments');
05      return post.save();
06    });
07  });
```

保存评论信息之后，获取评论帖子并对帖子数量执行 increment 函数加 1 操作。再如，添加用户时需要添加用户的来源并用 from 属性进行保存，见下面的例子。

【示例 10-21】保存用户来源信息。

```
01  AV.Cloud.afterSave('_User', function (request) {
02    console.log(request.object);
03    request.object.set('from', 'LeanCloud');
04    return request.object.save().then(function (user) {
05      console.log('Success!');
06    });
07  });
```

在 afterSave 钩子函数中给 request 对象添加了 from 属性。云函数除了可以在本地编写之外，还可以在云端编写。在云端编写的时候要通过云端控制台实现云端函数，进入的路线是云服务控制台→云引擎→云引擎分组，编辑一个云端函数然后部署上线，如图 10-6 所示为线上的云函数正在运行。

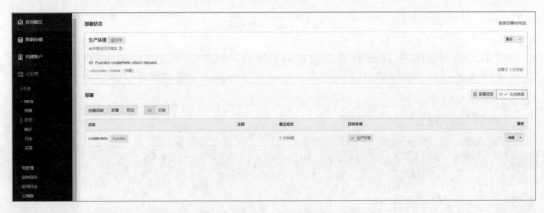

图 10-6　云端函数

配置域名之后就可以在外部访问云函数了。有了云函数可以帮助开发者分担压力，因为一些公共的工具和消耗大的工具都可以通过云函数来解决。接下来将会在 LeanCloud 中部署工程。

10.1.4　工程部署

工程部署其实已经是工程开发的最后一步了。公司内部项目的部署都是利用搭建好的部署平台，有的公司内部使用 Kubernetes，有的公司使用其他的容器。LeanCloud 作为部署环境，其部署工作其实非常简单，下面介绍如何使用 LeanCloud 执行工程部署。

使用 LeanCloud 部署工程时需要脚手架，前面没有关于 LeanCloud 脚手架的介绍，因此首先要搭建部署工程。

在 Windows 环境安装 LeanCloud-cli 的 msi 文件即可，在 LeanCloud 官方文档中有安装地址。如果是 macOS 系统，则直接通过 brew 安装：

```
brew update
brew install lean-cli
```

安装成功之后，执行 lean -h 查看是否安装成功，以及 lean 包含的指令，如图 10-7 所示。

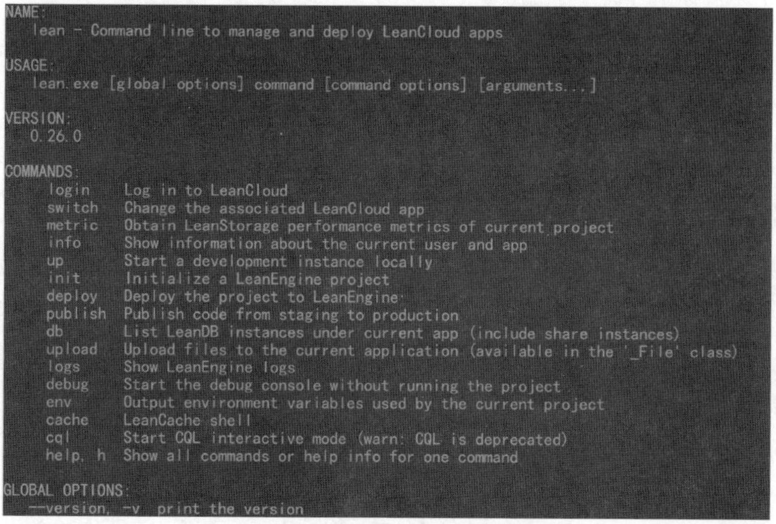

图 10-7　LeanCloud 指令

要部署工程的话，首先需要初始化一个项目或者关联一个项目，但初始化项目或者关联项目都需要在云端新建工程，通过云端的工程来部署。为了让读者了解在云端创建工程的过程，下面具体介绍一下。

首先在云端新建 Node 工程，如图 10-8 所示。

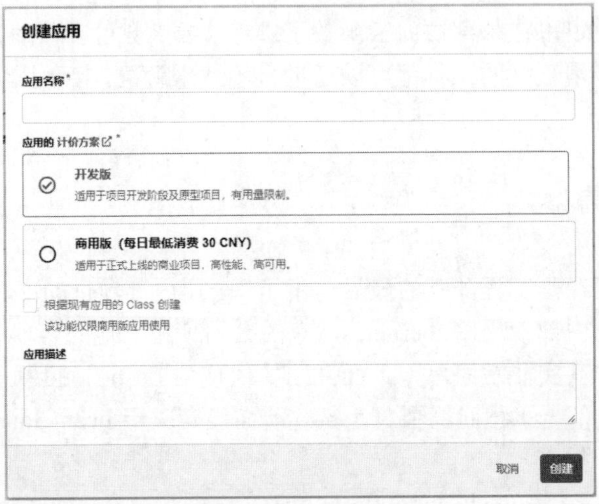

图 10-8　新建云端工程

云端工程新建好之后就可以在控制台中看到创建的应用了，如图 10-9 所示。

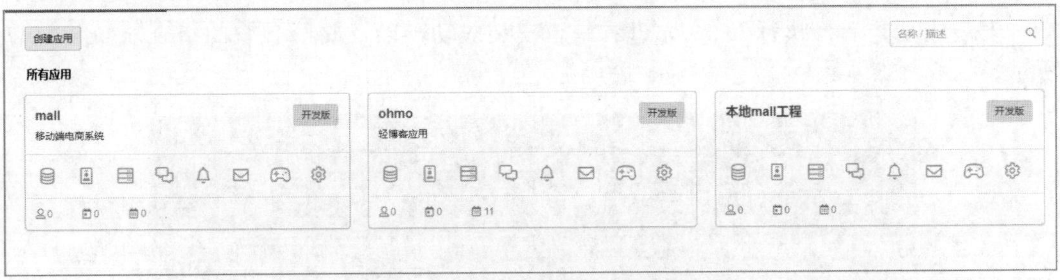

图 10-9　创建的应用列表

因为在本地我们已经搭建好了程序，所以只需要将本地的工程关联到云端，然后执行 lean switch 指令，这时候会出现选择云端应用模板，如图 10-10 所示。

图 10-10　云端应用

因为在工程中已经选择了 mall 云端程序，出现了 current 标识。选择好之后，接下来是部署前端工程和后端工程，在部署时，如果报 leanengine 异常，那么可以在 package.json 文件中指定 Node 版本：

```
"engines": {
  "node": "12.x"
}
```

部署工程时直接执行 lean deploy 指令即可，部署过程出现类似于下面的部署信息：

```
$ lean deploy
[INFO] Current CLI tool version:  0.21.0
[INFO] Retrieving app info ...
[INFO] Preparing to deploy AwesomeApp(xxxxxx) to region: cn group: web
staging
[INFO] Python runtime detected
[INFO] pyenv detected. Please make sure pyenv is configured properly.
[INFO] Uploading file 6.40 KiB / 6.40 KiB [=========================]
100.00% 0s
[REMOTE] 开始构建 20181207-115634
[REMOTE] 正在下载应用代码 ...
[REMOTE] 正在解压缩应用代码 ...
[REMOTE] 运行环境: python
[REMOTE] 正在下载和安装依赖项 ...
[REMOTE] 存储镜像到仓库（0B）...
[REMOTE] 镜像构建完成: 20181207-115634
[REMOTE] 开始部署 20181207-115634 到 web-staging
[REMOTE] 正在创建新实例 ...
[REMOTE] 正在启动新实例 ...
[REMOTE] [Python] 使用 Python 3.7.1, Python SDK 2.1.8
[REMOTE] 实例启动成功: {"version": "2.1.8", "runtime": "cpython-3.7.1"}
[REMOTE] 正在更新云函数信息 ...
[REMOTE] 部署完成: 1 个实例部署成功
```

最后提示部署成功，配置域名之后就可以通过外网访问云端服务了。

10.2　搭建部署环境并部署工程

前面我们使用的是 LeanCloud 部署工程，LeanCloud 提供了"保姆"级别的环境来服务开发者，虽然方便但是缺少了从头开始部署环境的乐趣。本节我们将自己搭建部署环境。

10.2.1　申请云端服务器

因为我们的工程是供外网的用户访问的，不是存放在本地的项目，所以需要一台服务器来搭建环境。可以使用本地的服务器，然后将其连接在网络上，这样用户就可以直接访问了。但是从成本方面考虑，这种方式的成本较大，因此建议使用云端服务器来搭建环境并向用户提供服务。

云端服务器简单地说就是云服务器，常见的有阿里云、腾讯云、华为云和百度云，从成本角度考虑，选择其中性价比最高的即可。

因为百度云提供免费试用版，所以我们先申请一个免费的云端服务器进行环境部署练习。该项目没有在真实环境中运行，部署的目的主要是让读者熟练环境搭建过程。

首先申请云服务器，如图 10-11 所示。

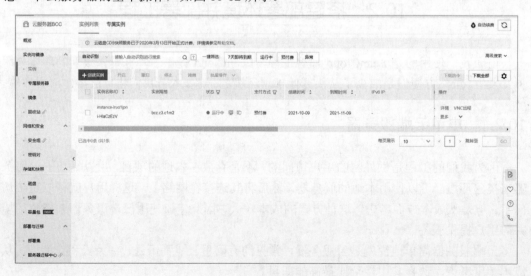

图 10-11　云服务器的规格

　　作为练习，建议选择配置最低的服务器，云服务器选择好之后，进入控制台页面先熟悉一下云服务器的基本操作，如图 10-12 所示。

图 10-12　控制台页面

　　因为我们申请的是非桌面版本的 Linux 服务器，所以所有的操作都是通过指令进行的，包括安装 Node 环境。接下来就是使用命令安装部署环境。

10.2.2 在云端搭建 Node 环境

前面介绍了如何通过性价比高的方式申请云端服务器，接下来需要在这台云端服务器上使用指令安装 Node 环境来部署我们的工程。因为云端服务是 centOS，YUM 是其包管理器，但是 YUM 上的 Node 版本比较低，所以可以采用手动安装的方式来安装 Node 环境。

云端操作系统是 CentOS Linux release 7.5，安装的 Node 版本是 v12。

首先从 Node 官网下载 Linux 版本的源码，进行源码安装，官网给出的 Node 包如图 10-13 所示。

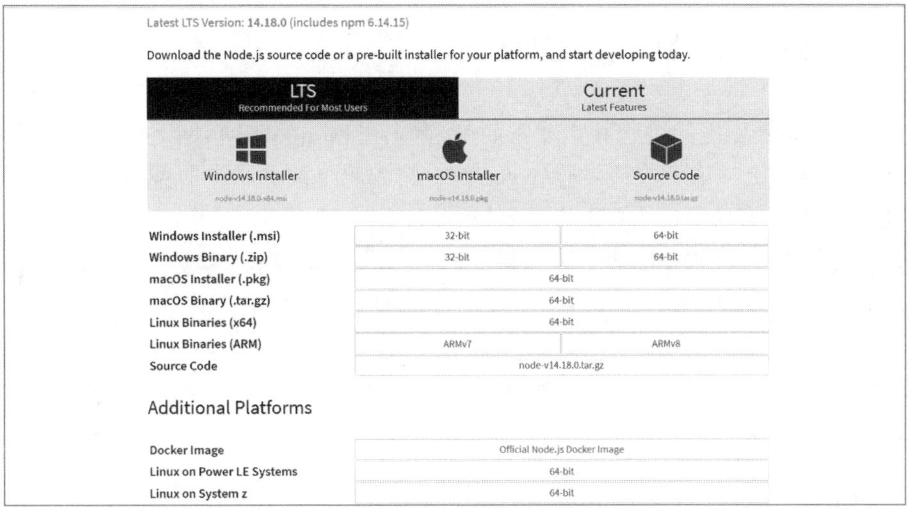

图 10-13 Node 版本

可以直接下载源码，也可以通过 wget 指令的方式获取源码，获取源码之后执行解压操作：

```
wget https://nodejs.org/dist/v12.18.1/node-v12.18.1-linux-x64.tar.xz
                                                    // 下载
tar xf node-v12.18.1-linux-x64.tar.xz              // 解压
```

解压之后，使用 cd 命令到解压后的文件夹中：

```
cd node-v12.18.1-linux-x64      // 下载
```

解压后的 bin 目录中包含 npm 和 Node 指令，可以通过修改环境变量直接执行命令，在此之前首先要备份：

```
cp /etc/profile /etc/profile.bak
然后 vim /etc/profile，在最下面添加 export PATH=$PATH:后面跟 Node 下 bin 目录的
路径

export PATH=$PATH:/root/node-v12.18.1-linux-x64/bin
```

然后使用 source 命令使安装生效：

```
source /etc/profile
```

最后执行 node 命令，查看是否安装成功：

当出现如图 10-14 所示的信息时表示安装成功。后面将介绍如何搭建 MongoDB 环境。

```
[root@instance-lruo1jpn node-v12.18.1-linux-x64]# node -v
v12.18.1
[root@instance-lruo1jpn node-v12.18.1-linux-x64]#
[root@instance-lruo1jpn node-v12.18.1-linux-x64]#
[root@instance-lruo1jpn node-v12.18.1-linux-x64]#
[root@instance-lruo1jpn node-v12.18.1-linux-x64]# npm -v
6.14.5
```

图 10-14　Node 版本显示

10.2.3　在云端搭建 MongoDB 环境

搭建 MongoDB 环境的过程其实非常简单，首先在 MongoDB 官网下载源码并通过 Xftp 上传到云端服务器上，或者直接运行 wget 指令将源码下载到云端服务器上，建议服务器环境使用 Ubuntu。安装 mongoDB 的指令如下：

```
wget https://fastdl.mongodb.org/linux/mongodb-shell-linux-x86_64-amazon-5.0.3.tgz
```

MongoDB 官网提供的平台选择及下载地址如图 10-15 所示。

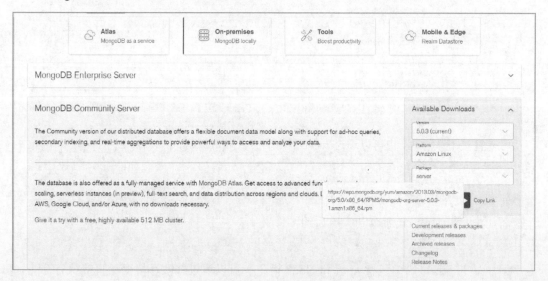

图 10-15　MongoDB 下载平台

之后等待下载完成即可。下载好之后进入文件夹，执行解压操作，如图 10-16 所示。

```
tar -zxvf mongodb-shell-linux-x86_64-amazon-5.0.3.tgz
ls -la
```

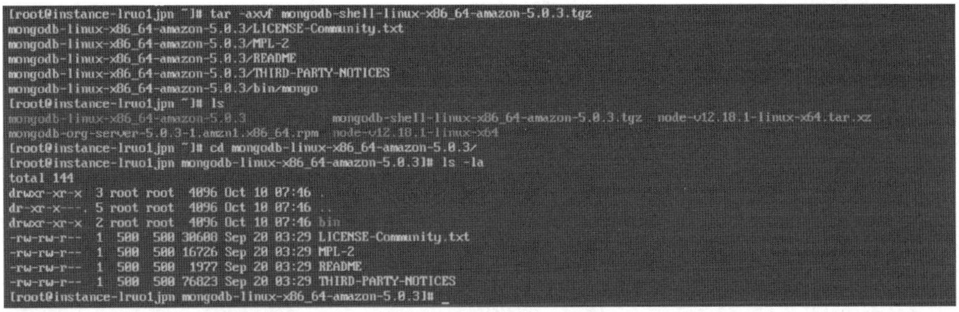

图 10-16　解压文件

成功解压出 mongodb 文件夹之后，需要将它移动到一个新建的 mongodb 文件夹中，并在其中新建几个目录和文件，代码如下：

```
mkdir mongodb
mv mongodb-shell-linux-x86_64-amazon-5.0.3 mongodb
cd mongodb
mkdir data
mkdir logs
cd logs/
touch mongo.log
```

在 mongodb 文件夹下新建 data 和 logs 文件夹并创建一个 log 文件，接下来还需要创建配置文件。

```
vim mongo.conf
```

在配置文件 conf 中写入如下配置：

```
dbpath=/mongodb/data
logpath=/mongodb/logs/mongo.log
logappend=true
journal=true
quiet=true
port=27017
fork=true                              #后台运行
bind_ip=0.0.0.0                        #允许任何 IP 进行连接
auth=false                             #是否授权连接
```

保存并退出，这时候还需要在/etc.profile 文件中添加路径：

```
export PATH=$PATH:/mongodb/mongodb-shell-linux-x86_64-amazon-5.0.3/binfork=
true
```

最后执行安装命令：

```
source /etc/profile
```

这时候执行 mongo 命令报 lib 包异常，如图 10-17 所示。

图 10-17　lib 包异常

这个时候需要手动安装 CURL：

```
apt-get install curl
```

安装好之后，可以通过配置文件来启动 MongoDB：

```
mongod -f /mongodb/etc/mongo.conf
```

启动成功，MongoDB 环境搭建完成。至此，Node 环境和 MongoDB 环境都已经搭建好了，之后是部署后端工程和前端工程的环节。

10.2.4　部署后端工程

部署后端工程常用的方式是将后端工程文件夹直接上传到服务器上，在服务器上运行后端工程，可能读者会觉得这种方式比较"古老"，对于个人练手项目来说，这其实是最简单和直接的方式，不过可以用工具代码手动操作。我们在此基础上安装 PM2 管理工具，这样后端工程的启动、结束和重启都可以通过该工具来控制。

首先将后端文件上传到云端服务器上，可以用 Xftp 上传文件，通过 Xftp 连接服务器，如图 10-18 所示。

图 10-18　Xftp 连接服务器

将文件上传到服务器上之后，通过 cd 命令到项目文件夹下，然后将 npm 镜像替换为淘宝镜像，提升 npm 包的安装速度：

```
npm config set registry https://registry.npm.taobao.org
```

然后执行 npm install 命令安装依赖包。安装成功之后，执行 node bin/www 运行程序，步骤和在本地运行程序类似，多了一步是将文件上传到服务器上。前面说过，我们准备在工程上安装 PM2 管理工具，PM2 是一个负载均衡的管理工具，集成了 Node 环境的多种控制方式。

安装成功之后，执行 PM2 命令可以看到它的常用指令，如图 10-19 所示。

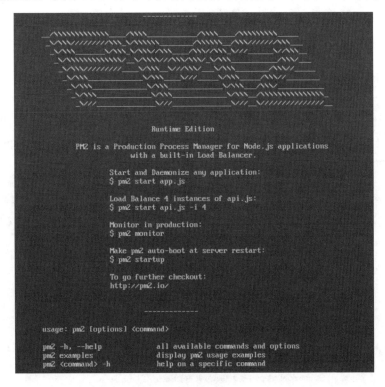

图 10-19　PM2 的指令

对于我们的工程来说，适配 PM2 的常用操作如下。

启动：

```
pm2 start bin/www
pm2 start bin/www --name my-mall          #my-mall 为 PM2 进程名称
pm2 start bin/www -i 0                     #根据 CPU 核数启动进程个数
pm2 start bin/www -watch                   #启动 bin/www 监听方式，当 bin/www 文件有变
                                           #动时，PM2 会自动重新加载
```

查看进程：

```
pm2 list
pm2 show 0                                 #查看进程详细信息，0 为 PM2 进程 ID
```

停止进程和重启进程：

```
# pm2 stop all                             #停止在 PM2 列表中的所有进程
# pm2 stop 0                               #停止在 PM2 列表中进程为 0 的进程

# pm2 restart all                          #重启在 PM2 列表中的所有进程
# pm2 restart 0                            #重启在 PM2 列表中进程为 0 的进程
```

可以看到，通过 PM2 指令就可以实现对工程的完全操作了，运维工具其实是辅助管理后端工程的。

10.2.5　部署前端工程

本小节将开始部署前端工程，验证前端工程部署是否成功非常简单，在浏览器中打开页面地址看一下是否可以访问。接下来我们继续在云端服务器部署前端工程。

这里补充一点，因为我们的工程是前端后分离的，在这种情况下前端工程需要单独部署。

部署前端工程时需要服务环境，我们安装 Nginx 作为服务环境。安装 Nginx 非常简单，执行下面的指令即可：

```
# 安装 Nginx，安装完成后使用 nginx -v 检查，如果输出 Nginx 的版本信息则表明安装成功
sudo apt-get install nginx
# 启动
sudo service nginx start
```

可以看一下 Nginx 是否安装成功，在浏览器中打开自己的 IP 地址，如果出现图 10-20 所示的页面则表示安装成功。

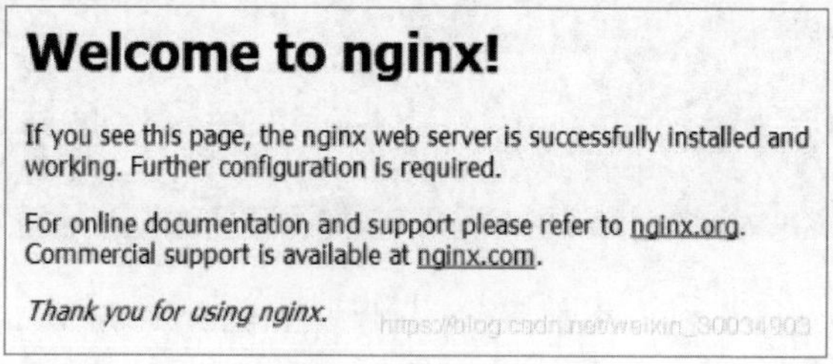

图 10-20　Nginx 首页

安装好之后，可以将静态资源上传至 Web 文件夹进行托管，在 Vue 工程中，要获取静态文件，需要执行 build 命令：

```
npm run build
```

然后还需要修改配置文件 config/index.js。

【示例 10-22】使用 Webpack 进行打包配置。

```
01  build: {
02      // Template for index.html
03      index: path.resolve(__dirname, '../dist/index.html'),
04
05      // Paths
06      assetsRoot: path.resolve(__dirname, '../dist'),
07      assetsSubDirectory: 'static',
08      assetsPublicPath: './',
09  …
10  }
```

这里 assetsPublicPath 要设置成：'./'，如果不这样设置的话，则无法取到打包后的静态资源，除了修改 config 打包配置之外，还需要对 Nginx 进行配置。

【示例 10-23】Nginx 路径配置。

```
01  location / {
02     root  /root/app/vue_mall/dist;
03     index  index.html index.htm;
04  }
05  location /vue_mall/ {
06       proxy_pass http://localhost:8081 /;
07    }
```

前面在 config 中配置跨域 proxyTable，见下面的例子。

【示例 10-24】前端跨域配置。

```
proxyTable: {
    '/vue_mall: {
      target: 'http://localhost:8081/',
      changeOrigin: true,                        //是否允许跨域
    },
```

这里需要删除跨域配置，由 Nginx 代理转发。

最后重启 Nginx 服务：

```
/usr/local/nginx/sbin/nginx -s reload
```

再次访问 IP，如果部署成功的话，则会出现首页页面，如图 10-21 所示。

图 10-21　App 首页

至此，前端工程部署完成。

第 11 章　Vite 初体验

很长时间以来,前端开发团队都是使用 Webpack 作为打包构建工具,如果遇到前端工程比较大时,就会出现打包时间比较长,开发体验比较差的情况,因为 Webpack 是用 JS 实现的,就代码执行速度来看,JS 的执行还是比较慢的,因此前端社区出现了使用非 JS 语言解决构建时间较长的问题,如 Esbuild,就是用 Go 语言实现的框架。

构建环节得到优化之后涌现了很多优秀的前端构建工具,如 Snowpack 和 Vite, Snowpack 就是在 Esbuild 基础上实现的。Vue 3 发布后,尤雨溪又推出了新一代构建工具 Vite,下面我们介绍一下 Vite 的功能及使用。

相对于前一代打包工具 Webpack,Vite 有很多新的特点,下面介绍一下 Vite 的新特点,并使用 Vite 初始化一个新项目,在新项目中体验 Vite 的新特点,学以致用是最有效的学习方式之一。

首先介绍 Vite 打包的特点,这也是它和 Webpack 不一样的地方。Vite 是基于 ES Moudle 的方式对 JS 进行打包处理,因为现在的浏览器是支持 EcmaScript Module(简称 ESM)的,所以这实际上是让浏览器接管了打包的部分工作,Vite 只需要提供文件路径即可,见图 11-1。

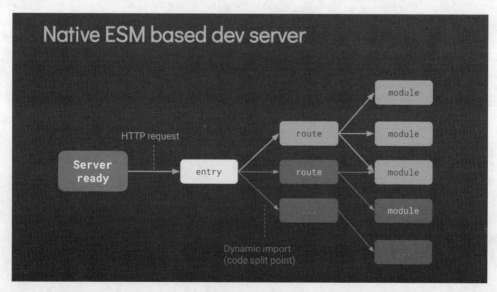

图 11-1　Vite 打包

首先通过 HTTP 请求获取打包入口，之后通过路由的方式将要打包的 moudle 导入打包环境。也就是说，Vite 并不像 Webpack 那样进行全量打包，而是通过路由实现部分打包，这也是 Vite 打包速度超级快的原因之一。接下来进入我们的 Vite 之旅。

11.1　搭建第一个 Vite 项目

Vite 是一个打包工具，如果要看具体的打包过程，则需要借助一个前端模板来实现。这里需要注意，Vite 需要 Node 版本大于 12，如果版本太低，则需要升级一下。

我们使用 npm 创建模板来体验 Vite。首先使用 npm 命令进行下载：

```
npm init @vitejs/app
```

其实，Vite 支持的模板有很多，具体包括 vanilla、vue、vue-ts、react、react-ts、preact、preact-ts、lit-element 和 lit-element-ts。

前端社区提供了很多模板，我们可以多试试几个模板体验一下 Vite 的快速打包功能。如果想一键创建 Vite + Vue 3 工程，那么就需要在原来的 npm 命令中直接添加双横线引用 Vue 模板，示例如下：

```
# npm 6.x
npm init @vitejs/app my-vue-app --template vue
```

直接执行上面的命令即可。在创建工程的过程中会发现 index.html 在整个工程的最外面，官方给出的解释是有意为之，因为在开发期间，Vite 是一个服务器，index.html 就是入口文件。Vite 将 index.html 视为源码和视图的一部分，在新建的 index.html 文件中直接引用了 src 的 main.js 文件，该文件挂载了 App.vue，因此打包的时候 Vue 的 template 会渲染到 index.html 上，这其实和用 Vue CLI 新建工程的渲染过程是一样的，最终都是挂载到 index.html 上。可以看一下新建工程的 index.html。

【示例 11-1】Vite 工程的 index.html。

```
<!DOCTYPE html>
<html lang="en">
  <head>
    <meta charset="UTF-8" />
    <link rel="icon" href="/favicon.ico" />
    <meta name="viewport" content="width=device-width, initial-scale=1.0" />
    <title>Vite App</title>
  </head>
  <body>
    <div id="app"></div>
    <script type="module" src="/src/main.js"></script>
  </body>
</html>
```

在 Script 中引入 main.js 文件。

在新建工程的 package.json 文件中，直接写入默认的指令：

```
{
  "scripts": {
    "dev": "vite",                    // 启动开发服务器
    "build": "vite build",            // 构建生产环境
    "serve": "vite preview"           // 构建本地运行环境
  }
}
```

使用 npm run dev 命令的开发者一定会惊讶于 Vite 秒开的速度，笔者第一次运行 npm run dev 命令时显示的时间是 700ms，Vite 确实是很快，让我们不用等待漫长的编译时间。

在运行第一个 Vite 项目的时候一定会对 Vite 如此快的速度感到惊讶，接下来就揭示为什么 Vite 的打包速度如此之快。

11.2 依赖预构建

看到依赖预构建，读者可能会问为什么要进行预构建？预构建的时间在哪里呢？

其实，预构建是在对工程打包之前，那么，为什么要进行预构建呢？原因有两点。用户在导入模块时可能会使用 CommonJS 方式导入模块，因为 Vite 默认为所有的包依赖都是使用 ESM 的方式，所以在这种情况下需要将 CommonJS 转换为 ESM 的方式。Vite 在构建 JS 代码时会将 ESM 模块的依赖关系转为单个模块。工程中使用的一些包会将它们的 ESM 模块构建作为单独的文件在内部相互依赖。例如，lodash-es 有超过 600 个内置模块，当执行 import { debounce } from 'lodash-es'时，浏览器会同时发出 600 多个 HTTP 请求，虽然服务器可以处理这些请求，但是大量的请求会在浏览器端造成网络拥塞，导致页面的加载速度非常慢。通过预构建 lodash-es 为一个模块，我们只需要一个 HTTP 请求即可，因此预构建大大优化了加载的速度。

大型的项目可能会使用 Monorepo 来管理，仓库的一个依赖可能会成为另一个包的依赖，因此 Vite 会侦听是不是从 node_modules 引入的依赖，如果不是，则 Vite 会加载依赖项。考虑到有的读者可能不熟悉 Monorepo 是什么，这里简单介绍一下。Monorepo 是管理项目代码的一种方式，该项目通常有多个 package。例如下面这种：

```
├── packages
│   ├── pkg1
│   │   ├── package.json
│   ├── pkg2
│   │   ├── package.json
├── package.json
```

每个 package 下面都有自己的依赖，最外层也有整个项目的依赖文件，这就是

Monorepo 项目的管理方式。

　　预构建并不是每次启动都会执行，Vite 会利用缓存机制将构建的依赖缓存到 node_moudles/.vite 文件夹下，它会根据三个来源来判断是否需要缓存。首先是 package.json 文件的 dependences 列表，其次是包管理器的 packkage-lock.json 文件，最后是 vite.config.js 的手动配置，只有当这三者有一个发生变化时才会执行预构建。除了对文件系统缓存之外，Vite 还支持浏览器缓存，Vite 的机制是解析后的依赖请求会以 HTTP 头的最大缓存时间进行强缓存，以提高开发时的页面重载性能。一旦被缓存，这些请求将永远不会再到达服务器。如果开发者安装了不同版本的包，可以通过 devTools 禁用缓存或者重新载入页面的方式来消除缓存的影响。

　　Vite 通过依赖预构建的方式来提升打包的速度，非 ESM 引入的包通过预构建的方式也会变成 ESM 引入，在打包过程中利用缓存机制，将包按照依赖关系合并为一个包也可以提升打包速度。

11.3　静态资源处理

　　开发者在将 JS 打包的时候会考虑如何处理静态资源，各种图片通过 assets 目录静态引入时如何将它们打包入工程中。Vite 的处理是将代码中的静态引入的资源路径转换为 URL 引入。简单地说，在默认配置情况下，图片引入方式都会转换为通过 assets 文件夹来引入，举例看一下这段代码：

```
import imgUrl from './img.png'
document.getElementById('hero-img').src = imgUrl
```

打包的之后的结果如下：

```
/assets/img.2d8efhg.png
```

　　在文件名中添加了 Hash，引入的路径变成从 assets 文件夹中引入。除了在页面代码中通过 import 引入的方式之外，如果在 CSS 代码中通过 URL 引入的话，则也会按照同样的方式进行处理。如果在 Vite 中使用了 Vue 插件，那么在 Vue SFC 模板中的资源引用都将自动转换为导入。常见的图像、媒体和字体文件类型都被自动检测为资源，可以使用 assetsInclude 扩展内部的列表。assetsInclude 是用户自行配置资源加载路径的字段，用于指定其他文件作为静态资源引入，其会返回解析后的 URL，这样可以通过资源 URL 进行打包加载。

　　最后引用的资源会变为构建资源图的一部分，将打包文件使用散列名命名，最后通过插件处理这些打包文件。作为静态资源，肯定有很多不想被打包的部分，如 public 目录下的 robots.txt 文件，有的文件不能进行 Hash，必须用原来的文件名保存，因此这些资源应该放到 public 目录下。public 目录位于根目录下。其实，平时不打包某些文件的时候，

Webpack 也会执行类似的设置不打包。当引用 public 目录下的资源时，直接使用 "/" 的方式，如 public/icon.png 文件，引用的时候使用/icon.png 即可。因为 public 目录下的文件不会被打包，所以在 JS 中不要直接引用 public 中的文件。

静态资源导入对用户来说就是配置操作，在使用的时候首先需要了解 Vite 的配置，熟悉并配置好之后就可以享受 Vite 带来的便捷之处了。

11.4　构建线上生产版本

构建线上生产版本通常是执行 build 命令。使用 Rollup 打包的开发者都知道，执行 build 命令之后会生成一个 build 文件夹，里面是打包的 HTML 文件和 common.js 文件，common.js 是打包之后的结果。在 Vite 中，执行 Vite build 命令进行打包，Vite 使用 index.html 作为构建的入口。因为 Vite 一直默认使用 ESM 引入包，考虑到浏览器的兼容性，Vite 提供了一个 Polyfill 库来支持低版本的浏览器。

可以通过 build.target 配置项来指定构建目标，目前支持的最低版本是 ElasticSearch 2015。浏览器支持的最低版本如下：

- Chrome 61 及以上；
- Firefox 60 及以上；
- Safari 11 及以上；
- Edge 16 及以上。

传统的浏览器可以通过@vitejs/plugin-legacy 插件获得支持，它将自动生成传统版本的 Chunk 和其相应的 ElasticSearch 的 Polyfill 库。@vitejs/plugin-legacy 会集成一个打包之后的相关 Chunk，利用@babel/preset-env 的功能对 ESM 进行适配。除了这一点之外，@vitejs/plugin-legacy 还内置了 SystemJS 运行时环境，以保证低版本浏览器语法可以执行。

【示例 11-2】vite 基础配置。

```js
// vite.config.js
import legacy from '@vitejs/plugin-legacy'

export default {
  plugins: [
    legacy({
      targets: ['defaults', 'not IE 11']
    })
  ]
}
```

如果是非 IE 11 浏览器，则可以使用默认的配置。如果是 IE 11，则需要使用 regenerator-runtime：

```js
// vite.config.js
import legacy from '@vitejs/plugin-legacy'
```

```
export default {
  plugins: [
    legacy({
      targets: ['ie >= 11'],
      additionalLegacyPolyfills: ['regenerator-runtime/runtime']
    })
  ]
}
```

除了默认的构建方式之外，Vite 还支持自定义构建。因为 Vite 底层的打包是依靠 Rollup 的，所以自定义构建的配置其实是修改底层 Rollup 打包的配置，可以通过修改字段 build.rollupOptions 来实现：

```
// vite.config.js
module.exports = {
  build: {
    rollupOptions: {
      // https://rollupjs.org/guide/en/#big-list-of-options
    }
  }
}
```

Vite 支持的配置构建项有很多，官方文档给出的配置构建项如下：
- build.target：与浏览器兼容性相关。
- build.cssCodeSplit：是否启用/禁用 CSS 代码拆分。
- build.sourcemap：构建是否生成 sourcemap 文件。
- build.commonjsOptions：传递给@rollup/plugin-commonjs 插件的选项。

Vite 提供的配置项有很多，需要读者多查阅文档，多了解 Vite 的底层配置。

有的工程内置了多个入口，如下面的文件结构：

```
├── package.json
├── vite.config.js
├── index.html
├── main.js
└── nested
    ├── index.html
    └── nested.js
```

开发的时候，将本地的服务环境连接到/nested/中，效果和正常的服务器一样，将会执行本地的运行环境。构建的时候需要指定多个.html 文件作为入口，这部分的配置需要修改 Rollup 打包的底层配置：

```
// vite.config.js
const { resolve } = require('path')

module.exports = {
```

```
build: {
  rollupOptions: {
    input: {
      main: resolve(__dirname, 'index.html'),
      nested: resolve(__dirname, 'nested/index.html')
    }
  }
}
```

在 nested 字段中引入 nested/index.html 文件作为入口，这样多入口文件打包就配置好了。

还有一种情况是，当使用 Vite 作为库的底层打包工具时，开发者的大部分时间都会用在对 Vite 的测试和演示上，无须为工程打包费心，因为 Vite 对工程的打包速度非常快。

当构建的库需要发布时，需要配置 build.lib 选项，确保将不想打包进去的依赖进行外部化。例如，演示的时候使用了 Vue 或者 React，但是打包的时候并不需要依赖它们，这时候的配置见下面的例子。

【示例 11-3】rollupOptions 配置。

```
// vite.config.js
const path = require('path')

module.exports = {
  build: {
    lib: {
      entry: path.resolve(__dirname, 'lib/main.js'),
      name: 'MyLib'
    },
    rollupOptions: {
      // 请确保库中不需要的依赖已排除
      external: ['vue'],
      output: {
        // 在 UMD 构建模式下为外部化的依赖提供一个全局变量
        globals: {
          vue: 'Vue'
        }
      }
    }
  }
}
```

发行的时候，由于配置了 Rollup 打包，会出现 ElasticSearch 版本和 UMD 两个版本用于生产环境。推荐在库的 package.json 文件中写上同时支持 ESM 和 CommonJS 两种方式，配置 exports 字段见下面的例子。

【示例 11-4】配置 package.json 文件中的 export 字段。

```
{
  "name": "my-lib",
  "files": ["dist"],
  "main": "./dist/my-lib.umd.js",
```

```
  "module": "./dist/my-lib.es.js",
  "exports": {
    ".": {
      "import": "./dist/my-lib.es.js",
      "require": "./dist/my-lib.umd.js"
    }
  }
}
```

使用 Vite 构建线上版本的内容就介绍完了。除了使用默认的配置之外，还可以使用自定义配置，自定义配置的内容非常多，这里还要再说明一点，build.lib 选项支持修改底层的 Rollup 打包配置，读者可以在工程中自行尝试。

11.5　服务端渲染

将我们写的 Vue 代码在客户端运行，这种方式叫作客户端渲染，这也就是大家非常熟悉的方式。现在的打包工具如 Webpack 和 Vite 都支持服务端渲染，服务端渲染通俗理解就是服务端将页面代码直接解析出来，通过 HTTP 传递给浏览器来展示。前端框架如 Vue 和 React 采用的是虚拟 DOM 的方式，这里的服务端一般是 Node 环境，Node 直接提供运行时环境，可以直接编译虚拟 DOM，最后通过浏览器处理并展示出来，因此服务端渲染其实借助的是服务端提供的运行时环境。

那么，Vite 应该怎样配置才可以支持服务端渲染呢？这里提请读者一点，目前 Vite 提供的服务端渲染功能还处于试验阶段，不建议直接投入生产环境中使用，但是不妨碍我们在开发环境中使用，并且后期 Vite 的服务端渲染功能一定会友好支持的。

针对上面的问题，读者可以思考一下具备 SSR 功能的后端框架的文件结构是什么样的。首先需要有一个支持 DOM 挂载的 HTML 文件，其次至少要有执行 SSR 功能的 JS 文件，其实这个思路基本是对的，大致上，支持 SSR 功能的后端文件夹结构如下：

```
- index.html
- src/
  - main.js              # 导出与环境无关的（通用的）应用代码
  - entry-client.js      # 将应用挂载到一个 DOM 元素上
  - entry-server.js      # 使用某框架的 SSR API 渲染该应用
```

index.html 将引入 entry-client.js 文件，因为它是应用的主体文件，还需要保留一个占位符给 SSR API 发挥作用。index.html 包含下面的代码：

```
<div id="app"><!--ssr-outlet--></div>
<script type="module" src="/src/entry-client.js"></script>
```

这样 index.html 文件就承载了 SSR 渲染的功能了。

一般，支持服务端功能还需要写一个情景判断，判断其是否开启服务端渲染，如果不开启的话，就使用客户端渲染的方式。可以使用：

```
if (import.meta.env.SSR) {
  // 仅在服务端的逻辑
  ...
}
```

在构建的过程中，if 条件中的逻辑会被静态替换，因此 if 条件未被触发的时候 tree-shaking 会对其执行优化。使用服务端渲染的时候，实现对服务端的全部控制是非常有必要的，不需要将服务端的控制交给 Vite 处理，因此可以把 Vite 作为中间件的方式引入后端工程。

【示例 11-5】使用 Express 启动一个后端服务。

```
const fs = require('fs')
const path = require('path')
const express = require('express')
const { createServer: createViteServer } = require('vite')

async function createServer() {
  const app = express()

  // 以中间件模式创建 Vite 应用，这将禁用 Vite 自身的 HTML 服务逻辑
  // 并让上级服务器接管控制
  const vite = await createViteServer({
    server: { middlewareMode: true }
  })
  // 使用 Vite 的 Connect 实例作为中间件
  app.use(vite.middlewares)

  app.use('*', async (req, res) => {
    // 自定义内容
  })

  app.listen(3000)
}

createServer()
```

这里的 vite 是通过 createViteServer 返回的 ViteDevServer 实例，在 Vite 中，ViteDevServer 是一个可解析的 Vite 配置对象，其中包括中间件、服务的开启和关闭的配置，可以看一下 ViteDevServer 支持的配置。

【示例 11-6】ViteDevServer 的定义。

```
interface ViteDevServer {
  /**
   * 被解析的 Vite 配置对象
   */
  config: ResolvedConfig
  /**
```

```
 *  一个 connect 应用实例
   */
middlewares: Connect.Server
/**
 * 本机 Node HTTP 服务器实例
 */
httpServer: http.Server | null
/**
 * chokidar 监听器实例
 * https://github.com/paulmillr/chokidar#api
 */
watcher: FSWatcher
/**
 * Web Socket 服务器, 带有 `send(payload)` 方法
 */
ws: WebSocketServer
/**
 * Rollup 插件容器, 可以针对给定文件运行插件钩子函数
 */
pluginContainer: PluginContainer
/**
 * 跟踪导入关系、URL 到文件映射和 HMR 状态的模块图。
 */
moduleGraph: ModuleGraph
/**
 * 以代码方式解析、加载和转换 URL 并获取结果
 * 而不需要通过 HTTP 请求管道。
 */
transformRequest(
  url: string,
  options?: TransformOptions
): Promise<TransformResult | null>
/**
 * 启动服务器
 */
listen(port?: number, isRestart?: boolean): Promise<ViteDevServer>
/**
 * 停止服务器
 */
close(): Promise<void>
}
```

　　vite.middles 是 Server 的一个 Connect 实例，通过它可以在任何一个兼容 Connect 的 NodeJS 框架中使用 NodeJS 作为中间件，通过中间件的方式将 Vite 控制起来，专职发挥其服务端渲染的职能。首先我们看一下在使用通配符匹配 index.html 的情况下，执行服务端渲染的代码。

【示例 11-7】通配*文件的用法。

```
app.use('*', async (req, res) => {
  const url = req.originalUrl
```

```
  try {
    // 1. 读取 index.html
    let template = fs.readFileSync(
      path.resolve(__dirname, 'index.html'),
      'utf-8'
    )
    // 2. 应用 Vite HTML 转换，这将会注入 vite HMR 客户端
    //    同时也会从 Vite 插件应用 HTML 转换的相关逻辑
    //    例如，@vitejs/plugin-react-refresh 中的 global preambles
    template = await vite.transformIndexHtml(url, template)

    // 3. 加载服务器入口。vite.ssrLoadModule 将自动转换
    //    你的 ESM 源码在 Node.js 中也可用了！无须打包
    //    提供类似 HMR 的功能
    const { render } = await vite.ssrLoadModule('/src/entry-server.js')
    // 4. 渲染应用的 HTML。假设 entry-server.js 导出的 `render`
    //    调用了相应 framework 的 SSR API
    //    例如 ReactDOMServer.renderToString()
    const appHtml = await render(url)

    // 5. 注入应用渲染的 HTML 到模板中
    const html = template.replace(`<!--ssr-outlet-->`, appHtml)
    // 6. 将渲染完成的 HTML 返回
    res.status(200).set({ 'Content-Type': 'text/html' }).end(html)
  } catch (e) {
    // 如果捕获到了一个错误，让 Vite 来修复该堆栈，这样就可以映射到源码中
    vite.ssrFixStacktrace(e)
    console.error(e)
    res.status(500).end(e.message)
  }
})
```

这时候 package.json 文件中的脚本也应该进行更新：

```
"scripts": {
  "dev": "node server"
}
```

dev 命令是在本地通过 Node 启动一个 Server 服务，如果要将 SSR 项目交付生产的话，那么首先需要正常生成一个客户端，其次是生成 SSR 构建，经过 require 函数直接加载，此时需要在 package.json 文件中添加 build 指令如下：

```
{
  "scripts": {
    "dev": "node server",
    "build:client": "vite build --outDir dist/client",
    "build:server": "vite build --outDir dist/server --ssr src/entry-server.js "
  }
}
```

build:server 指令中包含--ssr，说明这是一个 SSR 构建，src/entry-server.js 指明了入口。此外还需要在 entry-server.js 文件中增加生产环境的特定逻辑。Vite 提供了 Vue 的 SSR 模板，我们看一下模板的配置。

Vue-ssr 的文件夹布局如图 11-2 所示。

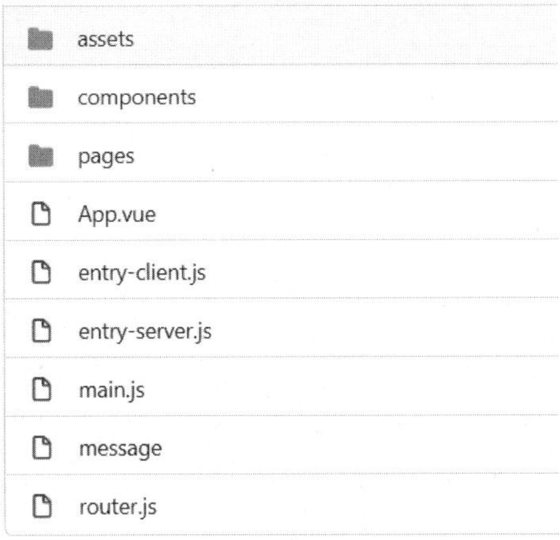

图 11-2　Vue-ssr 文件夹布局

和前面说的一样，需要配置 entry-client.js 和 entry-server.js 文件，同时，entry-server 需要实现预渲染 DOM 元素，在模板中给出了这部分逻辑代码，见下面的例子。

【示例 11-8】entry-server.js 文件。

```
const ctx = {}
let html = await renderToString(app, ctx)

// for testing. Use deep import built-in module. PR #5248
const fs =
  process.versions.node.split('.')[0] >= '14'
    ? await import('fs/promises')
    : (await import('fs')).promises
const msg = await fs.readFile(path.resolve(rootDir, './src/message'),
'utf-8')
  html += `<p class="file-message">msg read via deep import built-in module:
${msg}</p>`

// the SSR manifest generated by Vite contains module -> chunk/asset mapping
// which we can then use to determine what files need to be preloaded for
this
// request.
const preloadLinks = renderPreloadLinks(ctx.modules, manifest)
return [html, preloadLinks]
}
```

在 index.html 中空出了预渲染的位置，因此需要 entry-server.js 文件来填满这些位置，在模板中给出了 renderPreload 函数用于填满这些位置。

【示例 11-9】entry-server.js 文件中的 renderPreLoadLink 函数的用法。

```
function renderPreloadLink(file) {
  if (file.endsWith('.js')) {
    return `<link rel="modulepreload" crossorigin href="${file}">`
  } else if (file.endsWith('.css')) {
    return `<link rel="stylesheet" href="${file}">`
  } else if (file.endsWith('.woff')) {
    return ` <link rel="preload" href="${file}" as="font" type="font/woff" crossorigin>`
  } else if (file.endsWith('.woff2')) {
    return ` <link rel="preload" href="${file}" as="font" type="font/woff2" crossorigin>`
  } else if (file.endsWith('.gif')) {
    return ` <link rel="preload" href="${file}" as="image" type="image/gif">`
  } else if (file.endsWith('.jpg') || file.endsWith('.jpeg')) {
    return `<link rel="preload" href="${file}" as="image" type="image/jpeg">`
  } else if (file.endsWith('.png')) {
    return `<link rel="preload" href="${file}" as="image" type="image/png">`
  } else {
    // TODO
    return ''
  }
```

经过 renderPreloadLink 函数的处理及前面获取的 HTML，将其为服务端渲染的入口，这样就"跑通"了服务端渲染的主流程。

服务端渲染的介绍到这里就结束了，这一部分的内容比较多，而且偏实践性。服务端渲染的主要流程是将前端内容预渲染，然后设置服务端渲染入口并在入口文件中写入 HTML 字符串的拼接及预加载的 Link，之后传递给浏览器进行渲染。

11.6 预 渲 染

预渲染其实属于服务端渲染的一部分，本节是对前面服务端渲染的补充。

【示例 11-10】prerender.js 文件预渲染逻辑。

```
// determine routes to pre-render from src/pages
const routesToPrerender = fs
  .readdirSync(toAbsolute('src/pages'))
  .map((file) => {
    const name = file.replace(/\.vue$/, '').toLowerCase()
    return name === 'home' ? `/` : `/${name}`
  })

;(async () => {
  // pre-render each route...
```

```
for (const url of routesToPrerender) {
  const [appHtml, preloadLinks] = await render(url, manifest)

  const html = template
    .replace(`<!--preload-links-->`, preloadLinks)
    .replace(`<!--app-html-->`, appHtml)

  const filePath = `dist/static${url === '/' ? '/index' : url}.html`
  fs.writeFileSync(toAbsolute(filePath), html)
  console.log('pre-rendered:', filePath)
}

// done, delete ssr manifest
fs.unlinkSync(toAbsolute('dist/static/ssr-manifest.json'))
})()
```

routesToPrerender 是预渲染的路由，下面的执行函数是遍历预渲染路由生成静态 HTML 节点，这部分逻辑和服务端渲染类似。

最后再补充一点服务端渲染的知识，Vue 或 Svelte 框架可以根据客户端渲染和服务端渲染的区别，将组件编译成不同格式。例如，可以在 SSRPlugin()函数中给 Vite 传递额外的服务端渲染参数来编译不同的格式。

【示例 11-11】SSRPlugin 函数的使用。

```
export function mySSRPlugin() {
  return {
    name: 'my-ssr',
    transform(code, id, ssr) {
      if (ssr) {
        // 执行 ssr 专有转换...
      }
    }
  }
}
```

根据 SSR 字段执行不同的渲染。

预渲染的内容也介绍完了，这部分内容比较简单，主要介绍了预渲染的原理，通过遍历路由，执行不同路由将静态的 HTML 拼接起来，最后在浏览器中输出，该阶段其实和服务端渲染类似，只不过预渲染是独立的一个概念，因此单独介绍。